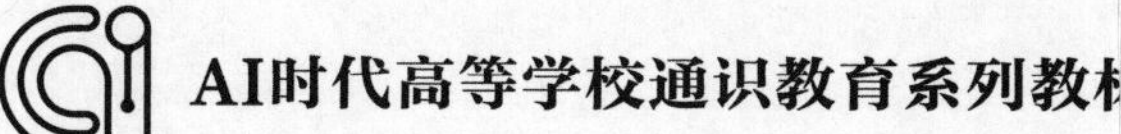

大语言模型与AIGC

黄源 涂旭东 张莉 主编

清华大学出版社
北京

内容简介

本书编写目的是向读者介绍大语言模型与 AIGC 的基本概念和相应的技术应用。本书共 7 章，分别介绍人工智能概述、文本向量化、大语言模型、AIGC 基础、提示词与提示工程、AI 绘画提示词、AIGC 挑战与未来。

本书将理论与实践操作相结合，通过大量的案例帮助读者快速了解和应用大数据分析相关技术，并对书中重要的知识点增加大量的练习，以达到熟练应用的目的。

本书可作为本科院校和职业院校计算机相关专业的教材，也可作为信息技术领域的专业技术人才的参考书。

图书在版编目(CIP)数据

大语言模型与 AIGC / 黄源，涂旭东，张莉主编. -- 北京：清华大学出版社，2025. 6.
(AI 时代高等学校通识教育系列教材). -- ISBN 978-7-302-69519-6

Ⅰ. TP391；TP18

中国国家版本馆 CIP 数据核字第 2025VC4892 号

责任编辑：贾　斌
封面设计：刘　键
责任校对：郝美丽
责任印制：沈　露

出版发行：清华大学出版社
网　　址：https://www.tup.com.cn，https://www.wqxuetang.com
地　　址：北京清华大学学研大厦 A 座　　**邮　　编**：100084
社 总 机：010-83470000　　**邮　　购**：010-62786544
投稿与读者服务：010-62776969，c-service@tup.tsinghua.edu.cn
质量反馈：010-62772015，zhiliang@tup.tsinghua.edu.cn
课件下载：https://www.tup.com.cn，010-83470236
印 装 者：三河市人民印务有限公司
经　　销：全国新华书店
开　　本：185mm×260mm　　**印　　张**：14.5　　**字　　数**：356 千字
版　　次：2025 年 8 月第 1 版　　**印　　次**：2025 年 8 月第1次印刷
印　　数：1～1500
定　　价：49.00 元

产品编号：108037-01

前言

近年来，随着 AI 技术的不断发展和应用，越来越多的机构开始尝试使用生成式人工智能（Artificial Intelligence Generated Content，AIGC）工具来快速且低成本地生成大量内容，给人们的生活带来便利，满足不同领域的需求。

AIGC 已经在机器学习、自然语言处理、图像识别等领域广泛应用，而随着技术的不断发展，AIGC 技术的应用也将变得更加普及。

在 2021 年之前，AIGC 生成的主要是文字，只能作为一个创作的辅助工具。AIGC 开发新一代模型后，可以处理更多，包括文字、语音、图像、视频、代码等内容，可以在创意、表现力、迭代、传播、个性化等方面协助创作者。到了 2022 年，随着 ChatGPT 的横空出世，AIGC 开始了高速发展，其中深度学习模型不断完善，开源模式的推动让 AIGC 直接在内容创作方面达到了自行原创的水平。

党的二十大报告强调了科技创新的重要性，并将其视为推动国家经济社会发展的关键驱动力。AI 技术作为新一代信息技术的核心，其重要性不言而喻。本书由具有丰富教学经验的一线教师编写，旨在结合最新的技术和理论进展，为读者提供实用的学习材料，强调实践技能与创新思维的培养，使读者能够在掌握基础知识的同时，具备解决实际问题的能力。本书旨在为读者提供一个全面了解 AIGC 的平台，不局限于理论知识的学习，更重要的是通过实践项目和案例分析，培养学生的创新意识和实践能力。这有助于学生在未来的职业生涯中更好地适应快速变化的技术环境，并为国家的科技创新贡献力量。

本书使用的 AIGC 的平台有文心一言、讯飞星火、昆仑天工以及通义千问等。

本书共 7 章，分别介绍人工智能概述、文本向量化、大语言模型、AIGC 基础、提示词与提示工程、AI 绘画提示词、AIGC 挑战与未来。

本书建议学时为 32 学时，具体分布如表 0.1 所示。

表 0.1　学时具体分布

章　　节	建议学时
人工智能概述	4
文本向量化	4
大语言模型	4
AIGC 基础	6
提示词与提示工程	8
AI 绘画提示词	4
AIGC 挑战与未来	2

本书由黄源、涂旭东、张莉主编。全书由黄源策划并负责统稿工作。

本书是校企合作共同编写的成果，在编写过程中得到了杭州睿数科技有限公司的大力支持。

在编写过程中，我们参阅了大量的相关资料，在此表示感谢，并对清华大学出版社的魏江江分社长和编辑的辛勤工作表示感谢。

由于编者水平有限，书中难免出现疏漏之处，衷心希望广大读者批评指正。

编　者

2025 年 6 月

目录

第1章

人工智能概述

本章学习目标

- 了解人工智能的概念。
- 了解人工智能的起源和发展。
- 了解人工智能研究的主要学派。
- 了解人工智能的应用场景与发展趋势。
- 了解人工智能的核心因素。
- 了解深度学习。
- 了解自然语言处理。
- 了解人工智能伦理。

本章先向读者介绍人工智能的概念、人工智能的起源和发展,再介绍人工智能研究的主要学派以及人工智能的应用场景与发展趋势,接着介绍人工智能的核心因素、深度学习和自然语言处理,最后介绍人工智能伦理。

1.1 人工智能简介

1. 什么是人工智能

当今,世界正处在第四次工业革命孕育、兴起的关键阶段,我国制造业转型升级也到了攻坚时期。互联网、大数据、人工智能等新一代信息技术与工业制造技术深度融合,推动生产制造模式、产业组织方式、商业运行机制发生颠覆式创新,催生融合发展的新技术、新产品、新模式、新业态,为工业经济发展打造新动能、开辟新道路、拓展新边界。

人工智能(Artificial Intelligence,AI),它是研究、开发用于模拟、延伸和扩展人的智能的理论、方法、技术及应用系统的一门新的技术科学。

从根本上讲,人工智能是研究使计算机来模拟人的某些思维过程和智能行为(如学习、推理、思考、规划等)的学科,主要包括计算机实现智能的原理、制造类似于人脑智能的计算机,使计算机能实现更高层次的应用。此外,人工智能还涉及计算机科学、心理学、哲学和语言学等学科,可以说几乎是自然科学和社会科学的所有学科,其范围已远远超出了计算机科学的范畴。

人工智能是新一轮产业变革的核心驱动力，将进一步释放历次科技革命和产业变革积蓄的巨大能量，并与各行各业快速融合，助力传统行业转型升级、提质增效，在范围内引发全新的产业浪潮。

2. 人工智能的分类

人工智能可分为三类：弱人工智能、强人工智能与超人工智能。

弱人工智能就是利用现有智能化技术，来改善我们经济社会发展所需要的一些技术条件和发展功能，也指单一做一项任务的智能。如曾经战胜世界围棋冠军的人工智能阿尔法围棋（AlphaGo），尽管它很厉害，但它只会下围棋。再如苹果公司的 Siri 就是一个典型的弱人工智能，它只能执行有限的预设功能。同时，Siri 目前还不具备智力或自我意识，它只是一个相对复杂的弱人工智能体。图 1-1 展示了扫地机器人，图 1-2 展示了下棋机器人，图 1-3 展示了服务机器人，图 1-4 展示了踢球机器人，图 1-5 展示了购物机器人，图 1-6 展示了医疗机器人。

图 1-1　扫地机器人

图 1-2　下棋机器人

图 1-3　服务机器人

图 1-4　踢球机器人

图 1-5 购物机器人

图 1-6 医疗机器人

强人工智能则是综合的，它是指在各方面都能和人类比肩的人工智能，人类能干的脑力活它都能干，例如能干很多事情的机器人。总的来说强人工智能非常接近于人的智能，但这也需要脑科学的突破才能实现。一般认为，一个可以称得上强人工智能的程序，大概需要具备以下几方面的能力：第一，存在不确定因素时进行推理、使用策略、解决问题、制定决策的能力；第二，知识表示的能力，包括常识性知识的表示能力；第三，规划能力；第四，学习能力；第五，使用自然语言进行交流沟通的能力；第六，将上述能力整合起来，实现既定目标的能力。此外，在强人工智能的定义里存在一个关键的专业性问题：强人工智能是否有必要具备人类的意识？有些研究者认为只有具备人类意识的人工智能才可以叫强人工智能。另一些研究者则说，强人工智能只需要具备胜任人类所有工作的能力就可以了，未必需要人类的意识，也就是说，一旦牵涉"意识"，强人工智能的定义和评估标准就会变得异常复杂，而人们对于强人工智能的担忧也主要来源于此。不过目前普遍认为人类意识是知情意的统一体，而人工智能只是对人类的理性智能的模拟和扩展，不具备情感、信念、意志等人类意识成分。

哲学家、牛津大学人类未来研究院院长尼克·波斯特洛姆(Nick Bostrom)把超人工智能(Artificial Super Intelligence，ASI)定义为"在几乎所有领域都大大超过人类认知表现的任何智力"。首先，超人工智能能实现与人类智能等同的功能，即可以像人类智能实现生物上的进化一样，对自身进行重编程和改进，这也就是"递归自我改进功能"。其次，波斯特洛姆还提到，"生物神经元的工作峰值速度约为 200 Hz，比现代微处理器(约 2 GHz)慢了整整 7 个数量级"，同时，"神经元在轴突上 120 m/s 的传输速度也远远低于计算机比肩光速的通信速度"。这使得超人工智能的思考速度和自我改进速度将远远超过人类，人类作为生物上的生理限制将统统不适用于机器智能。

3. 人工智能的起源与发展

1) 人工智能的起源

人工智能的概念在 20 世纪五六十年代时正式提出，1950 年，一位名叫马文·明斯基(后被人称为"人工智能之父")的大四学生与他的同学邓恩·埃德蒙一起，建造了世界上第一台神经网络计算机，这也被看作是人工智能的一个起点。同样是在 1950 年，被称为"计算机之父"的阿兰·图灵提出了一个举世瞩目的想法——图灵测试。按照图灵的设想：如果一台机器能够与人类开展对话而不能被辨别出机器身份，那么这台机器就具有智能。而就在这一年，图灵还大胆预言了真正具备智能机器的可行性。1956年，在由达特茅斯学院举办的一次会议上，计算机专家约翰·麦卡锡提出了“人工智能”一词。后来，这被人们看作是人工智能正式诞生的标志。

2）人工智能的发展

人工智能概念提出后，发展出了符号主义、联结主义（神经网络），相继取得了一批令人瞩目的研究成果，如机器定理证明、跳棋程序、人机对话等，掀起人工智能发展的第一个高潮。

人工智能发展初期的突破性进展大大提升了人们对人工智能的期望，人们开始尝试更具挑战性的任务，然而计算力及理论等的匮乏使得不切实际目标的落空，人工智能的发展走入低谷。例如，1974年，哈佛大学沃伯斯（Paul Werbos）的博士论文里，首次提出了通过误差的反向传播（Back Propagation，BP）来训练人工神经网络，但在该时期未引起重视。

进入20世纪80年代以后，专家系统模拟人类专家的知识和经验解决特定领域的问题，实现了人工智能从理论研究走向实际应用、从一般推理策略探讨转向运用专门知识的重大突破。机器学习（特别是神经网络）探索不同的学习策略和各种学习方法，在大量的实际应用中也开始慢慢复苏。1980年，在美国的卡内基-梅隆大学（CMU）召开了第一届机器学习国际研讨会，标志着机器学习研究已在全世界兴起。1982年，马尔（David Marr）发表代表作“视觉计算理论”，提出计算机视觉（Computer Vision）的概念，并构建系统的视觉理论，对认知科学（Cognitive Science）也产生了很深远的影响。1986年，罗德尼·布鲁克斯（Brooks）发表论文“移动机器人鲁棒分层控制系统”，标志着基于行为的机器人学科的创立，机器人学界开始把注意力投向实际工程主题。

21世纪初，随着大数据和云计算等技术的出现，人工智能再次进入了快速发展的阶段。人们开始研究深度学习、自然语言处理、计算机视觉等技术，使得人工智能的应用范围更加广泛。

2005年，波士顿动力公司推出一款动力平衡四足机器狗，有较强的通用性，可适应较复杂的地形。

2006年，杰弗里·辛顿以及他的学生鲁斯兰·萨拉赫丁诺夫正式提出了深度学习的概念（Deeping Learning），开启了深度学习在学术界和工业界的浪潮。2006年也被称为深度学习元年，杰弗里·辛顿也因此被称为深度学习之父。

2011年，IBM Watson问答机器人参与Jeopardy回答测验比赛最终赢得了冠军。Waston是一个集自然语言处理、知识表示、自动推理及机器学习等技术实现的计算机问答（Q&A）系统。

2012年，Google正式发布Google知识图谱（Google Knowledge Graph），这是一个重要的里程碑，标志着搜索引擎从简单的关键词匹配向语义理解和基于知识的搜索转变。通过知识图谱，Google能够提供更加丰富和直观的搜索结果，帮助用户快速找到所需的信息。

2014年，聊天程序“尤金·古斯特曼”（Eugene Goostman）在英国皇家学会举行的“2014图灵测试”大会上，首次“通过”了图灵测试。

2015年，Google开源TensorFlow框架。它是一个基于数据流编程（Dataflow Programming）的符号数学系统，被广泛应用于各类机器学习（Machine Learning）算法的编程实现，其前身是 Google 的神经网络算法库 DistBelief。

2016 年，Google 提出联邦学习方法，它在多个持有本地数据样本的分散式边缘设备或服务器上训练算法，而不交换其数据样本。

2016 年，AlphaGo（一款围棋人工智能程序）与围棋世界冠军、职业九段棋手李世石进行围棋人机大战，以 4 比 1 的总比分获胜。2017 年更新的 AlphaGo Zero，在此前的版本的基础上，结合了强化学习进行了自我训练。它在下棋和游戏前完全不知道游戏规则，完全是通过自己的试验和摸索，洞悉棋局和游戏的规则，形成自己的决策。随着自我博弈的增加，神经网络逐渐调整，提升下法胜率。更为厉害的是，随着训练的深入，AlphaGo Zero 还独立发现了游戏规则，并走出了新策略，为围棋这项古老游戏带来了新的见解。

2017 年，中国香港的汉森机器人技术公司（Hanson Robotics）开发的类人机器人索菲亚，是历史上首个获得公民身份的一台机器人。索菲亚看起来就像人类女性，拥有橡胶皮肤，能够表现出超过 62 种自然的面部表情。其“大脑”中的算法能够理解语言、识别面部，并与人进行互动。

2017 年 7 月 5 日，百度首次发布人工智能开放平台的整体战略、技术和解决方案。这也是百度 AI 技术首次整体亮相。其中，对话式人工智能系统，可让用户以自然语言对话的交互方式，实现诸多功能；Apollo 自动驾驶技术平台，可帮助汽车行业及自动驾驶领域的合作伙伴快速搭建一套属于自己的完整的自动驾驶系统，是全球领先的自动驾驶生态。

2019 年，IBM 宣布推出 Q System One，它是世界上第一个专为科学和商业用途设计的集成通用近似量子计算系统。

2020 年，OpenAI 开发的文字生成（Text Generation）人工智能 GPT-3，它具有 1750 亿个参数的自然语言深度学习模型，比以前的版本 GPT-2 高 100 倍，该模型经过了将近 0.5 万亿个单词的预训练，可以在多个 NLP 任务（答题、翻译、写文章）基准上达到最先进的性能。

2020 年，Google 旗下 DeepMind 的 AlphaFold2 人工智能系统有力地解决了蛋白质结构预测的里程碑式问题。它在国际蛋白质结构预测竞赛（CASP）上击败了其余的参会选手，精确预测了蛋白质的三维结构，准确性可与冷冻电子显微镜（Cryo-EM）、核磁共振或 X 射线晶体学等实验技术相媲美。

2021 年，美国斯坦福大学的研究人员开发出一种用于打字的脑机接口（Brain-Computer Interface，BCI），这套系统可以从运动皮层的神经活动中解码瘫痪患者想象中的手写动作，并利用递归神经网络（RNN）解码方法将这些手写动作实时转换为文本。

2022 年，阿里巴巴达摩院发布新型联邦学习框架 FederatedScope，该框架支持大规模、高效率的联邦学习异步训练，能兼容不同设备运行环境，且提供丰富功能模块，大幅降低了隐私保护计算技术开发与部署难度。该框架现已面向全球开发者开源。

2022 年 11 月，掌握聊天“神技”的 AI 对话模型 ChatGPT 横空出世，一夜爆红。ChatGPT 由 OpenAI 研发，公开发布不到一周，使用人数已经超过百万。相比于其他类似语言模型，ChatGPT 与人类的交流过程更像“人类”，它的基本技能不仅包括问答聊天、写文章、编程、改 bug，甚至还能为一篇高深莫测的学术论文划重点，为人们制订假期计划、商业策划等，这也被看作是普通用户第一次与强大 AI 的亲密接触。

2023 年 3 月，OpenAI 发布了正式版本的 GPT-4.0，实现了图像、文本、音频等的统一知识表示，推动了通用人工智能的发展。不久后，百度召开新闻发布会，主题围绕新一代大语言模型、生成式产品文心一言，这也是首个亮相的国产大语言模型。此后，讯飞星火大语言模型、阿里通义大语言模型、腾讯混元大语言模型、华为盘古大语言模型等陆续发布，12月，Google 发布大语言模型 Gemini 1.0。这些模型在不同的领域和应用中展现出了卓越的性能和潜力，尤其 Google 的 Gemini 1.0 模型的发布，将多模态理解和推理能力推向了一个新高度，预示着 AI 技术在理解和处理复杂信息方面的巨大进步。

目前，人工智能已经应用于医疗、金融、交通等多个领域，并且在未来还有很大的发展空间。

人工智能是一个充满希望和挑战的领域。从历程来看，人工智能经历了多次高潮和低谷，但是它的前景依然充满希望。从趋势来看，人工智能将会应用于更多的领域，算法将会进一步优化，人工智能将会与人类融合，同时也将会带来很多影响。在未来，人们需要更加注重人工智能的可持续发展，研究更加智能和可靠的算法，使得人工智能能够更好地服务于人类。

1.2 人工智能研究的主要学派

1.2.1 符号主义

符号主义(Symbolism)是一种基于逻辑推理的智能模拟方法，又称为逻辑主义(Logicism)、心理学派(Psychlogism)或计算机学派(Computerism)，其原理主要为物理符号系统假设和有限合理性原理，长期以来，符号主义一直在人工智能中处于主导地位。

符号主义学派认为人工智能源于数学逻辑。数学逻辑从 19 世纪末起就获得迅速发展，到 20 世纪 30 年代开始用于描述智能行为。计算机出现后，又在计算机上实现了逻辑演绎系统。该学派认为人类认知和思维的基本单元是符号，而认知过程就是在符号表示上的一种运算。符号主义致力于用计算机的符号操作来模拟人的认知过程，其实质就是模拟人的左脑抽象逻辑思维，通过研究人类认知系统的功能机理，用某种符号来描述人类的认知过程，并把这种符号输入到能处理符号的计算机中，从而模拟人类的认知过程，实现人工智能。

1.2.2 联结主义

联结主义(Connectionism)又称为仿生学派(Ionicsism)或生理学派(Physiologism)，是一种基于神经网络及网络间的联结机制与学习算法的智能模拟方法。其原理主要为神经网络和神经网络间的联结机制和学习算法。这一学派认为人工智能源于仿生学，特别是人脑模型的研究。20 世纪 60—70 年代，联结主义对以感知机(Perceptron)为代表的脑模型的研究出现过热潮，由于受到当时的理论模型、生物原型和技术条件的限制，脑模型研究在 20 世纪 70 年代后期至 80 年代初期落入低潮。直到 Hopfield 教授在 1982 年和 1984 年发表两篇重要论文，提出用硬件模拟神经网络以后，联结主义才又重新抬头。1986 年，鲁梅尔哈特(Rumelhart)等人提出多层网络中的反向传播算法(BP)。此后又有卷积神经网络(CNN)的研究，联结主义势头大振，从模型到算法，从理论分析到工程实现，为神经网络计算机走向市场打下基础。

联结主义学派从神经生理学和认知科学的研究成果出发，把人的智能归结为人脑的高层活动的结果，强调智能活动是由大量简单的单元通过复杂的相互联结后并行运行的结果。其中人工神经网络就是其典型代表性技术。

1.2.3 行为主义

行为主义又称进化主义（Evolutionism）或控制论学派（Cyberneticsism），是一种基于"感知-行动"的行为智能模拟方法。

行为主义最早来源于20世纪初的一个心理学流派，认为行为是有机体用以适应环境变化的各种身体反应的组合，它的理论目标在于预见和控制行为。行为主义认为人工智能源于控制论。控制论思想早在20世纪40—50年代就成为时代思潮的重要部分，影响了早期的人工智能工作者。维纳（Wiener）和麦克洛克（McCulloch）等人提出的控制论和自组织系统以及钱学森等人提出的工程控制论和生物控制论，影响了许多领域。控制论把神经系统的工作原理与信息理论、控制理论、逻辑以及计算机联系起来。早期的研究工作重点是模拟人在控制过程中的智能行为和作用，如对自寻优、自适应、自镇定、自组织和自学习等控制论系统的研究，并进行"控制论动物"的研制。到20世纪60—70年代，上述这些控制论系统的研究取得一定进展，播下智能控制和智能机器人的种子，并在20世纪80年代诞生了智能控制和智能机器人系统。

行为主义20世纪末才以人工智能新学派的面孔出现，引起许多人的兴趣。这一学派的代表作者首推布鲁克斯（Brooks）的六足行走机器人，它被看作新一代的"控制论动物"，是一个基于感知-行动模式模拟昆虫行为的控制系统。

人工智能研究进程中的这三种假设和研究范式推动了人工智能的发展。就人工智能三大学派的历史发展来看，符号主义认为认知过程在本体上就是一种符号处理过程，人类思维过程总可以用某种符号来进行描述，其研究是以静态、顺序、串行的数字计算模型来处理智能，寻求知识的符号表征和计算，它的特点是自上而下。而联结主义则是模拟发生在人类神经系统中的认知过程，提供一种完全不同于符号处理模型的认知神经研究范式，主张认知是相互连接的神经元的相互作用。行为主义与前两者均不相同，认为智能是系统与环境的交互行为，是对外界复杂环境的一种适应。这些理论与范式在实践之中都形成了自己特有的问题解决方法体系，并在不同时期都有成功的实践范例。而就解决问题而言，符号主义有从定理机器证明、归结方法到非单调推理理论等一系列成就。而联结主义有归纳学习，行为主义有反馈控制模式及广义遗传算法等解题方法。它们在人工智能的发展中始终保持着一种经验积累及实践选择的证伪状态。

1.3 人工智能的应用场景与发展趋势

1.3.1 人工智能的应用场景

人工智能未来的应用场景主要包括以下几方面。

1. 智能家居

人工智能在智能家居领域的应用场景正在不断扩展，如语音控制、智能音响、智能灯具等。未来，智能家居可能会向多模态智能技术的方向发展，结合多种感知模态，如语音、图像、视频、传感器等，以提供更加智能和个性化的服务。

2. 自动驾驶

自动驾驶汽车已经成为人工智能的一个重要应用场景，其发展趋势可能会包括更高级别的自动驾驶、车路协同以及更加智能的交通系统。

3. 可穿戴设备

可穿戴设备如智能手表、智能眼镜等已经成为人们日常生活的一部分。未来，可穿戴设备可能会与医疗健康、健身、娱乐等领域更加深入地结合，提供更加个性化的服务。

4. 聊天机器人

聊天机器人也称为虚拟助手，它们可以理解用户所说的话，并回答问题。未来，聊天机器人可能会变得更加智能，能够理解更复杂的语言和情境，同时也会向更加多样化的方向发展，如虚拟导游、虚拟销售等。

5. 人工智能辅助医疗

人工智能在医疗领域的应用包括疾病诊断、预测、治疗等方面。未来，人工智能可能会在医疗健康领域发挥更大的作用，如药物研发、个性化治疗等。

6. 人工智能辅助决策

人工智能可以辅助企业和政府做出更好的决策。未来，这种应用场景可能会变得更加普遍，如市场预测、投资决策等。

7. 游戏娱乐

电子游戏是人工智能的一个重要应用场景。未来，随着游戏技术的不断进步，游戏可能会变得更加智能化和真实，同时也会向更加多样化的方向发展，如虚拟现实游戏、社交游戏等。

8. 语音识别

语音识别技术已经广泛应用于各种领域，如智能音箱、语音助手等。未来，随着技术的不断进步，语音识别可能会变得更加准确和智能，同时也会向更加多样化的语种和场景扩展。

9. 推荐系统

推荐系统已经广泛应用于各种互联网服务中，如电影、音乐、购物网站等。未来，推荐系统可能会变得更加智能化和个性化，能够更好地满足用户的需求。

1.3.2 人工智能的发展趋势

总的来说，未来人工智能的发展趋势主要包括以下几个方面。

1. 多模态AI

在当今人工智能技术的快速发展中，多模态AI凭借其独特的数据处理能力，成为了科技创新的前沿。这项技术结合了视觉、听觉、文本等多种感知模式，开辟了人工智能处理和理解复杂信息的新纪元。多模态AI的核心在于整合和处理多种类型的数据。多模态AI代表着人工智能技术的一次重大飞跃。通过整合和分析来自不同感知模式的数据，它不仅提高了机器的理解能力，还开辟了AI在各行各业的广泛应用。这种技术的复杂性在于，它需要理解和分析来自不同源的信息，并将其有效结合以产生更加准确和全面的结果。例如,在医疗领域,多模态 AI 通过医学影像整合患者的遗传信息、生理数据、生活习惯等多维数据,为医生提供更为全面的诊断依据,并辅助主治医生制定更加精准的治疗方案。

2. 深度学习技术的进一步发展

深度学习是人工智能领域的重要技术之一,未来可能会向更加高效和复杂的应用方向发展。展望未来,深度学习的发展趋势将会更加侧重于效率、复杂性和应用的广泛性。例如,为了适应移动设备和边缘计算的需求,深度学习模型的大小和计算成本需要进一步降低,这将推动模型的轻量化和压缩技术的发展,如量化、剪枝、知识蒸馏等。此外,随着计算能力的提升,深度学习模型规模将继续扩大,如百万甚至亿万参数的模型(如 GPT-3 等)将成为常态。同时,更复杂的网络架构如 Transformer、图神经网络等将被进一步探索和优化。

3. 自主决策和自主控制

人工智能将逐渐实现自主决策和自主控制,例如在自动驾驶领域中,利用机器学习和深度学习算法,车辆能处理和分析大量数据,预测其他交通参与者的行动,据此做出安全驾驶决策,如变道、转弯、停车等。在移动机器人领域中,机器人被编程或通过学习来完成特定任务,如货物搬运、清洁、搜索与救援等,能够在没有人类直接干预的情况下做出决策。甚至高级的自主机器人还能通过机器学习不断优化其行为模式,从经验中学习,适应不同的工作条件和环境变化。

4. 跨领域应用

人工智能将在更多的领域得到应用,例如医疗健康、金融、教育等。在金融领域,AI 能够分析市场数据、交易记录,识别潜在的金融风险,帮助金融机构实施有效的风险控制策略。此外,AI 算法根据市场动态自动执行交易策略,提高交易效率和收益。在教育领域,AI 能够分析学生的学习行为和能力水平,为不同的学生定制个性化的学习路径和教学资源。

5. 数据安全和隐私保护

随着人工智能应用的普及,数据安全和隐私保护将成为需要关注的重要问题。例如,在 AI 模型安全方面,AI 模型本身可能成为攻击的目标,包括模型窃取、对抗性攻击(即通过精心设计的输入欺骗模型做出错误预测)等,这不仅影响模型的准确性和可靠性,也可能成为数据泄露的途径。在多方参与的 AI 项目中,数据共享是常见的需求,但这也带来了数据隐私保护的挑战,如何在保证数据利用效率的同时保护各方隐私成为一个亟待解决的问题。为应对这些挑战,业界正在开发各种技术手段,如差分隐私、同态加密、联邦学习等,这些技术可以在不影响模型性能的前提下保护数据隐私。

6. 更加智能化和个性化的用户体验

随着技术的不断进步,人工智能将能够提供更加智能化和个性化的用户体验。例如,电商平台利用机器学习算法为每位用户定制商品推荐,流媒体服务根据观看历史推送个性化内容,从而增强用户满意度和忠诚度。此外,AI 技术还可以设计出更加包容的用户体验,为残障人士提供定制化的辅助工具,如视觉障碍者通过语音导航浏览网页,或自闭症儿童通过 AI 辅助教育软件进行个性化学习。

7. 新的商业模式和创新机会

人工智能将创造新的商业模式和创新机会,例如智能家居、智能医疗健康等领域。例如，在智能家居领域，企业通过众包方式收集用户数据，利用 AI 分析这些数据以提供更个性化的家居体验。在智能医疗健康领域，AI 驱动的远程诊断、在线问诊平台和健康管理 App，让医疗服务跨越地理界限，实现随时随地的健康管理，形成新的盈利模式。

需要注意的是：对于人工智能，人们要以开放、客观的态度观察、思考和把握人工智能的未来发展及其对社会的影响。在充分利用人工智能带来的便利的同时，注意加强人工智能不当应用的风险研判和防范，引导和规范人工智能向更有利于人类生存和发展的方向发展。

1.4 人工智能的核心因素

目前，人工智能发展的可谓如火如荼。人工智能是利用机器学习和数据分析，对人的意识和思维过程进行模拟、延伸和拓展，赋予机器类人的能力。本节主要介绍人工智能的三大核心要素：算法、算力和数据。

1.4.1 算法

算法是一组解决问题的规则，是计算机科学中的基础概念。人工智能算法是一种特殊的算法，它可以用来解决复杂的问题。人工智能算法是数据驱动型算法，是人工智能背后的推动力量。主流的算法主要分为传统的机器学习算法和神经网络算法，目前神经网络算法因为深度学习（源于人工神经网络的研究，特点是试图模仿大脑的神经元之间传递和处理信息的模式）的快速发展而达到了高峰。

随着大计算能力和大数据的长足发展，人工智能算法迎来飞跃时期，人工智能借助算法、算力和数据三驾马车，具有了区别于普通法律客体的类人性学习、思考、辨别和决策等能力。例如，AlphaGo（第一个击败人类职业围棋选手、第一个战胜围棋世界冠军的人工智能机器人）在比赛中取胜人类的关键就在于人工智能算法的运用。2012 年 10 月，在代表计算机智能图像识别最前沿的 ImageNet 竞赛中，人工智能算法在识别准确率上突飞猛进，甚至超过了普通人类的肉眼识别准确率，由此开始迎来人工智能算法的爆发时期。目前，人工智能算法迅速在语音识别、数据挖掘、自然语音处理等不同领域攻城略地，被推向了各个主流应用领域，例如交通运输、银行、保险、医疗、教育和法律等，快速实现人工智能技术与产业链条的有机结合。

以智能推荐算法为例，该算法的本质是从一个聚合内容池里面给当前用户匹配出最感兴趣的内容，而在这个内容池里，每天有几十上百万的内容，主要依据 3 种要素：内容、用户以及用户对内容的感兴趣程度。该算法主要依托于关键词识别技术，通过提取关键词，根据关键词将内容进行粗分类，然后根据细分领域的关键词，再对分类进行细化。算法会估算用户对每一个作品的点击概率，然后再从系统几十万至上百万的内容流量池中，将所有的作品按照兴趣由高到低排序，作品在此时会脱颖而出，被推荐到用户的手机上进行展现。

1.4.2 算力

算力是指计算机或其他计算设备在一定时间内可以处理的数据量或完成的计算任务的数量。算力通常被用来描述计算机或其他计算设备的性能，它是衡量一台计算设备处理能力的重要指标。算力概念的起源可以追溯到计算机发明之初，最初的计算机是由机械装置完成计算任务，而算力指的是机械装置的计算能力。随着计算机技术的发展，算力的概念也随之演化，现在的算力通常指的是计算机硬件（CPU、GPU、FPGA 等）和软件（操作系统、编译器、应用程序等）协同工作的能力。在人工智能技术当中，算力是算法和数据的基础设施，它支撑着算法和数据，进而影响人工智能的发展。算力的大小代表了数据处理能力的强弱。

算法和算力之间的联系在于，算法的效率和优化程度直接影响计算机的算力。一个优化良好的算法能够更好地利用计算机的硬件资源，提高计算机的性能和算力。因此，在进行计算机编程和人工智能算法设计时，需要考虑如何最大化地利用计算机的算力，同时设计高效的算法以提高计算效率。

算力与人工智能之间的关系密切，因为人工智能通常需要大量的计算能力来进行训练和推断。人工智能的应用领域涵盖机器学习、深度学习、自然语言处理、计算机视觉等，这些应用需要处理大量的数据，进行复杂的数学运算和统计分析。因此，高效的计算能力是人工智能应用的基础。

值得注意的是：量子计算是一种基于量子物理原理的计算方式，可以大幅提高计算速度和效率。随着未来量子计算技术的发展，量子计算机的算力将会越来越强大，并将能够解决目前传统计算机无法处理的复杂问题。

1.4.3 数据

在如今这个时代，无时无刻不在产生数据（包括语音、文本、影像等），人工智能产业的飞速发展，也萌生了大量垂直领域的数据需求。

人工智能系统的核心是训练的框架加上数据。在实际的工程应用中研究发现，人工智能系统落地效果的好坏只有 20% 取决于算法，80% 取决于数据的质量。可以说数据是人工智能的“原油”，因此人们应该更加关注数据层面。全球领先的信息技术研究和咨询公司 Gartner 在《2023 年十大战略技术趋势》的“适应 AI 系统”的趋势中提到，适应 AI 系统通过不断反复训练模型并在运行和开发环境中使用新的数据进行学习，才能迅速适应在最初开发过程中无法预见的现实世界情况变化。

值得注意的是，以数据为中心的人工智能是在近年来提出的一个新名词。过去传统的人工智能是以模型为中心的，在这样的过程中大家更关注如何设计并训练更好的模型。但随着开源框架不断落地之后，大家开始关注数据能够带来的提升。当前 AI 的重大瓶颈不再是训练模型，而是所需的数据。缺乏高质量的数据可能会严重破坏举措，并减缓人工智能的进展。收集、清洗、标记和汇总数据以进行训练、测试和验证模型需要烦琐人力。因此，这些数据处理活动也可能昂贵且耗时，对团队来说可能是一个巨大的挑战。此外，培训、确定和管理一个项目的几个注释员可能会很快成为一项复杂的任务。而以数据为中心的人工智能将重点转移到治理和增强用于模型训练的数据上，高质量的训练数据集、完备的数据应用策略将会更好地服务于模型的开发与应用。通过数据治理、数据自动化、建立数据供给全流程等方式，利用数据采集标注平台、数据管理平台、数据质量评估等工具和数据增强、数据挖掘、数据分析等技术手段，改进、完善、评估数据，形成优质的标准化数据产品和完备的数据全生命周期管理体系，提升数据质量，最大化释放数据的价值。

1.5 深度学习

1.5.1 认识深度学习

1. 什么是深度学习

深度学习以神经网络为主要模型，一开始用来解决机器学习中的表示学习问题，但是由于其强大的能力，深度学习越来越多地用来解决一些通用人工智能问题，例如推理、决策等。目前，深度学习技术在学术界和工业界取得了广泛的成功，受到高度重视，并掀起新一轮的人工智能热潮。图 1-7 展示了神经网络，神经网络主要由相互连接的神经元(图中的圆圈)组成。

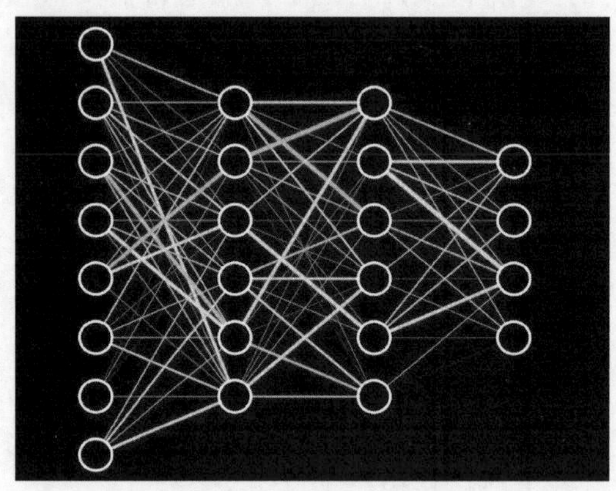

图 1-7 神经网络

在生物中神经元是一种特殊的细胞，有很多的树突结构，通常还有一根很长的轴突，轴突边缘有突触。神经元的突触会和其他神经元的树突连接在一起，从而形成庞大的生物神经网络。神经元一般有两种状态，即激活状态和非激活状态，当神经元细胞处于激活状态时，会发出电脉冲，电脉冲会沿着轴突和突触传递到其他的神经元。

2. 前馈神经网络

前馈神经网络是一种简单的深度学习模型，各神经元分层排列，每个神经元只与前一层的神经元相连，接收前一层的输出，并输出给下一层，各层间没有反馈。前馈神经网络是目前应用最广泛、发展最迅速的人工神经网络之一，其结构如图 1-8 所示。

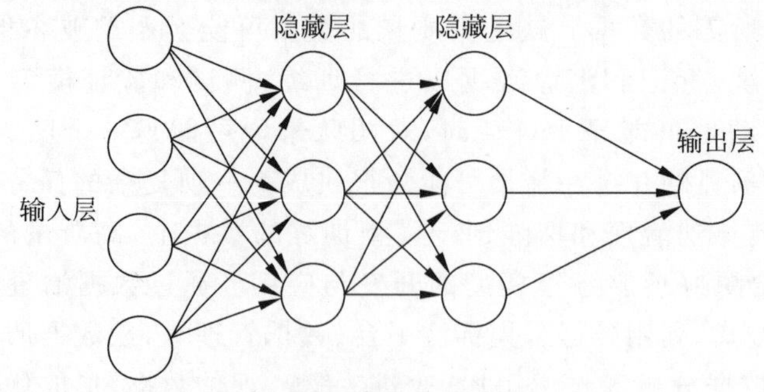

图 1-8 前馈神经网络的结构

在这个结构中，最左边的一层被称为输入层，用 input 表示，其中的神经元被称为输入神经元。最右边的一层即输出层，其中包含输出神经元，用 output 表示。在这个例子中，只有一个输出神经元，但一般情况下输出层也会有多个神经元。中间层被称为隐藏层，用 hidden 表示，因为里面的神经元既不是输入也不是输出。

神经网络的学习也被称为训练，指的是通过神经网络所在环境的刺激作用调整神经网络的自由参数，使神经网络以一种新的方式对外部环境做出反应的一个过程。神经网络最大的特点是能够从环境中学习，并在学习中提高自身性能。在神经网络的整个学习过程中，首先使用结构指定网络中的变量和它们的拓扑关系。例如，神经网络中的变量可以是神经元连接的权重(Weight)和神经元的激励值(Activities of the Neuron)。其次使用激励函数(Activity Function)来定义神经元如何根据其他神经元的活动来改变自己的激励值，一般激励函数依赖于网络中的参数。最后是训练学习规则(Learning Rule)，学习规则指定了网络中的参数权重如何随着时间推进而调整。一般情况下，学习规则依赖于神经元的激励值，它也可能依赖于监督者提供的目标值和当前权重的值。总的来说，通过神经网络结构指定变量和拓扑关系，使用激励函数进行训练，再加上最后的学习规则的训练，即可完成神经网络的整个学习过程。

1.5.2　深度学习模型

本节介绍深度学习中的几种常见模型，分别是卷积神经网络、循环神经网络、生成对抗网络、网路架构、注意力机制以及扩散模型。

1. 卷积神经网络

卷积神经网络(Convolutional Neural Network，CNN)的提出，是为了降低对图像数据预处理的要求，以避免烦琐的特征工程。卷积神经网络由输入层、输出层以及多个隐藏层组成，隐藏层可分为卷积层、池化层、ReLU 层和全连接层，其中卷积层与池化层可组成多个卷积组，逐层提取特征。

卷积神经网络是多层感知机的一种变体，参考生物视觉神经系统中神经元的局部响应特性设计，采用局部连接和权值共享的方式降低模型的复杂度，极大地减少了训练参数数量，提高了训练速度，也在一定程度上提高了模型的泛化能力。关于卷积神经网络的研究是目前多种神经网络模型研究中最为活跃的一种。一个典型的卷积神经网络主要由卷积层(Convolutional Layer)、池化层(Pooling Layer)、全连接层(Fully-Connected Layer)构成，卷积神经网络的结构如图 1-9 所示。

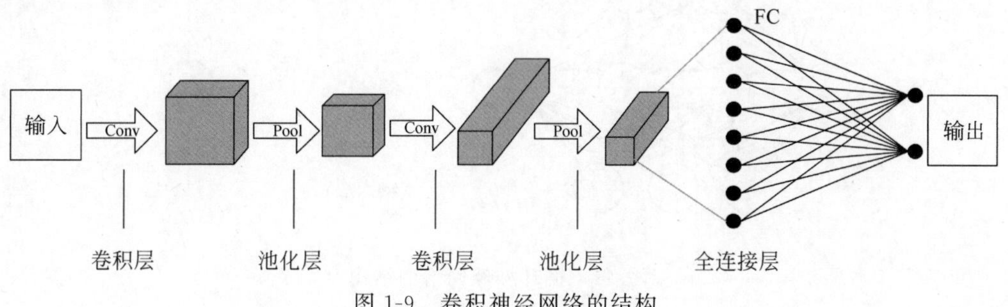

图 1-9　卷积神经网络的结构

卷积神经网络的特点是在单张图像上应用多个滤波器，每个滤波器都会被设计为捕捉图像中不同的特征或模式。卷积神经网络通过应用不同的滤波器在图像上滑动（或卷积），在局部区域内提取特征，进而在整个图像上构建一个完整的特征映射。每个滤波器与图像的卷积操作会产生一张特征图，该特征图可视化了图像中相应特征的空间分布，也就是显示每个特征出现的地方。通过学习特征空间的不同部分，卷积神经网络实现了轻松扩展和健壮的特征工程。

卷积神经网络可以输出输入的图像特征，实现过程如图 1-10 所示。

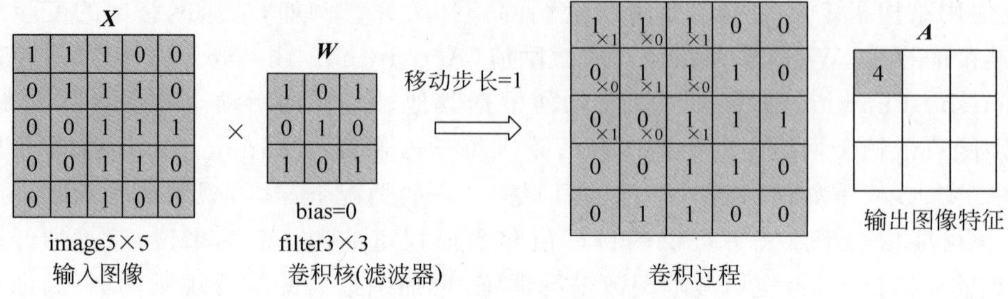

图 1-10 卷积神经网络的实现过程

卷积神经网络是目前深度学习技术领域中非常具有代表性的神经网络之一，在图像分析和处理领域取得了众多突破性的进展。目前在学术领域，基于卷积神经网络的研究取得了很多成果，包括图像特征提取分类、场景识别等。

2. 循环神经网络

循环神经网络（Recurrent Neural Network，RNN）是深度学习中一类特殊的内部存在自连接的神经网络，可以学习复杂的向量到向量的映射。杰夫·埃尔曼（Jeff Elman）于 1990 年提出的循环神经网络框架，被称为简单循环网络（Simple Recurrent Network，SRN），是目前广泛流行的循环神经网络的基础版本，之后不断出现的更加复杂的结构均可认为是其变体或者扩展。目前循环神经网络已经被广泛用于各种与时间序列相关的工作任务中。

循环神经网络的结构如图 1-11 所示。循环神经网络层级结构比卷积神经网络简单，它主要由输入层、隐藏层和输出层组成。隐藏层用一个箭头表示数据的循环更新，这个就是实现时间记忆功能的方法，即闭合回路连接。

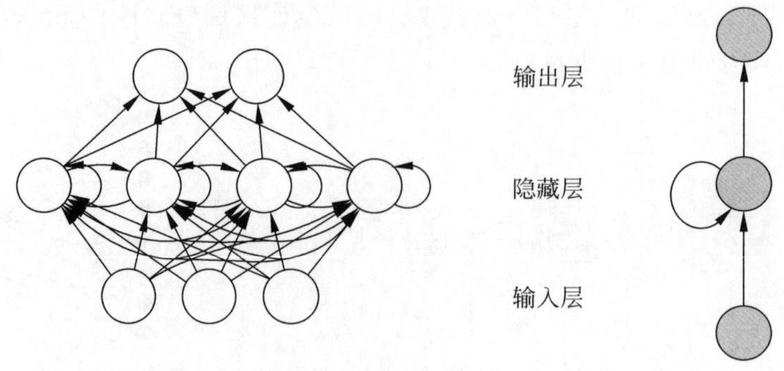

图 1-11 循环神经网络的结构

闭合回路连接是循环神经网络的核心部分。循环神经网络对序列中每个元素都执行相同的任务，其输出依赖于之前的计算结果，因此循环神经网络具有记忆功能，这种记忆能力使得循环神经网络可以捕获已经计算过的信息，对于处理序列数据非常有效。循环神经网络在语音识别、自然语言处理等领域有着重要的应用。在实际应用中，人们会遇到很多序列数据，序列数据是按照一定顺序排列的数据集合，如图 1-12 所示。

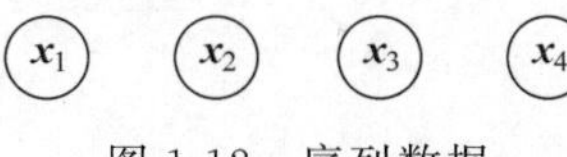

图 1-12 序列数据

在自然语言处理问题中，$\boldsymbol{x}_1$ 可以看作第 1 个单词的向量，$\boldsymbol{x}_2$ 可以看作第 2 个单词的向量。序列数据可以认为是一串信号，例如一段文本“您吃了吗?”，其中 $\boldsymbol{x}_1$ 可以表示“您”，$\boldsymbol{x}_2$ 表示“吃”，$\boldsymbol{x}_3$ 表示“了”，依次类推。

序列形数据不好用传统的神经网络处理，因为传统神经网络不能考虑一串信号中每个信号的顺序关系，这时就能用循环神经网络来处理。从循环神经网络的结构可知，循环神经网络的下一时刻的输出值是由前面多个时刻的输入值来共同影响决定的，假设有一个输入是“我会说普通”，那么应该对应通过“会”“说”“普通”这三个前序输入来预测下一个词最有可能是什么？通过分析预测应该是“话”的概率比较大。

目前循环神经网络在自然语言处理、语音识别、时间序列分析等领域有广泛应用，以下是一些常见的应用场景。

1）语言模型

循环神经网络可以用于训练语言模型，预测给定文本序列中下一个单词或字符的概率分布，从而实现自然语言处理任务，如机器翻译、文本生成、语音识别等。

2）时序数据分析

循环神经网络可以用于时序数据的分析和预测，如股票价格预测、天气预测、信用评级等。

3）机器人控制

循环神经网络可以用于机器人控制，通过处理机器人的传感器数据和控制信号，实现对机器人的控制和决策。

4）音乐生成

循环神经网络可以用于音乐生成，通过学习音乐序列的规律和特征，生成新的音乐作品。

5）问答系统

循环神经网络可以用于问答系统，通过对问题和回答进行序列建模，实现问答系统的自动回答。

3. 生成对抗网络

生成对抗网络(Generative Adversarial Networks，GAN)是一种深度神经网络架构，由一个生成网络和一个判别网络组成。生成网络产生假数据，并试图欺骗判别网络；判别网络对生成的数据进行真伪鉴别，试图正确识别所有假数据。在训练迭代的过程中，两个网络持续地进化和对抗，直到达到平衡状态，当判别网络无法再识别假数据时，训练结束。

生成对抗网络模型如图 1-13 所示，该模型主要包含一个生成模型和一个判别模型。生成对抗网络主要解决的问题是如何从训练样本中学习新样本，其中判别模型用于判断输入样本是真实数据还是训练生成的假数据。

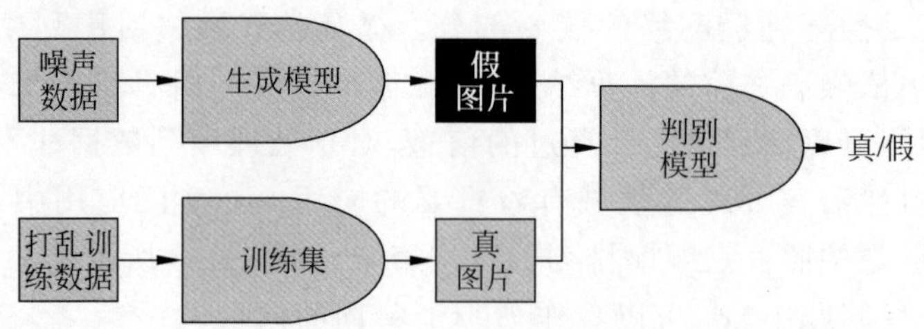

图 1-13　生成对抗网络模型

生成对抗网络的生成模型和判别模型的网络结构有多种选择，但一般都是基于卷积神经网络或反卷积神经网络(Deconvolutional Neural Network,DeCNN)来构建。

图 1-14 展示了生成对抗网络的应用实例，用于图像生成与转换。

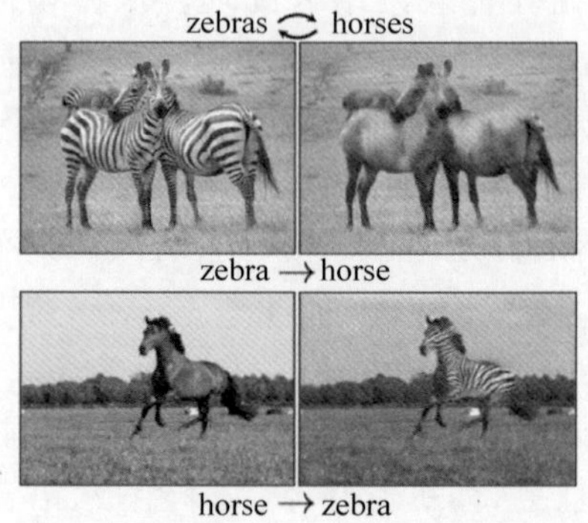

图 1-14　生成对抗网络的应用实例

4. 网络架构

自编码器(Auto Encoders)和 Encoder-Decoder 架构是深度学习中两种重要的网络架构，它们在许多应用中扮演着关键角色，尤其是在自然语言处理(Nature Language Processing,NLP)、计算机视觉(Computer Vision,CV)和语音处理领域。

表 1-1 展示了自编码器与 Encoder-Decoder 架构的区别。

表 1-1　自编码器与 Encoder-Decoder 架构的区别

	自 编 码 器	Encoder-Decoder 架构
目的	自编码器主要用于学习数据的紧凑表示	Encoder-Decoder 架构通常用于处理序列到序列的任务
训练方式	自编码器可以是无监督的	Encoder-Decoder 架构通常是有监督的，需要输入-输出对的训练数据
应用	自编码器常用于降维、特征学习和生成模型	Encoder-Decoder 架构适用于翻译、摘要和对话系统等任务

1) 自编码器

自编码器神经网络是一种无监督的机器学习算法，它的主要目的是将输入层的数据压缩成较短的格式，人们也可以称为潜在空间的特征表示，并通过解码将上述特征解码成与原始输入最为相近的形式。

自编码器有如下三个特点：

(1) 数据相关性。自编码器只能压缩与自己此前训练数据类似的数据，例如人们使用

MNIST 数据集训练出来的自编码器来压缩人脸图片，效果肯定会很差。

(2) 数据有损性。自编码器在解压时得到的输出与原始输入相比会有信息损失，所以自编码器是一种数据有损的压缩算法。

(3) 自动学习性。自动编码器是从数据样本中自动学习的，这意味着很容易对指定类的输入训练出一种特定的编码器，而不需要完成任何新工作。

自编码器主要由两部分构成：编码器(Encoder)和解码器(Decoder)，如图 1-15 所示。编码器将输入压缩为潜在空间表征，可以用函数 $f(x)$ 来表示，解码器将潜在空间表征重构为输出，可以用函数 $g(x)$ 来表示，在这里编码函数 $f(x)$ 和解码函数 $g(x)$ 都是神经网络模型。

编码器-解码器结构作为语言模型的经典结构，它模拟的是大脑理解自然语言的过程，其中编码就是将语言转换成一种大脑所能理解和记忆的内容，而解码就是将大脑中所想的内容表达出来。例如在机器翻译场景中，输入的英文句子为：Tom chase Jerry，Encoder-Decoder 框架逐步生成中文单词："汤姆""追逐""杰瑞"。

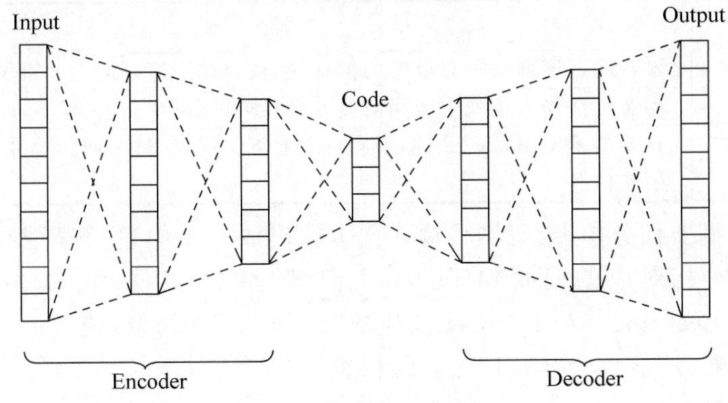

图 1-15 自编码器组成

2) Encoder-Decoder 架构

Encoder-Decoder 架构是一种深度学习模型结构，广泛应用于自然语言处理(NLP)、图像处理、语音识别等领域。它主要由两部分组成：编码器(Encoder)和解码器(Decoder)。如图 1-16 所示，这种结构能够处理序列到序列(Seq2Seq)的任务，如机器翻译、文本摘要、对话系统、声音转换等。与自编码器不同的是，Encoder-Decoder 架构通常在监督学习设置中使用，该架构专注于将输入序列转换成不同的输出序列，处理的是序列到序列的转换问题。

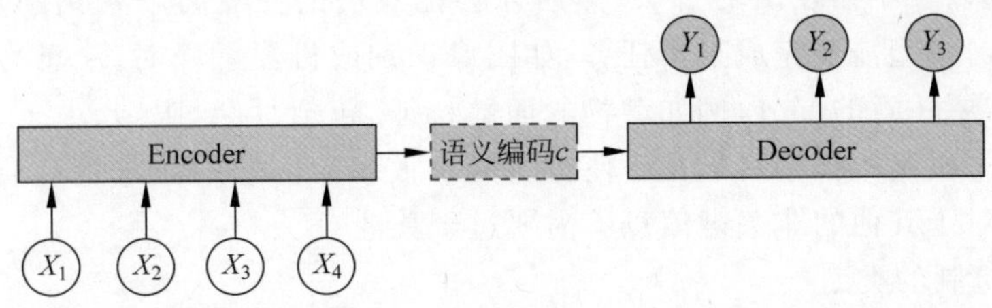

图 1-16 Encoder-Decoder 架构

Encoder：编码器，对于输入的序列< $X_1, X_2, X_3 \cdots$ >进行编码，使其转换为一个语义编码 c，这个 c 中就存储了序列< $X_1, X_2, X_3 \cdots$ >的信息。

Decoder：解码器，根据输入的语义编码 c，然后将其解码成序列数据。

文本处理领域的 Encoder-Decoder 框架可以这么直观地去理解：把它看作适合处理由一个句子(或篇章)生成另外一个句子(或篇章)的通用处理模型。对于句子对（Source，Target)，人们的目标是给定输入句子 Source，期待通过 Encoder-Decoder 架构来生成目标句子 Target。在这里 Source 和 Target 可以是同一种语言，也可以是两种不同的语言。

Encoder(编码器)的作用是接收输入序列，并将其转换成固定长度的上下文向量(Context Vector)。在深度学习中，向量通常被用来表示数据的抽象表示。例如，单词可以被表示为一个向量，这个向量捕获了单词的语义信息。在自然语言处理的应用中，输入序列通常是一系列词语或字符，而向量是输入序列的一种内部表示，它捕获了输入信息的关键特征。Decoder(解码器)的目标是将编码器产生的上下文向量转换为输出序列，上下文向量的特点如表 1-2 所示。在开始解码过程时，它首先接收到编码器生成的上下文向量，然后基于这个向量生成输出序列的第一个元素。接下来，它将自己之前的输出作为下一步的输入，逐步生成整个输出序列。

表 1-2 上下文向量的特点

特　点	描　述
上下文融合	融合输入序列中所有单词的信息，提供对整个序列的全面理解
动态关注	动态关注输入序列中与当前任务最相关的部分
层次化表示	在多层模型中，每一层都生成一个上下文向量，这些向量捕获了不同层次的上下文信息

例如，在文本摘要任务中，编码器将输入文本编码成一个向量，解码器根据这个向量生成一个与输入文本相对应的摘要句子。当人们翻译一个句子时，Source：机器学习→Target：Machine Learning。当 Decoder 要生成“machine”的时候，应该更关注“机器”，而生成“learning”的时候，应该给予“学习”更大的权重。

5. 注意力机制

注意力机制(Attention Mechanism)是一种深度学习中常用的技术，它允许模型在处理输入数据时集中“注意力”于相关的部分。这种机制通过模仿人类视觉和认知系统的关注方式，帮助神经网络选择性地关注并自动学习输入的重要信息，以提高模型的性能和泛化能力。

1）注意力机制原理

具体来说，注意力机制就是将人的集中注意的行为应用在机器上，让机器学会去感知数据中重要的部分。例如，当我们观察一张图片时，我们通常会优先注意到图片中的主体，例如小猫的面部以及小猫吐出的舌头，然后才会把我们的注意力转移到图片的其他部分。同样，当机器学习模型需要完成某个任务，如图像识别或机器翻译时，注意力机制会使模型集中在输入中需要注意的部分，例如动物的面部特征，包括耳朵、眼睛、鼻子、嘴巴等重要信息。因此，注意力机制的核心目的在于使机器能在很多的信息中注意到对当前任务来说更关键的信息，而对于其他的非关键信息不需要过于关注。

2）注意力机制的类型

(1) Soft Attention。

Soft Attention 通过计算输入序列中每个元素的权重，然后根据这些权重对输入进行加权平均。权重通常由一个单独的神经网络模块(注意力模型)计算，该模块根据当前状态和输入序列来确定每个位置的注意力权重。

(2) Hard Attention。

Hard Attention 是一种离散的注意力机制，它在输入序列中选择一个或几个特定的位置作为关注点。与 Soft Attention 不同，Hard Attention 的选取是非连续的，这使得训练过程中的梯度计算变得更加复杂。

(3) Self-Attention。

Self-Attention（自注意力）机制允许模型中的每个位置直接访问序列中的所有位置，而不仅仅是相邻的元素。在 Transformer 模型中，Self-Attention 通过查询（Query）、键（Key）和值（Value）三者之间的点积运算来实现，它极大地提高了模型在长序列上的处理能力和效率。

值得注意的是：在注意力机制中又包含了自注意力机制、交叉注意力机制等，而自注意力机制是大语言模型的核心组成部分。自注意力机制指的不是输入语句和输出语句之间的注意力机制（不同输入），而是在输入语句的内部元素之间发生（同一输入），即在同一个句子内部实现注意力机制。表 1-3 展示了自注意力机制与交叉注意力机制的区别。

表 1-3 自注意力机制与交叉注意力机制的区别

名　称	描　述
自注意力机制	计算输入序列中每个元素之间的关系
交叉注意力机制	计算两个不同序列中的元素之间的关系

3）注意力机制应用

注意力机制在多个领域都有广泛应用，尤其在深度学习和机器学习模型中，它能够显著提升模型的性能和可解释性。

在机器翻译中，注意力机制使模型能够关注源语言句子中的不同单词，而不是简单地基于位置进行对齐。这在处理长距离依赖关系时尤其有用，例如当翻译一个长句子时，模型可以准确地知道哪些单词应该对应。

在图像分类或目标检测任务中，注意力机制可以帮助模型聚焦于图像的关键区域，而不是背景或其他不相关信息。

在语音识别中，注意力机制能够帮助模型区分有用的语音特征和噪声，这对于提高在嘈杂环境下的识别精度至关重要。

在推荐系统中，注意力机制可以用来捕捉用户偏好中的重要模式，从而提供更个性化的推荐。

在蛋白质结构预测、基因序列分析等任务中，注意力机制有助于聚焦于决定性特征，提高预测的准确性。

6. 扩散模型

扩散模型（Diffusion Models，DM）是一种深度学习模型，它被特别设计用于生成任务，尤其是在图像、音频和视频等复杂数据集的生成上表现突出。这类模型的基本原理是在数据上引入并移除噪声，以学习数据的潜在分布。

1）扩散模型概述

扩散模型是一种生成模型，主要用于图像生成。扩散模型的核心思想是通过一个可逆的噪声添加过程，将复杂的图像数据逐渐转换为高斯白噪声，然后再通过反向过程，逐步去除噪声并重建图像。扩散模型的算法理论基础是通过变分推断训练参数化的马尔可夫链，它在许多任务上展现了超过生成对抗网络等其他生成模型的效果。

扩散模型中最重要的思想根基是马尔可夫链，它的一个关键性质是平稳性，即如果一个概率随时间变化，那么在马尔可夫链的作用下，它会趋向于某种平稳分布，时间越长，分布越平稳。如图 1-17 所示，当人们向一杯水中滴入一滴颜料时，无论你滴在什么位置，只要时间足够长，最终颜料都会均匀地分布在水溶液中，这也就是扩散模型的前向过程。如果能够在扩散的过程中记录颜料分子的位置、移动速度、方向等移动属性，那么也可以根据前向过程保存的移动属性从一杯被溶解了颜料的水中反推颜料的滴入位置，这便是扩散模型的逆向过程。记录移动属性的快照便是要训练的模型。

图中包含颜料、水分子，以及颜料颗粒在水中达到一种动态平衡状态。

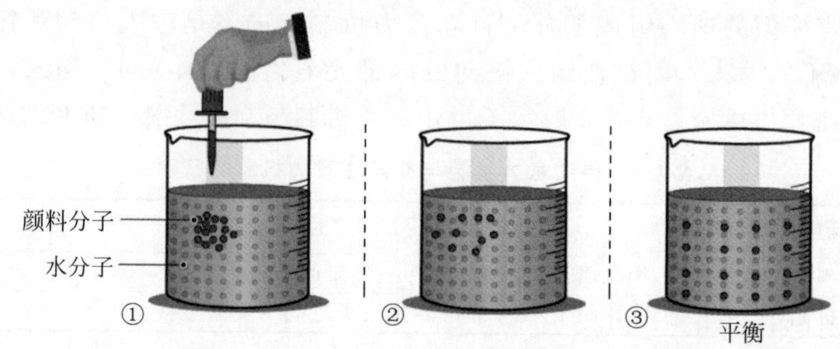

图 1-17 颜料分子在水溶液中的扩散过程

扩散模型因其生成高质量和多样化样本的能力而受到广泛赞誉，尽管它们在计算上存在负担，即在采样过程中由于涉及的步骤数量多而导致速度较慢。这些模型在图像生成、超分辨率、修复、编辑、翻译等多个领域都有应用，并在不断推动深度生成建模的边界。

2）扩散模型的工作流程

扩散模型的工作流程可以分为两个主要部分：前向扩散过程以及反向生成过程。

(1) 前向扩散过程。在这一阶段，模型将干净的数据（例如一张清晰的图像）逐渐加入随机噪声，直至数据变得不可识别。这一过程通常由一系列扩散步骤组成，在每一步中，数据都会被轻微地“破坏”，直到最后只留下随机噪声。这实际上是一个概率分布的转换过程，从初始的数据分布逐渐变为高斯白噪声分布。

假设有一个清晰的图像，例如一张猫的图片。在前向扩散过程中，我们将这张图片逐渐“破坏”成噪声，具体步骤如下。

初始化：从原始的清晰图像开始。

添加噪声：在每一步中，向图像添加一定量的高斯噪声，同时保留一部分原始图像的信息。每一步的噪声量逐渐增加，可以想象为图像的清晰度逐渐降低。

重复：重复上述步骤，直到图像完全被噪声覆盖，变得不可识别。

在这个过程中，每一步都可以看作图像中像素值的轻微变化，而这些变化是由一个预定义的噪声分布（通常是高斯分布）决定的。整个过程可以被视为一个马尔可夫链，其中每个状态仅依赖于前一个状态。

(2) 反向生成过程。这是模型的主要工作部分，模型学习如何从噪声中逐步恢复出原始数据。在每一个反向步骤中，模型会预测并尝试去除上一步加入的噪声，逐步还原数据。

这一过程可以看作从噪声分布逐步恢复到初始数据分布的过程。在实际操作中，这通常涉及一个神经网络，该网络学习如何估计每一步的噪声，并将其从当前数据状态中减去。

一旦图像变成了完全的噪声，扩散模型就开始执行反向生成过程，试图从噪声中恢复出原始的图像，具体步骤如下。

初始化：从完全的噪声图像开始。

去除噪声：在每一步中，模型预测并去除部分噪声，使图像稍微清晰一点。这一步骤涉及一个经过训练的神经网络，它可以预测在当前噪声水平下，哪些像素值最可能是由噪声引起的。

重复：重复上述步骤，逐渐提高图像的清晰度，直到恢复出原始图像。

在每一步中，模型会预测当前噪声图像中的噪声分量，并尝试从中恢复出无噪声的图像。这通常需要对大量图像进行训练，以便模型能够学会如何区分噪声和真实的图像特征。

值得注意的是：为了训练扩散模型，人们需要大量的图像数据集。在训练期间，模型的目标是最小化预测的去噪图像与实际图像之间的差异。这通常通过计算损失函数（如均方误差或交叉熵）来实现，并使用梯度下降等优化方法来更新模型参数，以减少这个损失。

扩散模型的一个关键特性是它们能够产生高质量的样本，同时具有良好的多样性。这是因为模型不仅学习了数据的平均特征，还学会了数据的复杂结构和变化性，使得生成的样本既真实又具有创新性。

3）扩散模型的应用

扩散模型是生成高质量图像和视频的强大工具，并且在人工智能领域中具有广泛的应用潜力。扩散模型在生成高质量样本方面的能力使它们在图像合成、视频生成以及与自然语言处理结合的多模态任务中表现出色。以下是扩散模型在人工智能中的一些主要应用。

（1）高质量视频生成。

扩散模型可以用于生成高质量的视频内容。这些模型通过在给定的视频帧之间插入额外的帧来增加视频的帧率，从而提高视频的流畅性和连续性。例如，Make-A-Video 和 Imagen Video 等模型能够生成逼真的视频，它们利用扩散模型来学习和模拟视频中的动态变化。

值得关注的是：在音频生成方面，扩散模型可以用于创造新的音乐片段，合成语音，或者进行声音效果的设计。例如，MusicMagus 这样的模型能够根据文本描述编辑音乐片段，而基于扩散模型的文本到音频生成方法则可以将文字转换为高质量的音频内容。这些技术对于音乐制作、电影配乐、游戏音效等行业来说是非常有价值的。

（2）文本到图像生成。

扩散模型也被广泛应用于文本到图像的生成任务中。这些模型根据用户提供的文本提示生成相应的图像。例如，GLIDE 和 DALL-E 等模型能够根据文本描述生成高质量的图像。这些模型通常结合了深度学习和自然语言处理技术，以实现对文本的深入理解和图像的精确生成。

（3）其他应用。

扩散模型还被用于其他多种生成任务，如图像超分辨率、图像修复、图像风格转换等。这些应用展示了扩散模型在处理图像数据时的灵活性和强大能力。例如扩散模型可以用来提升低分辨率图像的质量，将其转换为高分辨率版本，这对于老照片修复、高清显示等领域极为重要。

扩散模型作为一种新兴的生成模型，其研究和应用仍在快速发展中。随着技术的不断进步，随着研究的深入，扩散模型预计将在更多领域得到应用，包括音频和音乐生成、3D 模型创建等方面。

1.6 自然语言处理

1.6.1 认识自然语言处理

1. 什么是自然语言处理

自然语言处理(Natural Language Processing，NLP)是指利用计算机对自然语言的形、音、义等信息进行处理，即对字、词、句、篇章的输入、输出、识别、分析、理解、生成等操作和加工。它是计算机科学领域和人工智能领域的一个重要的研究方向，研究用计算机来处理、理解以及运用人类语言，可以实现人与计算机之间进行有效通信。

实现人机间的信息交流，是人工智能界、计算机科学和语言学界所共同关注的重要问题。在一般情况下，用户可能不熟悉机器语言，所以自然语言处理技术是帮助该用户根据自身需要使用自然语言和机器进行交流。从建模的角度看，为方便计算机处理，自然语言可以被定义为一组规则或符号的集合，通过组合集合中的符号就可以来传递各种信息。自然语言处理是研究语言能力和语言应用的模型，通过建立计算机的算法框架来实现某个语言模型，并完善、评测、最终用于设计各种实用的自然语言应用系统。

自然语言处理的具体表现形式包括机器翻译、文本摘要、文本分类、文本校对、信息抽取、语音合成、语音识别等。可以说，自然语言处理的目的是让计算机来理解自然语言。这些年，自然语言处理研究已经取得了长足的进步，逐渐发展成为一门独立的学科。

2. 自然语言处理发展历程

自然语言处理的发展历程可大致分为 3 个阶段：20 世纪 80 年代之前，人工智能技术开始萌芽，基于规则的语言系统占据人工智能技术发展的主导地位；20 世纪 80 年代至 2017 年，机器学习的兴起和神经网络的引入，推动了自然语言处理的快速发展和商业化进程；2017 年至今，基于注意力机制构建的 Transformer 模型开启了大语言模型时代。

第一阶段：基于规则的语言系统。

早在 20 世纪 50 年代前后，人工智能就已经诞生。1956 年，达特茅斯会议召开，会上首次正式提出了“人工智能”的概念。1980 年，自然语言处理技术分为了两大阵营，分别为基于语言规则的符号派和基于概率统计的随机派，而当时基于语言规则的势头明显强于基于概率统计的势头，因此当时大多数自然语言处理系统都使用复杂的逻辑规则，能够处理如字符匹配、词频统计等一些简单的任务。同一时期，也产生了一些机器翻译以及语言对话的初级产品，比较著名的是 1966 年 MIT 开发的世界上第一台聊天机器人 Eliza，Eliza 能够遵循简单的语法规则进行交流。但总体来看，这一时期自然语言处理领域所取得的成果还无法商业化，机器翻译的成本也远高于人工翻译，无法真正实现机器与人之间的基本对话。

第二阶段：机器学习和神经网络。

1980 年，卡内基-梅隆大学召开了第一届机器学习国际研讨会，这标志着机器学习在全世界兴起。20 世纪 90 年代以后，神经网络模型被引入自然语言处理领域，其中最著名的两个神经网络模型是循环神经网络和卷积神经网络，循环神经网络因其处理序列数据的特性，成为大部分自然语言处理模型的主流选择。2000 年后，Multi-task Learning、Word Embedding、Seq2Seq 等层出不穷的新技术推动了自然语言处理技术的快速进步，使得自然语言处理逐步实现了商业化，机器翻译、文本处理等商业化产品开始大量出现。

第三阶段：基于注意力机制构建的 Transformer 模型开启了大语言模型的时代。

2017 年，Google 机器翻译团队发表了著名论文“Attention is All You Need”，提出了基于注意力机制构建的 Transformer 模型，这也成为自然语言处理历史上的一个标志性事件。相较于传统的神经网络，基于注意力机制构建的 Transformer 模型不仅提升了语言模型运行的效率，同时能够更好地捕捉语言长距离依赖的信息。2018 年，OpenAI 公司推出的 GPT 以及 Google 公司推出的 BERT 均是基于注意力机制构建的 Transformer 模型，而自然语言处理也正式进入大语言模型的全新阶段。

3. 自然语言处理的组成

从自然语言的角度出发，自然语言处理大致可以分为两个部分，分别是自然语言理解和自然语言生成。

1）自然语言理解

自然语言理解是指计算机能够理解自然语言文本的意义。语言被表示成一连串的文字符号或者一串声流，其内部是一个层次化的结构。一个文字表达的句子是由词素→词或词形→词组或句子，用声音表达的句子则是由音素→音节→音词→音句，其中的每个层次都受到文法规则的约束，因此语言的处理过程也应当是一个层次化的过程。

2）自然语言生成

自然语言生成（Natural Language Generation，NLG）是研究使计算机具有人一样的表达和写作的功能。它能够根据给定的信息和要求，生成符合语法和语义规则的高质量文本。自然语言生成是人工智能和计算语言学的分支，相应的语言生成系统是基于语言信息处理的计算机模型。

自然语言生成，与自然语言理解恰恰相反，它是按照一定的语法和语义规则生成自然语言文本，通俗来讲，它是将语义信息以人类可读的自然语言形式进行表达，该过程主要包含三个阶段：文本规划，即完成结构化数据中的基础内容规划；语句规划，即从结构化数据中组合语句来表达信息流；实现，即产生语法通顺的语句来表达文本。例如，文本到文本生成（Text-To-Text Generation）和数据到文本生成（Data-To-Text Generation）都是自然语言生成的实例。

语言生成的目的是通过预测句子中的下一个单词来传达信息。使用语言模型可以解决（在数百万种可能性中）预测哪个单词的可能性的问题，该模型是单词序列上的概率分布。语言模型可以在字符级、N-Gram 级、句子级甚至段落级构建。

马尔可夫模型是最早用于语言生成的算法之一，它通过使用当前单词来预测句子中的下一个单词，它基于一个假设：一个系统的未来状态只取决于其当前状态，而与之前的状态无关。这种基于统计的方法在自然语言处理中得到了广泛应用。例如，如果使用以下句子进行训练：“ I drink coffee in the morning”，模型预测“drink”后一单词是“coffee”的概率是

100%(但这仅仅是因为在提供的训练数据中,"drink"后面总是跟着"coffee")。在实际应用中,如果模型遇到了其他句子,例如"I drink ____ in the evening",那么它就无法正确地预测"drink"后的单词,因为它没有学习到"drink"后面除了"coffee"之外的其他可能性。为了解决这个问题,可以使用更高阶的马尔可夫模型,例如二阶或三阶马尔可夫模型,它们会考虑当前单词之前的一个或多个单词来预测下一个单词。但是,即使使用高阶马尔可夫模型,也仍然无法完全捕捉语言的复杂性和多样性,因为语言中的许多模式和结构可能无法用简单的统计模型来完全描述。

在自然语言处理中,马尔可夫模型常用于词性标注、文本生成、语音识别和机器翻译等任务。例如,隐马尔可夫模型(Hidden Markov Model,HMM)是语音识别的基础,它能够通过描述语音信号中的状态转移过程来实现语音识别。此外,马尔可夫模型还可以用于生成与原始文本相似的新文本,例如生成英文文章的相似文本。

1.6.2 自然语言理解

自然语言的理解和分析是一个层次化的过程,许多语言学家把这一过程分为五个层次:语音分析、词法分析、句法分析、语义分析以及语用分析。

1. 语音分析

语音分析是指根据人类的发音规则,以及人们的日常习惯发音,从语音传输数据中区分出一个个独立的音节或者音调,再根据对应的发音规则找出不同音节所对应的词素或词,进而由词到句,识别出人所说的一句话的完整信息,将其转换为对应的文字,这也正是语音识别的核心。

2. 词法分析

词法指词位的构成和变化的规则,主要研究词自身的结构与性质。

词法分析是理解单词的基础,其主要目的是从句子中切分出单词,找出词汇的各个词素,从中获得单词的语言学信息并确定单词的词义,如 unchangeable 是由 un-change-able 构成的,其词义由这三个部分构成。不同的语言对词法分析有不同的要求,例如,英语和汉语就有较大的差距。在英语等语言中,因为单词之间是以空格自然分开的,切分一个单词很容易,所以找出句子的一个个词汇就很方便。但是由于英语单词有词性、数、时态、派生及变形等变化,要找出各个词素就复杂得多,需要对词尾或词头进行分析。如 importable,它可以是 im-port-able 或 import-able,这是因为 im、port、able 这三个都是词素。

下面是一个英语句子词法分析,它可以对那些按英语语法规则变化的英语单词进行分析。

```
repeat
look for study in dictionary
if not found
then modify the study
Until study is found no further modification possible
```

其中"study"是一个变量,初始值就是当前的单词。

对于单词 matches、studies 可以做如下分析。

matches　studies　词典中查不到

matche　studie　修改 1：去掉“-s”

match　studi　修改 2：去掉“-e”

study　修改 3：把“i”变成“y”

在修改 2 的时候，就可以找到“match”，在修改 3 的时候就可以找到“study”。英语词法分析的难度在于词义判断，因为单词往往有多种解释，仅仅依靠查词典常常无法判断。例如，对于单词“diamond”有三种解释：菱形，边长均相等的四边形；棒球场；钻石。要判定单词的词义只能依靠对句子中其他相关单词和词组的分析。例如句子“John saw Slisan's diamond shining from across the room.”中“diamond”的词义必定是钻石，因为只有钻石才能发光，而菱形和棒球场是不闪光的。

3. 句法分析

句法是指组词成句的规则，描述句子的结构、词之间的依赖关系。句法是语言在长期发展过程中形成的、全体成员必须共同遵守的规则。句法分析是对句子和短语的结构进行分析，找出词、短语等的相互关系及各自在句子中的作用等，并以一种层次结构加以表达。层次结构可以是反映从属关系、直接成分关系，也可以是语法功能关系。

相较于词法分析，句法分析成熟度要低上不少。为此，学者们投入了大量精力进行探索，他们基于不同的语法形式，提出了各种不同的算法。

句法分析中所用算法主要分为两类：基于规则的方法和基于统计的方法。基于规则的方法依赖于语言学家的专业知识，通过制定一系列语法规则来指导句法分析。优点是直观且易于解释，但缺点是规则制定困难，且难以覆盖所有语言现象。在处理大规模真实文本时，会存在语法规则覆盖有限、系统可迁移差等缺陷。因此，随着大规模标注树库的建立，基于统计学习模型的句法分析方法开始兴起，句法分析器的性能不断提高，最典型的就是风靡于 20 世纪 70 年代的概率上下文无关文法（Probabilistic Context Free Grammar, PCFG），它在句法分析领域得到了极大的应用，也是现在句法分析中常用的方法。统计句法分析模型本质是一种面向候选树的评价方法，它会给正确的句法树赋予一个较高的分值，而给不合理的句法树赋予一个较低的分值，这样就可以借用候选句法树的分值来消除歧义。

在这些算法中，以短语结构树为目标的句法分析器目前研究得最为彻底，应用也最为广泛，与很多其他形式语法对应的句法分析器都能通过对短语结构语法（特别是上下文无关法）的改造而得到。这些句法分析器通过对上下文无关法的改造和扩展，可以适应不同的语言特点和需求。例如，可以通过添加非终结符或规则来处理更复杂的语言现象，如名词短语、动词短语等。此外，还可以通过引入概率模型来利用语料库中的统计信息，提高句法分析的准确率。

以下是一些句法分析的实例，展示了如何应用不同的句法分析方法。

1）主谓宾分析法实例

句子：“他喜欢吃苹果。”

主语：他

谓语：喜欢吃

宾语：苹果

2）主谓补分析法实例

句子：“她是一名教师。”

主语：她

谓语：是

补语：一名教师

3）复合句分析法实例

句子："我去了图书馆，然后借了一本书。"

主句：我去了图书馆

从句：然后借了一本书（时间状语从句）

4）基于规则的分析方法实例

这个实例是概念性的，因为具体的规则依赖于构建的知识库。

句子："我喜欢游泳。"

使用规则库中的规则，分析器识别出"喜欢"是一个动词，后面通常跟宾语。因此，将"游泳"识别为宾语。

5）基于统计的分析方法实例

这个实例是概念性的，因为具体的统计模型依赖于训练数据。

句子："他快速地跑。"

使用统计模型，分析器可能会根据训练数据中的类似句子，识别出"他"是主语，"快速地跑"是谓语，尽管"快速地"是一个副词修饰"跑"。

6）依存句法分析实例

句子："小明喜欢吃苹果。"

依存关系可能如下：

"小明"（主语）依存于"喜欢"（核心）

"喜欢"（动词）依存于无（作为句子的核心）

"吃"（动词）依存于"喜欢"（动词短语中的动词）

"苹果"（宾语）依存于"吃"（动词的宾语）

7）深度学习模型实例

这里描述的是一个概念性流程，因为具体的实现细节会因模型而异。

句子："她明天要去旅行。"

使用一个训练好的 Transformer 模型，输入句子"她明天要去旅行"，模型会输出一个句法树或依存关系图，表示句子中的句法结构和成分之间的关系。

4. 语义分析

句法分析后一般还不能理解所分析句子，至少还需要进行语义分析。

语义分析的任务是把分析得到的句法成分与应用领域中的目标表示相关联，从而确定语言所表达的真正含义或概念。即弄清楚"干什么了""谁干的""这个行为的原因和结果是什么"以及"这个行为发生的时间、地点及其所用的工具或方法"等。相比句法分析，语义分析侧重语义而非语法，它包括：

（1）词义消歧。

确定一个词在语境中的含义，而不是简单的词性。

（2）语义角色标注。

标注句子中的谓语与其他成分的关系。

(3) 语义依存分析。

分析句子中词语之间的语义关系。

语义分析主要运用了自然语言处理、机器学习和人工智能等技术。在自然语言处理中,语义分析通常涉及对文本进行句法分析、语义角色标注、指代消解等任务,以获取文本的深层结构和含义。在机器学习和人工智能领域,语义分析可以通过训练模型来识别文本中的关键信息,并根据这些信息进行推理和决策。

语义分析的应用案例非常广泛。例如,在广告推荐中,语义分析可以分析用户搜索的关键词,并匹配相关的广告内容;在情感分析中,语义分析可以帮助企业了解客户对产品或服务的态度;在机器翻译中,语义分析可以帮助译员更好地理解句子的语义和含义,提高翻译质量。

5. 语用分析

语用就是研究语言所存在的外界环境对语言使用所产生的影响。它描述语言的环境知识、语言与语言使用者在某个给定语言环境中的关系。关注语用信息的自然语言处理系统更侧重于讲话者/听话者模型的设定,而不是处理嵌入到给定话语中的结构信息。学者们提出了多钟语言环境的计算模型,描述讲话者和他的通信目的、听话者和他对说话者信息的重组方式。构建这些模型的难点在于如何把自然语言处理的不同方面以及各种不确定的生理、心理、社会及文化等背景因素集中到一个完整连贯的模型中。

虽然这些分析层次看上去是自然而然的而且符合心理学的规律,但是它们在某种程度上是强加在语言上的人工划分。它们之间广泛交互,即使很低层的语调和节奏变化也会对说话的意思产生影响,例如讽刺的使用。这种交互在语法和语义的关系中体现得非常明显,虽然沿着这些界线进行某些划分似乎很有必要,但是确切的分界线很难定义。例如,像"They are eating apples"这样的句子有多种解析,只有注意上下文的意思才能决定。

1.7 人工智能伦理

人工智能技术的快速发展和广泛应用,推动了经济社会向智能化的加速跃升,为人类生产生活带来了诸多便利。然而,在人工智能应用广度和深度不断拓展的过程中,也不断暴露出一些风险隐患(如隐私泄露、偏见歧视、算法滥用、安全问题等),引发了社会各界广泛关注。面对人工智能发展应用中的伦理风险,全球各国纷纷展开伦理探讨,寻求应对人工智能伦理风险的路径和规范,以保证人工智能的良性发展。因此,人工智能伦理(AI Ethics)成为社会各界关注的议题,并成为一个备受关注的研究领域。

人工智能伦理是探讨人工智能带来的伦理问题及风险、研究解决人工智能伦理问题、促进人工智能向善、引领人工智能健康发展的一个多学科研究领域。人工智能伦理领域所涉及的内容非常丰富,是一个哲学、计算机科学、法律、经济等学科交汇碰撞的领域。人工智能伦理领域所涉及的内容和概念非常广泛,且很多问题和议题被广泛讨论但尚未达成共识,解决人工智能伦理问题的手段方法大多还处于探索性研究阶段。可见,人工智能伦理这个领域内涵丰富、议题广泛,未来将迎来百花齐放的研究态势。

1.7.1 个人层面的人工智能伦理问题

人工智能技术在为个人生活带来便利与效率提升的同时，也对个人的安全、隐私、自主和人格尊严提出了新的挑战和风险。在网络安全中，AI系统及其支持的设备可能成为黑客攻击的目标，个人数据、财务信息和物理安全可能因此受到威胁。例如，智能家居设备被恶意控制，可能侵犯个人隐私或成为更大规模网络攻击的跳板。此外，隐私问题也是人工智能给人们带来的严重风险之一。为了获得良好的性能，人工智能系统通常需要大量数据，其中通常包括用户的私人数据。但是，这种数据收集存在严重的风险，主要问题之一是隐私和数据保护。例如，AI系统对个人数据的深入分析可能揭示用户的敏感信息，如健康状况、财务情况或个人偏好，即使这些信息未直接提供，这种"二次信息"挖掘可能在未经用户同意的情况下侵犯其隐私。

值得关注的是：人工智能的应用可能会给人权带来挑战，例如自主权和尊严。自主性是指独立、自由且不受他人影响的思考、决定和行动的能力。当基于人工智能的决策在我们的日常生活中被广泛采用时，就存在限制我们自主权的巨大危险。例如，如果AI算法被有偏见的数据训练，或者设计时未能充分考虑所有相关因素，它们可能强化或创造出对特定群体的歧视，如性别、种族或社会经济地位。这种不公正限制了受影响个体的平等机会，侵犯了他们的基本权利和尊严。又例如，AI和自动化技术在提高生产效率的同时，也可能导致大规模的职业替代，影响个人的就业稳定性和经济自主性。失业或职业转型的压力不仅影响生计，也可能损害个人的自尊和自我价值感。

人的尊严作为一项基本人权，强调每个人都应得到尊重，不遭受侮辱或贬抑对待，无论是在人际交往还是技术应用的环境中。在人工智能快速发展的背景下，维护人的尊严变得尤为重要，因为它不仅关乎个体的心理福祉，也是确保技术进步符合社会伦理道德的基础。例如，AI系统的设计需允许用户理解其工作原理，保持对决策过程的控制，并有机会提出异议和纠正错误。因此，在设计与人类直接互动的AI系统（如服务机器人、虚拟助理）时，开发者应考虑它们如何影响人的情感和心理健康，确保这些交互尊重用户的感受，促进积极的人际关系和社会融合。

因此，平衡AI发展与个人隐私保护是一个复杂而重要的任务，需要技术、法律、伦理和社会各界的共同努力。

1.7.2 社会层面的人工智能伦理问题

在考虑社会层面的人工智能伦理问题时，人们主要关注人工智能为社会以及世界各地社区和国家的福祉带来的广泛后果和影响。例如，公平与正义、责任与问责、透明度、监控与数据化、人工智能的可控性、民主与公民权利以及工作替代与人际关系等。

人工智能存在偏见和歧视，对公平正义提出了挑战。人工智能中嵌入的偏见和歧视可能会增加社会差距并对某些社会群体造成伤害。例如，AI系统必须设计得能够促进社会公平，避免加剧现有的不平等。这涉及确保算法决策不受偏见影响，例如在招聘、贷款审批、教育机会分配等方面，避免对特定群体的歧视。实现这一目标需要多样化的数据集、无偏见的算法设计以及对模型输出进行公平性审计。

此外，确保AI系统的决策和行为在人类的控制之下，防止出现不可预知的、危险的行为,是技术治理的重要方面。这要求开发出可信赖的AI,能够安全地与人类交互,并在必要时接受人工干预。例如,设计AI系统时,内置紧急停止机制和人工复审流程,确保在发现系统行为异常或决策可能造成危害时,人类能够迅速介入并纠正。此外,人们定期对AI应用进行风险评估,识别潜在的负面影响,制定预防和缓解措施。最后,还需要实施持续的监测和市场监督机制,跟踪AI系统的运行表现,及时发现并解决新出现的安全和伦理问题。

值得注意的是:透明度和监控及数据化问题在人工智能时代显得尤为重要,它们直接关系到技术的可信度、个人隐私权的保护以及社会的整体福祉。透明度是确保AI系统负责任使用的基石。它不仅涉及技术层面对AI决策过程的可解释性,还意味着公开AI系统的开发目的、数据来源、训练过程、潜在偏见及其影响评估等信息。透明度增强了公众对AI的信任,使监管者能更有效地监督,也为开发者提供了改进技术的反馈机制。当AI系统决策影响个人权益时,如信贷审批、医疗诊断等,透明度尤为重要,因为它赋予了个人挑战和纠正不公决定的权利。

其他问题,包括民主和公民权利、工作替代和人际关系,也属于社会层面的问题。

1.8 本章小结

(1) 人工智能是研究、开发用于模拟、延伸和扩展人的智能的理论、方法、技术及应用系统的一门新的技术科学。

(2) 人工智能三大学派分别是符号主义、联结主义和行为主义。

(3) 人工智能的三大核心要素分别是算法、算力和数据。

(4) 人工智能伦理是探讨人工智能带来的伦理问题及风险、研究解决人工智能伦理问题、促进人工智能向善、引领人工智能健康发展的一个多学科研究领域。人工智能伦理领域所涉及的内容非常丰富,是一个哲学、计算机科学、法律、经济等学科交汇碰撞的领域。

(5) 深度学习遵循仿生学,源自神经元以及神经网络的研究,能够模仿人类神经网络传输和接收信号的方式,进而达到学习人类的思维方式的目的。

(6) 神经网络是一种由大量的节点(或称神经元)相互连接构成的运算模型。通俗地讲,人工神经网络是模拟、研究生物神经网络的结果。

(7) 卷积神经网络作为一个深度学习架构被提出时,它的最初诉求是降低对图像数据预处理的要求,以避免烦琐的特征工程。卷积神经网络由输入层、输出层以及多个隐藏层组成,隐藏层可分为卷积层、池化层、ReLU层和全连接层,其中卷积层与池化层相配合可组成多个卷积组,逐层提取特征。

(8) 自编码器(Auto Encoder)和Encoder-Decoder模型是深度学习中两种重要的网络架构,它们在许多应用中扮演着关键角色,尤其是在自然语言处理(NLP)、计算机视觉(CV)和语音处理领域。

(9) 生成对抗网络(Generative Adversarial Network,GAN)独特的对抗性思想使得它在众多生成网络模型中脱颖而出,被广泛应用于计算机视觉、机器学习和语音处理等领域。

(10) 循环神经网络(Recurrent Neural Network, RNN)是深度学习领域中一类特殊的内部存在自连接的神经网络,可以学习复杂的向量到向量的映射。

(11) 注意力机制(Attention Mechanism)是一种深度学习中常用的技术,它允许模型在处理输入数据时集中“注意力”于相关的部分。

(12) 自然语言处理(Natural Language Processing,NLP)是指利用计算机对自然语言的形、音、义等信息进行处理,即对字、词、句、篇章的输入、输出、识别、分析、理解、生成等的操作和加工。

1.9 实训

1. 实训目的

通过本章实训了解深度学习,能进行简单的与深度学习有关的操作。

2. 实训内容

(1) 感知机中布尔运算 OR 的实现,代码如下。

```
from random import choice
from numpy import array, dot, random
unit_step = lambda x: 0 if x < 0 else 1
training_data = [
(array([0,0,1]), 0),
(array([0,1,1]), 1),
(array([1,0,1]), 1),
(array([1,1,1]), 1),
]
w = random.rand(3)
errors = []
eta = 0.2
n = 100
for i in range(n):
    x, expected = choice(training_data)
    result = dot(w, x)
    error = expected - unit_step(result)
    errors.append(error)
    w += eta * error * x
for x, _ in training_data:
    result = dot(x, w)
    print("{}: {} -> {}".format(x[:2], result, unit_step(result)))
```

运行结果如下所示:

```
[0 0]: -0.1796880267541191 -> 0
[0 1]: 0.4248758518985687 -> 1
[1 0]: 0.3314837111912591 -> 1
[1 1]: 0.9360475898439468 -> 1
```

(2) 梯度下降算法的实现,代码如下。

```
import matplotlib.pyplot as plt
import numpy as np
# fx的函数值
def fx(x):
    return x ** 2
#定义梯度下降算法
def gradient_descent():
```

```
    times = 10                                    #迭代次数
    alpha = 0.1                                   #学习率
    x =10                                         #设定x的初始值
    x_axis = np.linspace(-10, 10)                 #设定x轴的坐标系
    fig = plt.figure(1,figsize=(5,5))             #设定画布大小
    ax = fig.add_subplot(1,1,1)                   #设定画布内只有一张图
    ax.set_xlabel('X', fontsize=14)
    ax.set_ylabel('Y', fontsize=14)
    ax.plot(x_axis,fx(x_axis))                    #作图
    for i in range(times):
        x1 = x
        y1= fx(x)
        print("第%d次迭代:x=%f,y=%f" % (i + 1, x, y1))
        x = x - alpha * 2 * x
        y = fx(x)
        ax.plot([x1,x], [y1,y], 'ko', lw=1, ls='-')
    plt.show()
if __name__ == "__main__":
    gradient_descent()
```

运行结果如下：

```
第1次迭代:x=10.000000,y=100.000000
第2次迭代:x=8.000000,y=64.000000
第3次迭代:x=6.400000,y=40.960000
第4次迭代:x=5.120000,y=26.214400
第5次迭代:x=4.096000,y=16.777216
第6次迭代:x=3.276800,y=10.737418
第7次迭代:x=2.621440,y=6.871948
第8次迭代:x=2.097152,y=4.398047
第9次迭代:x=1.677722,y=2.814750
第10次迭代:x=1.342177,y=1.801440
```

结果如图1-18所示。

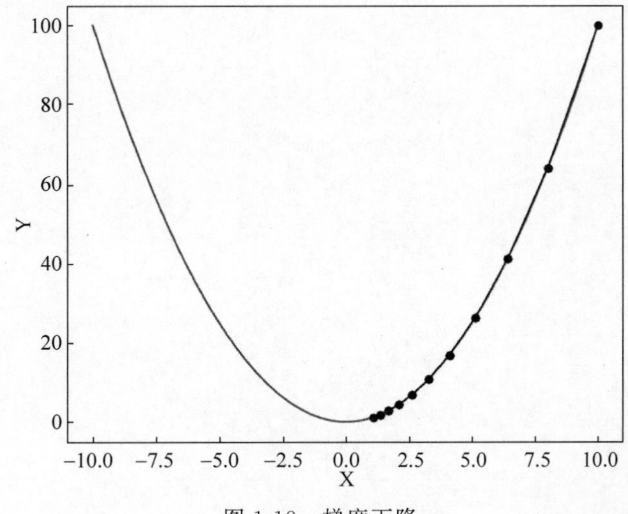

图1-18 梯度下降

习题 1

（1）请阐述什么是人工智能。

（2）请阐述什么是深度学习。

（3）请阐述什么是自然语言处理。

（4）请阐述卷积神经网络的组成。

（5）请阐述什么是注意力机制。

第2章

文本向量化

本章学习目标

- 了解文本向量化的原理。
- 了解词嵌入的概念。
- 掌握 Word2Vec 的两种主要架构。

2.1 文本向量化

文本向量化是自然语言处理中一个关键的步骤，它将文本数据转换为机器学习算法可以理解的数值向量。在大语言模型（如 BERT、GPT 等）中，文本向量化尤为重要，因为它允许模型以结构化和数学的方式捕捉文本中的语义信息。

2.1.1 文本向量化概述

传统的数据分析任务面向的是结构化数据，如表 2-1 所示学生数据库中的表格。

表 2-1 学生数据库中的表格

学 号	姓 名	年 龄	学 院	入学分数
2310010	吴明宇	18	计算机学院	621
2311123	王梦瑶	19	人工智能学院	599
2311124	赵梓琪	19	数学科学学院	650

对表 2-1 进行数据分析，每个维度的特征都很明确，表格中的每一列就是一个特征，每个样本都可以很容易地使用一个特征向量来表示。而自然语言文本是非结构化的，因此文本表示方法的好坏直接影响整个 NLP 系统的性能。

在构建大语言模型时，文本向量化不仅仅是将文本转换为数字的过程，它还是模型理解和生成语言的关键。通过向量化，模型能够学习到词与词之间复杂的关联和模式，从而实现诸如搜索、聚类、推荐、问答、翻译等任务。

1）搜索

向量化使得搜索引擎能够根据查询字符串和文档之间的向量相似性来排名搜索结果，排名靠前的结果通常与查询字符串最相关。

2）聚类

在文本聚类任务中，向量化可以被用来度量文本之间的相似性，从而将文本分组成不同的类别或簇。

3）推荐

向量化可帮助构建用户和项目的表示特征，使得推荐系统可以根据用户历史行为或偏好，计算用户向量与项目向量之间的相似度，从而向用户推荐具有相关性的项目。

在大语言模型中，文本向量化是输入数据准备的第一步。这一过程通常包括几个关键步骤：分词、构建词汇表、编码以及可能的权重调整。

1. 分词

分词是将文本分解为更小的有意义的单元——token的过程。在英语中，这通常意味着将文本按空格或标点符号分隔成单词或短语。而在中文或日文中，因为没有明确的词与词之间的分隔符，分词可能更为复杂，需要使用特定的算法或工具来确定词的边界。

在自然语言处理中，token指的是文本中被分隔成的最小有意义的单元。这可以是单个单词、数字、标点符号或更复杂的实体。在处理文本数据时，原始文本首先被分词器(Tokenizer)分隔成一系列的token。例如，句子"Hello, world!"可能被分隔为"Hello,"和"world!"这样的token。

大语言模型在处理文本时，会将输入文本转换为一系列的token。这是因为模型内部是基于向量运算的，而每个token都会被映射为一个高维向量，这个过程通常称为嵌入(Embedding)。模型通过学习这些token的嵌入向量来理解文本的意义和上下文。

当模型生成文本时，它也是基于token的序列。例如，在文本生成任务中，模型每次预测下一个最有可能出现的token，然后将其添加到输出序列中，直到达到停止条件或达到最大长度限制。

2. 构建词汇表

在分词之后，所有出现的unique token(唯一词项)将被收集起来，形成一个词汇表。词汇表是所有可能的token的列表，每个token都会被赋予一个唯一的数字ID。构建词汇表时，通常会设定一个频率阈值，低于此阈值的词将被标记为"未知"或"Out-Of-Vocabulary"(OOV)词，并用一个特殊的标记(如UNK)来代替。

接下来，为每个token分配一个唯一的数字ID。这通常按照token在词汇表中出现的顺序进行，最常见的做法是从1开始编号(通常保留0作为<PAD>或<UNK>标记的ID)。例如：

```
"the": 1
"is": 2
"a": 3
...
"<UNK>": 0
```

值得注意的是：构建词汇表是文本预处理的重要环节，它直接影响到模型的训练和性能。一个精心设计的词汇表能够帮助模型更有效地学习文本的结构和含义，同时降低过拟合的风险。

3. 编码

编码是将文本中的每个token转换为其在词汇表中对应的数字ID的过程。对于文本中的每个 token,查找它在词汇表中的位置,并用相应的数字 ID 替换它。如果遇到词汇表中不存在的 token(即 OOV,Out-Of-Vocabulary),通常会用一个特殊的标记(如< UNK >)的 ID 来替代,表示未知词。

假设我们有以下文本:"Hello world, this is an example." 我们构建的词汇表如下:

```
Hello: 1
world,: 2
this: 3
is: 4
an: 5
example.: 6
<UNK>: 0 (用于未知词)
<PAD>: 0 (用于填充)
```

分词后,我们得到的 token 是:"Hello""world""this""is""an""example."。

编码后的数字 ID 序列将是:1, 2, 3, 4, 5, 6。

如果我们的模型需要输入序列长度为 10,那么我们需要填充:

```
1, 2, 3, 4, 5, 6, 0, 0, 0, 0
```

4. 权重调整

权重调整在文本向量化中扮演着至关重要的角色,尤其是在处理大规模文本数据集时。权重调整的核心目标是在将非结构化的文本数据转换为数值向量的过程中,尽可能保留文本的语义信息并去除噪声。

1) TF-IDF

TF-IDF(Term Frequency-Inverse Document Frequency)是文本分析中最常用的加权技术之一。它通过结合词频(TF)和逆文档频率(IDF)来确定一个词在文档中的重要性。TF 反映了词在文档中的出现频率,而 IDF 则反映了该词在文档集合中的独特性。一个词如果在某文档中频繁出现,但在整个语料库中较少见,那么它的 TF-IDF 值就会比较高,这意味着它对于该文档的区分度更高。

2) 注意力机制

注意力机制在处理序列数据时尤其有用,它允许模型在处理输入序列时关注某些特定部分,而不是平等地对待所有输入。在自然语言处理中,注意力机制可以帮助模型识别出哪些词或短语对于完成给定任务更为关键,从而调整它们的权重。

3) 位置编码

对于像 Transformer 这样的模型,它们没有内置的位置感知能力。为此,研究人员引入了位置编码,这是一种加到输入词嵌入上的额外向量,用以表示词在序列中的位置。这样,模型就能同时学到词的意义和它们在句子中的相对位置,这对于理解和生成有正确语法结构的句子至关重要。例如,当将句子"我喜欢狗"输入模型中时,位置编码使模型知道"我"是在句子的开头,而"狗"是在句子的结尾。这对模型理解上下文和生成连贯的输出非常重要。值得注意的是:位置编码应该能够区分序列中的不同位置,即使在序列长度变化的情况下也能保持这种区分能力。

5. 向量化

最后,将编码和可能的权重调整结果组合起来,形成文本的向量表示。这可以通过多种方式实现，例如，对于文档，可以将所有词的词向量平均，或者使用更复杂的模型（如RNN、CNN或Transformer）来综合考虑词序和上下文信息。

通过这些步骤，原始的文本数据就被转换成了机器学习模型可以处理的数值型向量。这个向量可以用于各种NLP任务，如文本分类、情感分析、机器翻译、问答系统等。

这里通过一个具体的例子来说明在大语言模型中token是如何工作的。

假设我们有一个非常简单的语言模型，只处理英文，并且我们有一句英文："The quick brown fox jumps over the lazy dog."。

1）分词

首先，文本需要被分隔成token。对于这个例子，我们可以使用空格作为分隔符来进行简单分词，但实际的大语言模型通常使用更复杂的分词策略。这里我们简单地按空格分隔：

```
The
quick
brown
fox
jumps
over
the
lazy
dog
.
```

2）转换为Token ID

接下来，每个token会被映射到一个唯一的ID，这是模型词汇表（Vocabulary）的一部分。例如，我们的词汇表可能是这样的：

```
The ->1
quick ->2
brown ->3
fox ->4
jumps ->5
over ->6
the ->7
lazy ->8
dog ->9
. ->10
```

于是原句被转换为ID序列：

```
1, 2, 3, 4, 5, 6, 7, 8, 9, 10
```

3）嵌入（Embedding）

在模型中，每个token ID会被转换成一个嵌入向量，这是一个多维的数值向量，代表了token的语义特征。例如，"The"的嵌入向量可能是（0.1，0.5，－0.3，...），"quick"的嵌入向量可能是（0.4，－0.2，0.7，...）等。

4）模型处理

一旦文本被转换为嵌入向量，模型就可以对这些向量进行处理，通过神经网络层学习它们之间的关系。在预测下一个token时，模型会基于当前的序列生成一个概率分布，指示下一个位置上每个 token 出现的可能性。

5）文本生成

如果我们要让模型完成这句话，例如生成下一句："and runs away."，模型会先预测下一个 token 的 ID，然后重复这个过程直到生成完整的句子。模型会基于已有的序列和词汇表的统计信息来决定下一个最合适的 token。

在大语言模型中，token 是处理和生成文本的基础单元。从文本到 token，再到 token ID 和嵌入向量，最终模型通过对这些向量的操作来理解和生成自然语言。这个流程展示了大语言模型如何将人类可读的文本转换为机器可处理的形式，再由机器生成新的文本。

2.1.2 文本向量化方法

1. One-Hot 编码

One-Hot（独热）编码属于离散表示法，在深度学习应用于自然语言处理之前，传统的词表达通常采用 One-Hot 编码。One-Hot 编码的每一个维度都代表语料库中一个独立的词汇，然后用 1 代表某个位置对应的词是存在的，用 0 代表不存在，这是向量化最简单的一种方法。常规操作是先将语料库内所有的词按照出现的顺序排序，再将每个词语对应到相应的下标。下面通过一个例子来简要说明 One-Hot 编码的过程。

有以下 3 个句子：

(1) 我爱人工智能。

(2) 我在学习人工智能。

(3) NLP 是人工智能的重要研究方向。

步骤 1：分词。使用分词工具对 3 句话进行分词，得到如下结果：

(1) 我 爱 人工智能。

(2) 我 在 学习 人工智能。

(3) NLP 是人工智能的 重要 研究方向。

步骤 2：构建词典。将出现过的词构建成一个词典，该词典依次包含如下 10 个词：

{我,爱,人工智能,在,学习,NLP,是,的,重要,研究方向}

步骤 3：编码。根据编码规则，每个词对应的 One-Hot 编码如表 2-2 所示。

表 2-2 One-Hot 编码表

词	One-Hot 编码	词	One-Hot 编码
我	[1,0,0,0,0,0,0,0,0,0]	NLP	[0,0,0,0,0,1,0,0,0,0]
爱	[0,1,0,0,0,0,0,0,0,0]	是	[0,0,0,0,0,0,1,0,0,0]
人工智能	[0,0,1,0,0,0,0,0,0,0]	的	[0,0,0,0,0,0,0,1,0,0]
在	[0,0,0,1,0,0,0,0,0,0]	重要	[0,0,0,0,0,0,0,0,1,0]
学习	[0,0,0,0,1,0,0,0,0,0]	研究方向	[0,0,0,0,0,0,0,0,0,1]

步骤 4：生成特征向量。一句话的特征向量即该样本中每个单词的 One-Hot 向量直接相加，这样，上例中的 3 句话表示成如下形式。

(1) 我爱人工智能：[1,1,1,0,0,0,0,0,0,0]。

(2) 我在学习人工智能：[1,0,1,1,1,0,0,0,0,0]。

(3) NLP 是人工智能的重要研究方向：[0,0,1,0,0,1,1,1,1,1]。

至此，就完成了文本的向量化，可以将其送入机器学习模型进行处理。由以上过程可见，One-Hot 编码的优点是简单、直观、易理解，但也存在着非常明显的缺点。当语料库非常大时，需要建立一个非常大的字典对所有词进行索引编码。

2. TF-IDF

词袋模型(Bag of Words，BoW)是最基础的文本向量化方法，它将文本看作一个词的集合，忽略词语的顺序和语法结构。对于给定的文本，BoW 会创建一个词汇表，然后统计每个词在文本中出现的次数。如果词汇表包含 N 个不同的词，则每个文档会被表示为一个 N 维的向量，向量中的每个元素代表相应词汇在文档中的频率。

词袋模型的优点包括简单直观、易于实现，并且能够有效地处理大量文本数据。然而，它的缺点也很明显，主要包括：

忽略顺序和语法：词袋模型不考虑词序和语法结构，这意味着它无法区分如“狗咬人”和“人咬狗”这样的句子，尽管它们的意义完全不同。

维度灾难：当词汇表非常大时，产生的向量会非常高维，这可能导致计算资源的浪费和过拟合问题。

缺乏语义理解：词袋模型只能捕捉词的表面统计信息，而不能理解词的深层语义或上下文意义。

TF-IDF 是一种加权的词袋模型，它试图解决词袋模型中词频不能反映词重要性的缺陷。TF-IDF 由两部分组成：词频(Term Frequency，TF)和逆文档频率(Inverse Document Frequency，IDF)。词频是指一个词在文档中出现的次数，而逆文档频率则是衡量一个词在文档集合中出现的普遍程度。一个词的 TF-IDF 值高表明这个词在当前文档中很重要，但在整个文档集中并不常见。

3. 词嵌入

词嵌入的基本思想是将一个维数为所有词的数量的高维空间(One-Hot 形式表示的词)映射到一个维数低得多的连续向量空间中，每个单词或词组被映射为实数域上的向量，就像一个嵌入的过程，因此称为 Word-Embedding，其任务是把不可计算、非结构化的词转换为可以计算、结构化的向量，从而便于进行数学处理。

1) 词嵌入概述

词嵌入实际上是一类技术，单个词在预定义的向量空间中被表示为实数向量，每个词都映射到一个向量。例如，在一个文本中包含“queen”“king”“man”“woman”等若干词，而这若干单词映射到向量空间中，这些向量在一定意义上可以代表这个词的语义信息，从而达到让计算机像计算数值一样去计算自然语言的目的，如图 2-1 所示。

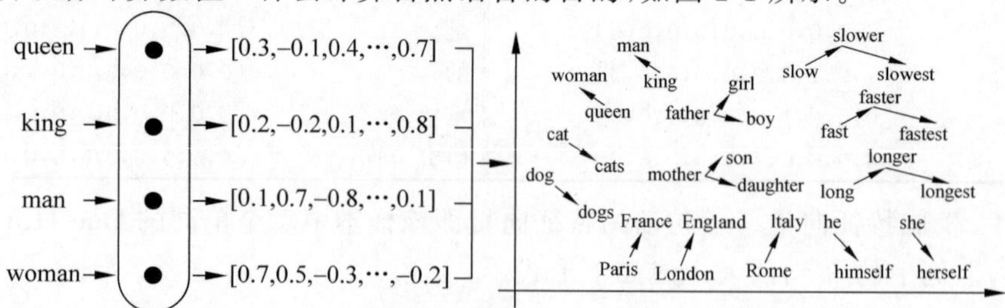

图 2-1 词向量示意图

通过计算这些向量之间的距离，可以计算出词语之间的关联关系。词义更相近的词在空间上的距离也会更接近。词嵌入并不特指某个具体的算法，与 One-Hot 编码方式相比，这种方法有几个明显的优势。

(1) 可以将文本通过一个低维向量来表达(例如 128 维、256 维)，不像 One-Hot 编码那么长。

(2) 语意相似的词在向量空间上也会比较相近。

(3) 通用性很强，可以用在不同的任务中。

词嵌入则是一种更先进的向量化技术，它试图捕捉词语之间的语义关系。与词袋模型不同，词嵌入通常使用低维向量空间来表示词语，而且这些向量是基于大规模语料库通过机器学习算法学习得到的。常用的词嵌入模型包括 Word2Vec、GloVe 等。

在词嵌入空间中，"苹果"和"香蕉"可能具有相似的向量表示，因为它们在语义上相关，而"苹果"和"喜欢"则会有较大的向量差异，因为它们代表的概念不同。例如，假设我们有以下简化的词嵌入向量：

苹果：[0.5，−0.2，0.3]

香蕉：[0.6，−0.1，0.4]

喜欢：[−0.3，0.7，−0.5]

可以看到，"苹果"和"香蕉"的向量更接近，而"喜欢"则在不同的方向上。

词嵌入方法能够更好地处理自然语言理解和生成任务，因为它们考虑了词语间的语义联系，而不仅仅是出现频率。

2) 常用的词嵌入模型

(1) Word2Vec。Word2Vec 是由谷歌开发的一种用于词嵌入的神经网络模型。它有两种主要架构：连续词袋模型(Continuous Bag-Of-Word Model，CBOW)和 Skip-Gram 模型。

连续词袋模型预测中心词给定的上下文词。换句话说，它试图从一个词的上下文中预测出这个词本身。

Skip-Gram 模型尝试基于中心词预测其上下文词，这种模型更擅长捕捉词序和语法结构。Skip-Gram 模型的基本假设是文本中的词可以预测其上下文窗口内的其他词。如图 2-2 所示，在句子"我稍后回答这个问题"中，对于中心词"回答"，当以大小为 2 的上下文窗口预测时，模型考虑上下文窗口内词语"我""稍后""这个""问题"在中心词为"回答"条件下的出现概率。Skip-Gram 模型通过最大化上下文词在给定中心词时的条件概率，来进行模型的训练。

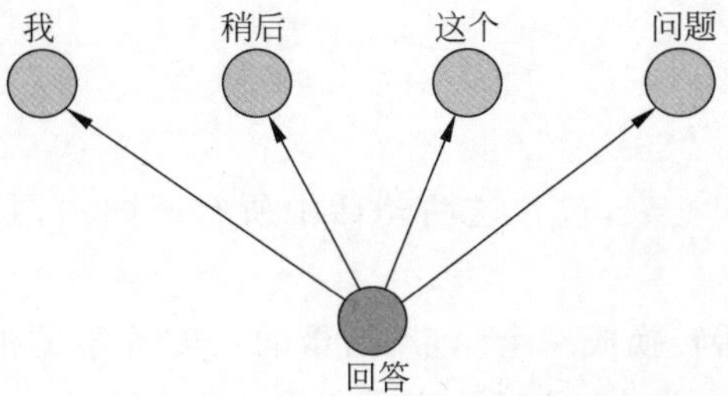

图 2-2　Skip-Gram 模型对上下文词的示例

为了更好地理解这两个模型的工作方式，接下来通过一个实例进行讲解：假设有一个句子“I love natural language processing”，两种模型的推理方式如下。

在CBOW模型中，先在句子中选定一个中心词，例如选取natural。选定好中心词后，将I、love、language、processing作为中心词的上下文。在训练的过程中，使用上下文的词向量推理中心词，这样中心词的语义就被传递到上下文的词向量中，从而达到学习语义信息的目的。

在Skip-Gram模型中，同样选定natural作为中心词，将I、love、language、processing作为中心词的上下文。与CBOW正好相反，在训练过程中，使用中心词的词向量去推理上下文，这样上下文定义的语义被传入中心词的表示中，从而达到学习语义信息的目的。

两个模型的工作方式如图2-3所示。

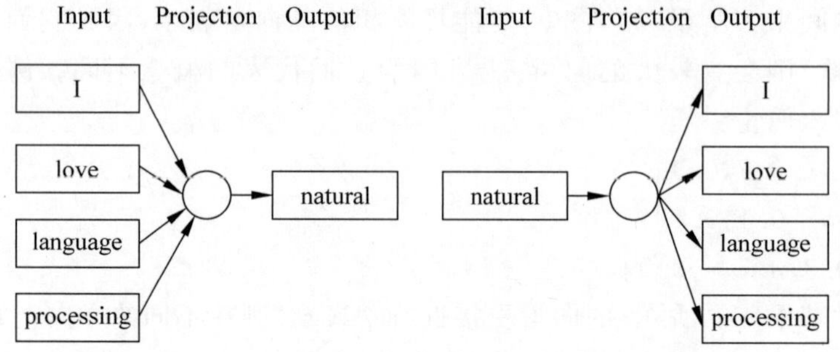

图2-3 CBOW和Skip-Gram模型工作方式示意图

Word2Vec作为一种强大的词向量模型，在自然语言处理领域有着广泛的应用，它可以捕捉到词语之间的语义关系，还可以用于文本分类、情感分析、语义搜索、机器翻译和问答系统等任务。

(2) GloVe。GloVe是由斯坦福大学研究者提出的一种词嵌入方法，它结合了全局统计信息（词频）和局部上下文信息。GloVe的目标是最小化词对共现概率的对数与它们之间词向量的点积之间的平方差。

这些模型都在不同的场景下有着各自的优势，选择哪种模型通常取决于具体的应用需求和数据集的特点。

2.1.3 文本向量化实例

文本向量化实例如下。

假设我们有两句话：

“我喜欢吃苹果。”

“我不喜欢吃香蕉。”

1. 创建词汇表

首先，我们创建一个词汇表，包含这两句话中所有不同的词：“我”“喜欢”“吃”“苹果”“不”“香蕉”。

接下来，我们将每句话转换成一个向量，向量的长度等于词汇表的大小，向量中的每一个元素对应词汇表中的一个词，并且记录该词在句子中出现的次数。

对于第一句话，“我喜欢吃苹果。”，词袋向量可能如下所示（按词汇表顺序排列）：

```
[1, 1, 1, 1, 0, 0]
```

这意味着“我”出现了1次,“喜欢”出现了1次,以此类推。

对于第二句话,“我不喜欢吃香蕉。”,向量可能如下所示:

```
[1, 1, 1, 0, 1, 1]
```

这里“不”和“香蕉”各出现了一次。

2. 词嵌入

使用预先训练好的词嵌入,例如Word2Vec或GloVe,我们可以为每个词生成一个固定维度的向量,这个向量反映了这个词的语义信息。例如,“苹果”和“香蕉”的向量会比“苹果”和“喜欢”的向量更接近,因为它们都是水果。

2.2 Doc2Vec

虽然Word2Vec表示的词向量不仅压缩了维度,还能够将语义信息注入其中。但是,当需要得到句子或文章的向量表示时,是否有办法能将一个句子甚至一篇短文也用一个向量来表示呢?可以考虑直接将其中所有词的向量取平均值作为句子或者文章的向量表示,但是这样会忽略单词之间的排列顺序对句子或文本信息的影响。受Word2Vec的启发,Google的研究人员Mikolov提出了Doc2Vec方法,两者的基本思路比较接近。Doc2Vec是一种基于深度学习的文本表示方法,它的核心思想是将文档转换为固定长度的向量,使得语义上相似的文档在向量空间中距离更近,其基本原理是利用文档中的上下文信息,通过训练一个神经网络模型来学习文档的向量表示,使得文档的向量能够捕捉到其内在的语义特征。

Doc2Vec包含两种模型,分别为PV-DM(Distributed Memory of Paragraph Vectors)和PV-DBOW(Distributed Bag of Words of Paragraph Vector)。

2.2.1 PV-DM

PV-DM模型类似于Word2Vec中的CBOW模型,其框架如图2-4所示。

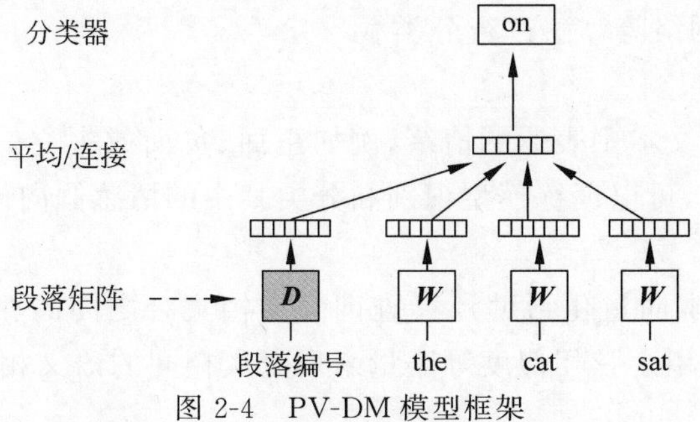

图2-4 PV-DM模型框架

在Doc2Vec中,每一个段落用一个向量来表示,用矩阵$\boldsymbol{D}$的某一列来表示。每一个词也用一个向量来表示,用矩阵$\boldsymbol{W}$的某一列来表示。每次从一句话中滑动采样固定个数的词,取其中一个词作为预测词,其他词作为输入词。输入词对应的词向量和本句话对应的段落向量作为输入层的输入,将它们相加求平均值或者连接构成一个新的向量,进而使用该向量预测此次窗口内的预测词。与 Word2Vec 不同的是，Doc2Vec 在输入层引入了一个新的段落向量(Paragraph Vector)，每次训练时会滑动截取段落中的一部分词来训练，段落向量会参与同一个段落的若干次训练，可以被看作段落的主旨。Doc2Vec 中 PV-DM 模型具体的训练过程和 Word2Vec 中 CBOW 模型的训练方式相同。

2.2.2 PV-DBOW

PV-DBOW 是另外一种模型，它忽略输入的上下文，让模型去预测段落中的一个随机单词。该模型的输入是段落向量，在每次迭代时，从文本中采样得到一个窗口，再从该窗口中随机采样一个单词让模型去预测，预测结果作为输出，该模型与 Word2Vec 中的 Skip-Gram 模型相似，其框架如图 2-5 所示。

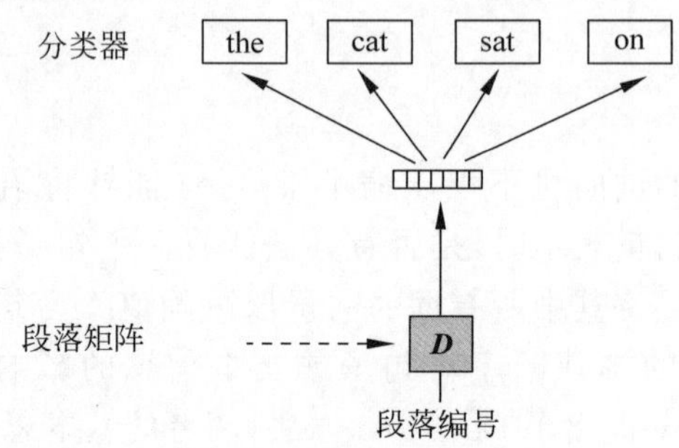

图 2-5 PV-DBOW 模型框架

2.3 文本向量应用

文本向量化是自然语言处理中的一个重要步骤，它将文本数据转换成数值向量，以便机器学习或深度学习模型能够理解和处理。

1. 文本分类

文本分类是识别文本属于哪种预定义类别的问题，如垃圾邮件过滤、新闻主题分类、情感分析等。通过将文本转换为向量，可以利用诸如逻辑回归、支持向量机(Support Vector Machine，SVM)、神经网络等算法进行分类。

2. 情感分析

情感分析用于判断文本中表达的情绪，例如正面、负面或中立。通过对评论、社交媒体帖子等文本进行向量化，可以训练模型识别和分类其中的情感倾向。

3. 信息检索

在搜索引擎中，文本向量化帮助计算查询与文档集合之间的相关性，从而找到最相关的文档。向量化允许使用余弦相似度等度量来衡量文档间的语义相似性。

4. 问答系统

问答系统(Question Answering System，QA)旨在理解问题并从大量文本中寻找答案。通过向量化，系统可以将问题与可能的答案来源进行匹配，从而找到最合适的答案。

5. 推荐系统

推荐系统可以根据用户的历史行为和偏好，推荐书籍、电影、产品等。通过将用户历史和项目描述向量化，系统可以找到用户可能感兴趣的新项目。

2.4　本章小结

（1）所谓文本向量化，即将文本表示成计算机可识别的实数向量，方便计算机处理。文本向量化的方法主要分为离散表示和分布式表示。

（2）大语言模型在处理文本时，会将输入文本转换为一系列的 token。这是因为模型内部是基于向量运算的，而每个 token 都会被映射为一个高维向量，这个过程通常称为嵌入（Embedding）。模型通过学习这些 token 的嵌入向量来理解文本的意义和上下文。

（3）词嵌入的基本思想是将一个维数为所有词的数量的高维空间（One-Hot 形式表示的词）映射到一个维数低得多的连续向量空间中，每个单词或词组被映射为实数域上的向量，其任务是把不可计算、非结构化的词转换为可以计算、结构化的向量，从而便于进行数学处理。

（4）Word2Vec 的核心思想是将词汇映射到一个连续的向量空间中，使得语义上相似的词在向量空间中的距离更近。这种词的向量化表示可以捕捉词与词之间的关系，如同义词、反义词等。经过 Word2Vec 训练后的词向量可以很好地度量词与词之间的相似性。

2.5　实训

1. 实训目的

前面介绍了词向量的定义、工作原理和应用，但是在实际应用中，并不需要自己从头做起，很多公司都提供了预训练好的词向量模型，并且有很多针对各种编程语言的 NLP 库，这样就可以很方便地使用这些预训练模型。本节实训将使用 gensim 库以来完成词向量的操作。

gensim 是一款开源的第三方 Python 工具包，用于从原始的非结构化的文本中无监督地学习到文本隐藏层的主题向量表达。它支持 TF-IDF、LSA、LDA 和 Word2Vec 等多种主题模型算法，支持流式训练，并提供了诸如相似度计算、信息检索等一些常用任务的 API 接口。

2. 实训内容

1）使用 gensim 操作词向量

此处使用谷歌提供的在谷歌新闻文档上预训练的 Word2Vec 模型，其下载地址为 https://github.com/mmihaltz/word2vec-GoogleNews-vectors，模型名称为 GoogleNews-vectors-negative300.bin.gz，下载后将其放入本地路径，然后使用 gensim 包进行加载，代码如下：

```
from gensim.models.keyedvectors import Keyedvectors
word_vectors = KeyedVectors.load_word2vec_format('GoogleNews - vectors - negative300.bin.gz',
binary = True)
```

可以使用 most_similar( )方法来查找给定词向量“Beijing”的最近相邻词，如下所示：

```
word_vectors. most_similar('Beijing', topn = 5)
```

结果如下：

```
[('China', 0.7648462057113647),
('Bejing', 0.76166701316835),
('Shanghai', 0.7191922068595886),
('Beijng', 0.6974372863769531),
('Guangzhou', 0.6878911256790161)]
```

其中,参数 topn 用来指定相关词的个数。从结果可见,Word2Vec 的相似度使用一个连续值,与“Beijing”相似度最高的词是“China”。

下面用 gensim 包中的 similarity( )方法来计算两个词“father”和“mother”的余弦相似度,如下所示：

```
word_vectors.similarity('father', 'mother')
```

运行结果为：0.7901483。

gensim 也可以用来进行类比推理,即在 most_similar( )方法中添加 positive 和 negative 参数,例如要计算“father”－“man”＋“woman” ≈ “mother”,代码如下：

```
word_vectors.most_similar(positive = ['father', 'woman'], negative = ['man'], topn = 2)
```

其中,参数 positive 表示待求和的向量列表,而 negative 表示要做减法的向量列表,运行结果如下：

```
[('mother', 0.8462507128715515), ('daughter', 0.7899606227874756)]
```

从结果可见,最有可能的两个推理结果分别为“mother”和“daughter”。

如果需要在应用中使用词向量,那么可以通过 KeyedVector 实例进行查询,方法是在实例后加“[]”或使用 get( )方法,它将返回对应的词向量,类型是一个数组,例如查询“language”对应的词向量,代码如下：

```
word_vectors['language']
```

运行结果是一个 1×300 的数组,其中一部分结果如下：

```
array ([2.30712891e-02,1.68457031e-02,1.54296875e-01,1.27929688e-01,
        -2.67578125e-01,3.51562500e-02,1.19140625e-01,2.48046875e-01,
       1.93359375e-01,-7.95898438e-02,1.46484375e-01,-1.43554688e-01,
        -3.04687500e-01,3.46679688e-02,-1.85546875e-02, 1.06933594e-01,
        -1.52343750e-01,2.89062500e-01,2.35595703e-02,-3.80859376e-01,
```

在某些情况下,需要创建面向特定领域或特定应用的词向量模型,此时可以使用 gensim 包基于特定的语料库训练相应的词向量模型。

2）利用 Word2Vec 计算文本相似度

利用 gensim 库里面的 Word2Vec 模型训练和分析三国演义中的人物关系。

首先使用 jieba 进行中文分词,代码如下：

```
import jieba
import re
import warnings
warnings.filterwarnings('ignore')
with open("sanguo.txt", 'r',encoding = 'utf-8')as f: #读入文本
    lines = []
    for line in f:                                    #分别对每段分词
```

```
        temp = jieba.lcut(line)                        #结巴分词 精确模式
        words = []
        for i in temp:
            #过滤掉所有的标点符号
            i = re.sub("[\s+\.\!\/_,$%^*(+\"\'""«»]+|[+——!,。?、~@#¥%……&*():;‘]+", "", i)
            if len(i) > 0:
                words.append(i)
        if len(words) > 0:
            lines.append(words)
print(lines[0:5])                                      #预览前5行分词结果
```

运行结果如下：

[['三国演义', '上卷'], ['罗贯中'], ['滚滚', '长江', '东', '逝水', '浪花', '淘尽', '英雄', '是非成败', '转头', '空', '青山', '依旧', '在', '几度', '夕阳红'], ['白发', '渔樵', '江渚上', '惯看', '秋月春风', '一壶', '浊酒', '喜相逢', '古今', '多少', '事', '都', '付笑谈', '中'], ['--', '调寄', '临江仙']]

使用 gensim 库中的 Word2Vec 构建模型，代码如下：

```
from gensim.models import Word2Vec
#调用 Word2Vec 训练 参数: size: 词向量维度; window: 上下文的宽度; min_count: 考虑计算的单词的最低词频阈值。
model = Word2Vec(lines,vector_size = 20, window = 2 , min_count = 3, epochs=7, negative=10,sg=1)
print("孔明的词向量:\n",model.wv.get_vector('孔明'))
```

运行结果如下：

```
孔明的词向量:
[ 0.2858028  -0.27431947  0.65179044  -0.02877178  0.5462662  -0.55337894
  0.5655601  1.4438998  -0.20464008  0.9493274  0.6993211  -0.2534096
 -0.02590873  -0.76457703  0.8262941  0.6859635  0.20855668  -0.07597983
 -0.71369386  -0.3803507 ]
print("\n和孔明相关性最高的前20个词语:")
model.wv.most_similar('孔明', topn = 20)               #与孔明最相关的前20个词语
```

运行结果如下：

```
和孔明相关性最高的前20个词语:
[('玄德', 0.9115990400314331),
 ('关公', 0.89274662733078),
 ('先主', 0.8771659135818481),
 ('孙权', 0.8659953474998474),
 ('使者', 0.8554615378379822),
 ('周瑜', 0.8536034822463989),
 ('孙夫人', 0.8490407466888428),
 ('陆逊', 0.8478776812553406),
 ('后主', 0.8464108109474182),
 ('袁术', 0.8413169384002686),
 ('庞统', 0.836190402507782),
 ('士人', 0.8283720016479492),
 ('钟会', 0.8271502256393433),
 ('鲁肃', 0.8266645073890686),
 ('孟获', 0.826193153858184 8),
 ('心中', 0.8171215653419495),
```

```
('刘璋', 0.8163712620735168),
('门吏', 0.813742458820343),
('魏主', 0.8123051524162292),
('维', 0.8105411529541016)]
```

从结果中可以看出，与孔明相关性最高的是玄德、关公、先主，这符合小说原著中的角色关系。

接下来对词向量进行可视化，代码如下：

```
import matplotlib.pyplot as plt
import numpy as np
from sklearn.decomposition import PCA
#将词向量投影到二维空间
rawWordVec = []
word2ind = {}
for i, w in enumerate(model.wv.index_to_key):
    rawWordVec.append(model.wv[w])                    #词向量
    word2ind[w] = i                                   #{词语:序号}
rawWordVec = np.array(rawWordVec)
X_reduced = PCA(n_components=2).fit_transform(rawWordVec)     # PCA 降 2 维
plt.rcParams['font.sans-serif'] = ['SimHei']          #解决中文显示
plt.rcParams['axes.unicode_minus'] = False            #解决符号无法显示
#绘制星空图
#绘制所有单词向量的二维空间投影
fig = plt.figure(figsize = (15, 10))
ax = fig.gca()
ax.set_facecolor('white')
ax.plot(X_reduced[:, 0], X_reduced[:, 1], '.', markersize = 1, alpha = 0.3, color = 'black')
#绘制几个特殊单词的向量
words = ['孙权', '刘备', '曹操', '周瑜', '诸葛亮', '司马懿','汉献帝']
for w in words:
    if w in word2ind:
        ind = word2ind[w]
        xy = X_reduced[ind]
        plt.plot(xy[0], xy[1], '.', alpha =1, color = 'orange',markersize=10)
        plt.text(xy[0], xy[1], w, alpha = 1, color = 'red')
```

运行结果如图 2-6 所示。

接下来进行类比推理，孔明是玄德的军师，那么曹操的军师是谁？

```
words = model.wv.most_similar(positive=['玄德', '曹操'], negative=['孔明'])
words
```

运行结果：

```
[('司马懿', 0.9332049489021301),
 ('袁绍', 0.8840100169181824),
 ('曹真', 0.8790358901023865),
 ('糜竺', 0.8633221983909607),
 ('邓艾', 0.8592861294746399),
 ('魏主', 0.8574968576431274),
 ('袁尚', 0.8556021451950073),
 ('刘玄德', 0.8534127473831177),
 ('钟会', 0.852798700332641 6),
 ('公孙瓒', 0.8498176336288452)]
```

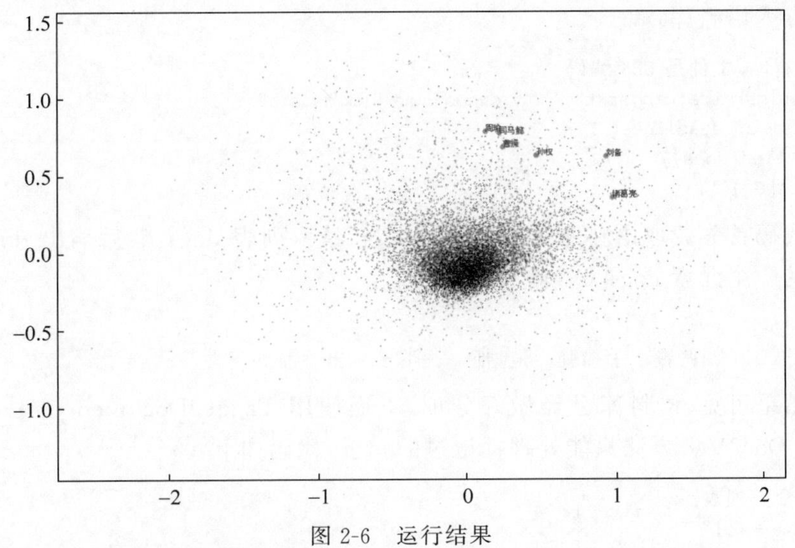

图 2-6 运行结果

可以看到排在最前面的是司马懿，和原小说里面的关系相符。

接下来进行类比推理，曹丕跟魏国的关系很近，那么和蜀国关系最近的是谁？

```
words = model.wv.most_similar(positive = ['曹丕', '蜀'], negative = ['魏'])
words
```

运行结果如下：

```
[('刘备', 0.8113172054290771),
 ('曹', 0.791223406791687),
 ('精粮足', 0.7735422253608704),
 ('西凉之', 0.7575986385345459),
 ('五路', 0.744936466217041),
 ('刘玄德', 0.7448515892028809),
 ('曹操', 0.7391517758369446),
 ('徐晃领', 0.7323483824729919),
 ('民心', 0.727042913436889б),
 ('善用', 0.723319411277771)]
```

可以看到排在最前面的是刘备，也印证了原小说里面的人物关系。

3）利用 Doc2Vec 计算文档相似度

与训练词向量类似，可以使用 gensim 包来训练文档向量。下面使用 Doc2Vec 来计算中文文档的相似度。

第一步准备语料库，本实例要对中文文档进行对比，此处使用微软亚洲研究院的中文语料库，语料库已经做好分词。

首先导入所需的库。

```
# - * - coding: utf - 8 - * -
import sys
import gensim
import sklearn
import numpy as np
import codecs
import jieba
```

接下来导入语料库。

```
#读取语料库,文件是 GBK 编码
with open("msr_training.txt", 'r', encoding = 'gbk') as cf:
    docs = cf.readlines( )
    print(len(docs))
print(docs[6])
```

上面的代码首先读取语料库文件,将语料按行读入列表 docs,然后输出 docs 的长度以及随机挑选的一个元素 docs[6],输出结果如下:

```
#86924
#   我   扔   了   两颗   手榴弹   ,   他   一下子   出   溜   下去   。
```

从输出结果可见,语料库已经做好分词,下面使用 TaggedDocument 方法为句子列表做标记,因为 Doc2Vec 方法只能处理标记过的句子,代码如下:

```
#创建一个空列表。
train_data = [ ]
#使用 enumerate 函数遍历 docs 列表中的文档内容,并同时获取索引 i 和文档内容 text。
for i, text in enumerate(docs):
    word_list = text.split('')              #将每个文档内容按空格分隔成单词列表。
    l = len(word_list)                       #获取当前文档单词列表的长度。
   word_list[l-1] = word_list[l-1].strip( ) #去除单词列表中最后一个单词末尾的空格或换行符。
   document = gensim.models.doc2vec.TaggedDocument(word_list, tags = [i])   #使用 gensim 库中的 TaggedDocument 类创建一个带标签的文档对象,其中 word_list 是文档内容(单词列表),tags = [i] 是文档的标签(索引号),并将其存储在 document 中。
   train_data.append(document) #处理后的文档对象 document 添加到 train_data 列表中。
```

通过上面的代码,将处理过的语料句子存入列表 train_data,将其作为训练数据,接下来开始定义和训练模型。使用 gensim 库中的 Doc2Vec 方法建立模型,如下所示:

```
model = gensim.models.doc2vec.Doc2Vec(train_data,
                                      min_count = 1,    #单词最小出现次数,1 表示所有单词都
                                                        #会被考虑。
                                      window = 3,       #上下文窗口大小,即考虑的单词范围。
                                      vector_size = 256,          #特征向量的维度。
                                      negative = 10,              #负采样的数量。
                                      workers = 4,                #训练时使用的线程数。
                                      alpha = 0.001,              #初始学习率
                                      min_alpha = 0.001)          #最小学习率。
```

其中,min_count 设置字典截断,词频少于 min_count 的词条会被丢弃,默认值为 5,此处设置为 1;window 是一个窗口值,表示当前词与预测词在一个句子中的最大距离;vector_size 用来设置特征向量的维度,默认值为 100,其值越大,需要的训练数据就越多,但效果也会更好;workers 表示训练的并行数;alpha 为初始学习率,随着训练的进行会线性地递减到 min_alpha。

设置好模型的各种参数后,开始训练模型,代码如下:

```
#训练模型。
model.train(train_data,
            total_examples = model.corpus_count,   #总训练样本数,此处为语料库文档数量。
            epochs = 10)                           #训练的轮数。
model.save('model_msr')                  #将训练好的 Doc2Vec 模型保存到名为 model_msr 的文件中。
```

使用前面处理好的语料数据 train_data 作为训练数据，total_examples 的值为语料库句子数，将迭代次数 epochs 设置为 10，训练完成后，将模型保存为 model_msr。

训练并保存模型后，接下来使用该模型进行文本相似度的分析，通过计算两篇文档向量的余弦相似度来判断文章的相似程度。下面定义计算余弦相似度的函数，代码如下：

```
#定义计算余弦相似度的函数。
def sim_cal(vector_1,vector_2):
    vector1_mod = np.sqrt(vector_1.dot(vector_1))          #计算向量 vector_1 的模长。
    vector2_mod = np.sqrt(vector_2.dot(vector_2))          #计算向量 vector_2 的模长。
    if vector2_mod != 0 and vector1_mod!= 0:               #检查向量的模长是否不为 0。
        similarity = (vector_1.dot(vector_2))/(vector1_mod * vector2_mod)
         #计算两个向量的点积并除以它们的模长乘积,得到余弦相似度。
    else:
        similarity = 0
    return similarity
```

余弦相似度通过计算两个向量之间的夹角余弦值来评估它们的相似度，余弦值的范围为[−1,1]。值越趋于 1，表示两个向量的方向越接近，文本相似度越高；值越趋于 −1，表示两个向量的方向越相反，文本相似度越低。

接下来，定义 Doc2Vec 函数，将文档转换为向量，代码如下：

```
#定义 Doc2Vec 函数，将文档内容转换为对应的 Doc2Vec 向量表示。
def doc2vec(file_name, model):
    #file_name 和 model,分别表示文档文件名和已经训练好的 Doc2Vec 模型。
    doc = [w for x in codecs.open(file_name, 'r', 'utf - 8').readlines( ) for w in jieba.cut(x.
strip( ))]
    doc_vec_all = model.infer_vector(doc)
    return doc_vec_all
```

此处是从不同的网站上下载两则体育新闻，将其保存为文本文件 web_text1.txt 和 web_text2.txt，下面使用前面训练的 Doc2Vec 模型计算两个文档的相似度，观察计算结果是否能够正确反映文档的相似度，代码如下：

```
#计算文档相似度。
model = gensim.models.doc2vec.Doc2Vec.load('model_msr')
p1 = 'web_text1.txt'
p2 = 'web_text2.txt'
p1_doc2vec = doc2vec(p1, model)
p2_doc2vec = doc2vec(p2, model)
print(sim_cal(p1_doc2vec, p2_doc2vec))
```

上述代码首先使用 load 方法读取模型 model_msr，然后使用 Doc2Vec 函数分别计算两个文档的文档向量，最后通过 sim_cal 函数计算两个向量的相似度，其输出结果为：

```
Loading model cost 0.544 seconds.
Prefix dict has been built successfully.
0.8714004
```

由结果可见，计算得到的两个文档的相似度约为 0.8714004，表明两个文档的相似度较高，意味着这两个文档共享了大量相似的关键词和概念，里面讨论的是相似的话题或者具有相似的信息内容，这也与实际情况相符。读者可以尝试使用更大的语料库来训练模型、并调整模型参数，对比效果，也可以选择多个文档进行比较，以检验模型的效果。

习题 2

（1）请阐述什么是文本向量化。

（2）请阐述什么是 token。

（3）请阐述什么是词嵌入。

（4）请简述 Word2Vec 的主要架构。

第3章

大语言模型

本章学习目标

- 认识大语言模型。
- 了解大语言模型的关键技术。
- 了解大语言模型的应用。

本章首先介绍大语言模型的发展历程，然后详细阐述大语言模型的基本概念和关键技术，最后介绍了大语言模型的应用。

3.1 大语言模型概述

3.1.1 大语言模型的发展历程

语言模型的核心目标是捕捉人类语言的内在规则，以精确预测词序列中未来或缺失的词汇。根据采用的技术手段，语言模型的研究可以划分为四个主要的发展阶段，分别是统计语言模型、神经语言模型、预训练语言模型及大语言模型。

1. 统计语言模型

起源于20世纪90年代的统计语言模型，是利用统计学方法构建的。这些模型基于马尔可夫链原理，通过分析连续词汇序列来预测下一个词汇的出现概率。具体而言，它们依据一定长度的前文来预测紧随其后的词汇。这种模型，根据其考虑的上下文长度，被称为 *N* 元(N-Gram)模型，例如二元或三元模型。

假设在语料库中有如下句子：

```
The cat sat on the mat.
The dog barked at the cat.
The cat purred contentedly.
```

人们从这个语料库中构建一个二元模型。在这个模型中，使用每一个词前面的那个词来预测该词出现的概率。如使用模型来预测句子“The cat”后面最有可能出现的词，可以计算所有以“cat”结尾的二元模型的条件概率，并选择概率最高的那个词。在这个例子中，“The cat”后面可能的词有“sat”“purred”或者其他任何在语料库中跟在“cat”后面的词。我们通过比较它们的条件概率，选择概率最大的词作为预测结果。

值得注意的是：在处理高阶上下文和复杂语义关系时，统计模型存在局限性。这是因为高阶上下文不仅涉及词汇序列，还可能涉及语法、语义以及世界知识等多方面因素，这些都不是简单的统计模型可以轻易捕捉的。

尽管如此，统计语言模型还是在很多方面为后续的深度学习模型奠定了理论和实践的基础，尤其是在理解如何量化语言的概率性和上下文依赖性方面。尽管现代的神经网络语言模型（如基于 Transformer 的模型）在许多任务上已经超越了传统的统计模型，但统计模型的基本原理和思想仍然非常重要，并且在某些特定领域仍然有应用价值。

2. 神经语言模型

神经语言模型利用神经网络的强大能力来模拟文本序列的生成过程，其中循环神经网络（RNN）尤为突出。图灵奖得主 Yoshua Bengio 在其开创性研究中首次提出了分布式词表示的概念，并设计了基于这些聚合上下文特征（即分布式词向量）的目标词预测函数。这种表示方法使用低维但稠密的向量来捕捉词汇的深层语义，与传统的基于词典的稀疏表示相比，它能够揭示词汇间更丰富的隐含联系。

分布式词向量，也称为“词嵌入”，为构建复杂语言模型提供了极大的便利，有效解决了统计语言模型中的数据稀疏问题。词嵌入是神经语言模型的关键组成部分，它们通过将词汇映射到连续的向量空间来捕获词汇的语义和语法属性。这个向量空间的维度远小于词汇表的大小，但却能有效地表示词汇的意义。词嵌入的优势在于它们可以捕捉词汇间的相似性，例如，“猫”和“狗”的词向量会比“猫”和“火车”的更接近，因为它们在语义上更加相关。这种嵌入技术不仅能够捕捉词汇的语义信息，而且其非零元素的特性使得模型训练更为高效。在词嵌入的学习模型中，Word2Vec 尤为值得关注。它通过构建一个简化的浅层神经网络来学习词汇的分布式表示。这些学习到的词嵌入可以作为后续自然语言处理任务中的语义特征提取器，已经被广泛应用于各种任务中，并显著提升了性能。

随着深度学习技术的发展，词嵌入的应用范围已经远远超出了语言模型，它们被广泛应用于机器翻译、情感分析、问答系统、文本分类等众多自然语言处理任务中，极大地提高了这些任务的准确性和效率。

3. 预训练语言模型

预训练语言模型是自然语言处理领域的一项重大突破，它改变了人们构建和理解语言模型的方式。预训练模型的基本思想是在大量未标注文本上预先训练一个通用的语言模型，使其学习语言的结构和语义，然后将此模型用于特定的下游任务，如文本分类、情感分析、命名实体识别等，通常只需要少量的标注数据对模型进行微调（Fine-Tuning）即可达到很好的效果。

1）预训练

预训练阶段通常使用大规模的未标注文本语料库，如互联网文档、书籍、新闻文章等。在这个阶段，模型通过自监督学习任务来学习语言结构和语义。自监督学习意味着模型通过完成设计好的任务来自我指导学习，而不是依赖于外部提供的标签或指导。

通过完成自监督任务，模型学习到词语之间的关联、语法结构、上下文依赖以及更深层次的语义理解。这使得模型能够在各种下游任务中表现出色，如问答、文本分类、命名实体识别等。

2）微调

大模型的微调(Fine-Tuning)是指在一个已经预训练好的大型模型上，使用特定领域的数据进一步训练模型的过程。预训练模型通常是在大规模通用数据集上训练得到的，这些模型已经学习到了丰富的语言结构和通用知识。然而，当应用于特定任务时，如问答、翻译、摘要生成等，直接使用预训练模型可能效果不佳，因为它们可能没有针对具体任务或领域的特性进行优化。微调的目标就是使模型更好地适应这些特定的任务或领域。相比于从零开始训练一个新模型，微调可以显著节省时间和计算资源。

预训练语言模型主要是基于“预训练＋微调”的学习范式构建，首先通过自监督学习任务从无标注文本中学习可迁移的模型参数，进而通过有监督微调适配下游任务。早期的模型，例如 Word2Vec，就像是给每个词贴上了一个固定的标签，不管在什么情况下，这个词的意思都是一成不变的。但现实情况要复杂得多，同一个词在不同的对话中可能有着完全不同的含义，这就是 ELMo 模型。ELMo 是一个早期的代表性预训练语言模型，它是用海量的、没有特定标签的文本数据来训练一种特殊的神经网络——双向长短时记忆网络(Bidirectional Long Short Term Memory，BiLSTM)。这种训练方式让 ELMo 能够学习到单词在不同上下文中的多样含义，这与 Word2Vec 那种一成不变的词义表示形成了鲜明对比。进一步，ELMo 还能根据不同的具体任务来调整自己，就像是一个多面手，无论面对什么样的任务，都能通过一些调整来达到最佳状态。这个过程称为微调。然而，尽管 ELMo 在理解语言的上下文方面取得了巨大进步，但它仍然面临着一些挑战。例如，它在处理非常长的文本时能力较弱，而且它的训练过程也不支持并行。这些局限性在一定程度上制约了早期预训练模型的性能。随着 Transformer 的提出，神经网络序列建模能力得到了显著的提升，GPT-1 和 BERT 都是基于 Transformer 架构构建的，可通过微调学习解决大部分的自然语言处理任务。

预训练模型的出现极大地推动了自然语言处理领域的进展，使得处理自然语言的能力达到了前所未有的高度，同时也促进了跨语言和多模态模型的发展。

4. 大语言模型

在预训练语言模型的研发过程中，通过规模扩展的方法，无论是增加模型的参数数量还是扩充训练数据量，通常会带来下游任务的模型性能提升，这种现象被称为“扩展法则”。这些大的预训练语言模型，在处理复杂任务时展现出了与小型模型截然不同的特性。以 GPT-3 为例，它能够通过“上下文学习”利用少量样本数据来处理任务，这是 GPT-2 所不具备的。这种在大型模型中出现而在小型模型中缺失的能力，被称为“涌现能力”。为了区分这种能力差异，学术界将这些具有庞大规模的预训练语言模型称为“大语言模型”(Large Language Model，LLM)。然而，值得注意的是，大语言模型并不总是在所有任务上都比小型模型表现得更好，而且也不是所有大型模型都具备所有的涌现能力。以 ChatGPT 为例，它将 GPT 系列的大语言模型适配到了对话任务中，展现出了令人印象深刻的人机对话能力，自上线以来就获得了社会的广泛关注。ChatGPT 的发布，进一步推动了与大语言模型相关的研究迅速增长，并成为学术界高度关注的热点方向。

回顾语言模型的发展历程，可以看到，大语言模型并不是一项横空出世的技术，而是历经了长期的发展历程。早期的语言模型主要面向自然语言的建模和生成任务。然而，最新的语言模型，例如 GPT-4，更侧重于处理更为复杂的任务。从语言建模到任务求解，这是人工智能科学思维的一次重要跃升，是理解语言模型前沿进展的关键所在。首先，早期的统计语言模型被用来辅助完成一些特定的任务，以信息检索、文本分类、语音识别等传统任务为主。随着时间的推移，神经语言模型开始学习更为深层的语义表示，这减少了对人工特征工程的依赖，并且极大地扩展了语言模型的应用范围。进一步地，预训练语言模型加强了语义表征的上下文感知能力，并通过针对特定下游任务的微调来提升性能，尽管这些任务主要还是集中在自然语言处理领域。但是，随着模型规模、训练数据量和计算能力的大幅提升，最新一代的大语言模型已经能够处理更广泛的任务，而无须依赖于下游任务数据的微调。总的来说，语言模型的演变不仅极大地扩展了它们能够处理的任务类型，也显著提高了任务的性能，这是人工智能发展史上的一个巨大飞跃。

3.1.2 大语言模型的能力特点

大语言模型的出现带来了实现通用人工智能的曙光。尽管通用人工智能在学术界被广泛讨论与探索，但是之前的机器学习算法的泛化性和通用性非常局限，只有大语言模型初步实现了通过统一形式来解决各种下游任务。本节将概述大语言模型的主要能力特点。

1. 具有较为丰富的世界知识

在传统的机器学习领域，模型往往是在相对较小的数据集上训练的，而且这些模型的设计通常是针对特定任务的。例如，支持向量机（SVM）、决策树或随机森林等算法，它们可能只能理解和处理它们被训练数据所涵盖的特定模式。这就像是在小池塘里游泳的鱼，它们的世界观和行为受限于这个有限的环境。

相比之下，现代的大语言模型，如GPT-3、PaLM、LLaMA等，是在互联网上抓取的海量文本数据上进行预训练的。这些模型包含数十亿甚至数千亿的参数，并在大量多样化的文本上学习，从而能够捕获广泛的语言结构和世界知识。这种学习方式让模型可以理解并生成与现实世界相关的连贯文本，就像在广阔的海洋中自由遨游的巨鲸，它们的“世界观”远远超过了那些在小池塘中生存的生物。图3-1展示了2018—2023年模型参数规模变化。

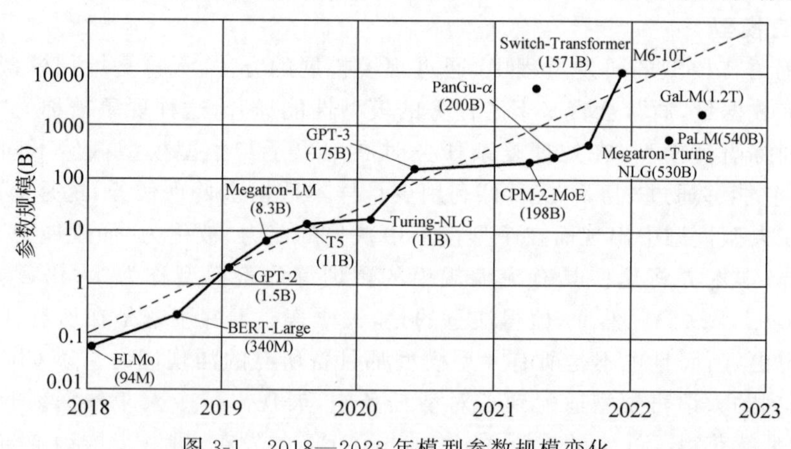

图3-1 2018—2023年模型参数规模变化

随着时间的推移，模型的规模和训练数据量持续增长，使得模型能够学习到更为复杂和抽象的概念，从而在更多样化的任务中展现出色的表现，而无须过多的微调。这种趋势表明，未来的模型可能会在更广泛的领域内展现出类似人类的智能水平。

2. 具有较强的通用任务解决能力

大语言模型的第二个代表性的能力特点是拥有较强的通用任务求解能力。尽管这些模型主要是通过一个简单的目标来训练，从而预测文本中的下一个词，但它们却能够发展出超越传统模型的广泛能力。这个训练过程，看似单一，实则包含了多任务学习的精髓，因为它需要模型理解和预测各种不同上下文中的词汇，这些上下文可能涉及情感分类（这部电影真好看、这家餐厅的服务太差了）、数值计算（3＋4＝7、15×2＝30）、知识推理（中国陆地面积最大的省份是新疆、珠穆朗玛峰是世界最高峰）等非常多样的训练任务。这种通用的任务求解能力让大语言模型在多个研究领域引发了变革。

大语言模型的这一特性极大地推动了自然语言处理领域的发展。过去，针对特定任务（如机器翻译、问答系统、文本摘要等）需要专门设计模型和特征工程，而现在，一个经过良好预训练的大语言模型就可以直接应用于这些任务，有时只需通过微调即可获得出色的结果。这种方法大大简化了工作流程，提高了效率，同时也降低了对特定任务专业知识的需求。表 3-1 展示了大语言模型在不同场景下的问题解决能力。

表 3-1 大语言模型在不同场景下的问题解决能力

任　务	描　述
电商网站上的产品评论	大语言模型可以自动分析用户对产品的评价是正面还是负面，帮助商家快速了解消费者反馈
新闻报道的自动化撰写	使用大语言模型根据给定的事实和数据自动生成新闻文章的草稿，减少记者的工作量
在线客服机器人	当客户询问关于产品特性、价格或使用方法时，大语言模型可以即时提供准确的答案
家庭作业辅导	学生可以通过提问获得大语言模型即时的数学解答
体育赛事分析	大语言模型自动识别比赛中的关键时刻和运动员的动作，提供数据分析
法律文件解读	律师可以利用大语言模型辅助理解复杂的法律条文和判例，进行案例分析
智能家居设备	当用户说“我回家了”，设备可以根据常识推理开启灯光和调整室内温度
药物发现	大语言模型能够预测化合物活性、毒性等属性，辅助药物筛选
代码补全	大语言模型能够根据上下文预测接下来的代码序列

例如，使用大语言模型进行文本摘要，只需要提供足够的示例摘要和原文对，模型就能学会如何从长篇文章中提取关键信息。同样，机器翻译也可以通过平行语料库的微调实现，而不需要像传统方法那样依赖复杂的句法分析和语言规则。

又例如，体育赛事分析中，大语言模型的应用可以显著提升对比赛数据的理解和利用效率。这些大语言模型，尤其是那些基于深度学习的模型，如卷积神经网络、循环神经网络和 Transformer 架构，能够在视频和图像数据中识别模式，分析运动员的动作和比赛的关键时刻。大语言模型可以分析运动员的技术动作，识别并量化动作中的细节，例如足球射门的力量、角度，篮球投篮的手腕旋转等。此外，大语言模型可以实时或事后分析比赛录像，自动识别关键时刻，如进球、得分、犯规等事件。

3. 具有较好的复杂任务推理能力

除了具有通用性外，大语言模型在处理复杂任务时还展现出了较好的推理能力。例如，大语言模型不仅能够回答涉及复杂知识关系的推理问题，还可以解决包含复杂数学推理过程的数学题目。在这些任务中，传统方法的表现相对较差，通常需要针对性地修改模型架构或使用特定训练数据来提升相关能力。而大语言模型在经过大规模文本数据预训练后，能够展示出比传统模型更强的综合推理能力。尽管有些研究认为大语言模型并不具备真正的推理能力，而是通过"记忆"数据模式来解决任务，但在许多复杂应用场景中，大语言模型展现出的推理性能令人震撼。这种现象很难完全通过数据模式的记忆和组合来解释。

例如，要解决一个复杂数学问题。

问题：求解方程组 x+y=10 和 x−y=2。

大语言模型可以解析这两个等式，理解它们之间的关系，并运用代数原则来解决这个系统。它会先从一个等式中解出一个变量，然后将其代入另一个等式中，从而找到 x 和 y 的值。

又例如，要推理出两个实体之间的关系。

问题：谁是美国第一位总统？

大语言模型不仅需要知道答案（乔治·华盛顿），还需要理解"第一位总统"的含义，即在美国历史上担任此职位的第一人。这种推理涉及历史知识和对"第一"的正确解读。

再例如，要翻译一句带有隐喻意义的句子。

问题：她的心是一片汪洋大海。

大语言模型不仅要直译字面意思，还要理解这句话在中国文化中可能意味着"她的情感丰富且深邃，如同广阔无垠的大海一样充满未知和力量"，并在目标语言中找到合适的表达方式。

通过这些例子，我们看到大语言模型能够处理从数学运算到历史概念的解释，这展现了其在多种知识领域的推理能力。

4. 具有较强的人类指令遵循能力

大语言模型通过自然语言形式建立了一种统一的任务解决模式，任务的输入和执行结果都以自然语言表达。经过预训练和微调两个阶段的学习，大语言模型展现出了卓越的遵循人类指令的能力，能够直接通过自然语言描述来理解和执行任务指令。这一能力在学术界被称为"提示学习"。在早期的对话系统中，指令遵循是一个重要的研究方向，但传统模型由于缺乏通用的任务理解与执行能力，通常需要依赖人工规则或先验信息来辅助指令理解模块的设计与训练。相比之下，大语言模型的强指令遵循能力为人机交互提供了一种自然且通用的技术路径，这对开发以人为中心的应用服务，如智能音箱和信息助手等，具有重要意义。

例如，如果用户说"我想知道今天北京的天气怎么样？"模型不仅需要理解查询天气的基本需求，还要识别出"今天"指的是具体哪一天（即 2024 年 7 月 10 日），并提供相应的天气预报信息。

又例如，用户指令："放一首轻松的爵士乐。"模型首先识别用户想听的音乐类型是轻松的爵士乐，然后调用音乐流媒体服务，选择符合描述的曲目进行播放。

以上每个例子都展示了大语言模型如何解析复杂的用户指令，理解其中的隐含信息，如时间、地点、人物和偏好，并采取适当行动来满足用户的需求。这种能力极大地增强了人工智能系统的实用性和用户体验。

5. 具有较好的人类对齐能力

人类对齐能力是指AI模型的行为和决策与人类的价值观、伦理标准和社会规范相一致的程度。为了确保大语言模型能够安全可靠地服务于人类，研究者们正在积极探索多种对齐策略和技术。

目前，广泛采用的对齐方式是基于人类反馈的强化学习技术（Reinforcement Learning from Human Feedback，RLHF）。在这种方法中，人类提供正负反馈，指导模型的学习过程，使其行为逐渐接近人类期望的方向。RLHF的核心在于以下几点。

(1) 数据收集。收集人类评价员对模型输出的反馈，包括好评和差评样本。

(2) 监督学习。使用人类反馈训练一个监督模型，该模型学会预测人类对特定输出的反应。

(3) 强化学习。使用监督模型作为奖励函数，通过强化学习算法优化模型，使其生成更有可能获得正面评价的输出。

(4) 迭代过程。整个过程可能需要多次迭代，以持续改进模型的对齐能力。

通过使用RLHF，可以加强模型的正确行为，避免错误行为，从而建立更好的对齐能力。例如一家医院正在使用AI系统辅助医生诊断疾病。该系统需要确保其推荐的治疗方案不仅基于最新的医学研究，而且要考虑到患者的生活质量和意愿。AI系统采用基于反馈的强化学习，其中医生和患者的反馈被用来调整推荐治疗方案的优先级。如果患者不愿意接受侵入性手术，AI会更多地推荐非手术治疗方案。

值得注意的是，尽管这些技术在一定程度上提高了模型的对齐能力，但完全消除所有风险几乎是不可能的。AI模型可能会遇到未曾预料的新情况，或者在极端条件下表现出意料之外的行为。因此，持续的监测、评估和更新仍然是保证模型安全性和效用的关键。

6. 具有可拓展的工具使用能力

大语言模型的可拓展工具使用能力是其智能的一个重要体现，也是克服自身局限性的关键途径。传统的机器学习模型往往是在固定的数据集上训练，一旦遇到新类型的问题或数据，其泛化能力就会受到限制。然而，大语言模型通过大规模的预训练和灵活的微调机制，能够更好地适应和利用外部工具，从而扩展自身的功能和解决问题的能力。

目前，先进的大语言模型如GPT-4等已经展示出使用多种工具的能力，这大大增强了它们在实际场景中的应用潜力。例如，一名律师需要快速草拟一份合同草案。他可以告诉大语言模型："我需要一份租赁合同的基本模板。"大语言模型会调用法律文档生成工具，根据标准模板和用户提供的细节生成初步的合同文本。又例如，一个程序员遇到了代码bug，他可以寻求大语言模型的帮助："我在Python中遇到了一个运行时错误，能帮我看看吗？"大语言模型会调用代码执行器，分析提供的代码片段，找出错误并提出修改建议。再例如，物流公司需要优化配送路线，可以向大语言模型请求："请为明天的包裹配送计划一条最短的路线。"大语言模型将调用地图和路线规划工具，考虑到交通状况和目的地分布，提供最优路线。

大语言模型工具使用能力的增强，不仅使大语言模型成为更加强大的信息处理助手，还为构建复杂的人工智能系统提供了基础，这些系统能够结合多种技能和知识来源，解决更为广泛和复杂的问题。未来，随着技术的发展，我们可以期待看到更多创新的工具集成和更高效的任务解决策略。

除了上述主要能力外，大语言模型还展现出许多其他重要能力，如长程对话的语义一致性、对新任务的快速适应、以及对人类行为的准确模拟等。

3.1.3 大语言模型技术的风险与挑战

尽管以 ChatGPT 为代表的大语言模型技术取得关键性突破，但当前大语言模型技术仍存在诸多风险与挑战。

1. 大语言模型的通用风险

首先，大语言模型的可靠性无法得到有效保障。例如，基于海量数据训练的大语言模型，尽管其生成的内容符合语言规则、通顺流畅且与人类偏好对齐，但其合成内容在事实性、时效性等方面仍存在较多问题，尚无法对所合成内容做出可靠评估。

其次，大语言模型的可解释性存在不足。大语言模型基于深度神经网络，为黑盒模型，其工作机理仍难以理解。大语言模型的涌现能力、规模定律，多模态大模型的知识表示、逻辑推理能力、泛化能力、情景学习能力等方面有待展开深入研究，为大模型的大规模实际应用提供理论保障。

再次，大语言模型应用部署代价高。大语言模型参数规模和数据规模都非常巨大，存在训练和推理计算量大、功耗高、应用成本高、端侧推理存在延迟等问题，从而限制了其落地应用。提高推理速度、降低大语言模型使用成本是大规模应用的关键。

此外，大语言模型在小数据情景下的迁移能力存在不足。大语言模型基于数据驱动深度学习方式，依赖训练数据所覆盖的场景，由于复杂场景数据不足，大语言模型存在特定场景适用性不足的问题，面临鲁棒性和泛化性等挑战。提升大语言模型对小数据的高效适配迁移能力是未来研究的重点。

2. 大语言模型的技术风险

与此同时，大语言模型还存在伴生技术风险问题。例如，大语言模型具有通用的自然语言理解和生成能力，其与语音合成、图像视频生成等技术结合可以产生人类难以辨别的音视频等逼真多媒体内容，可能会被滥用于制造虚假信息、恶意引导行为，诱发舆论攻击、甚至危害国家安全。此外，大语言模型存在安全与隐私问题，目前针对大语言模型安全漏洞的典型攻击方式包括：数据投毒攻击、对抗样本攻击、模型窃取攻击、后门攻击、指令攻击。大语言模型的安全漏洞可能被攻击者利用，使得大语言模型关联业务面临整体失效的风险，威胁以其为基础构建的应用生态。大语言模型利用海量的互联网数据进行训练，包括个人、企业甚至国家的敏感数据可能被编码进大语言模型参数中，因而存在数据隐私问题。例如，通过提示信息可能诱发大语言模型隐私数据泄露问题。

大语言模型自身的安全风险源于其开发技术与实现方式。由于这些模型通常采用大量数据进行训练，它们不仅从数据中学习知识和信息，还可能从中吸收和反映数据中存在的不当、偏见或歧视性内容。这些数据可能来源于互联网或其他公开来源，其中包含的多样性和复杂性导致模型很难完全准确地反映人类的价值观和伦理标准。此外，大语言模型在处理或生成内容时，可能会无意中扩大或放大某些固有的社会偏见。例如，模型可能会偏向某种文化、性别、种族或宗教的观点，从而产生偏见、歧视或误导性的输出，这不仅可能导致特定群体的不适，而且可能破坏社会的和谐与稳定。

此外，大语言模型的意识形态已成为 AI 安全的核心考量因素。模型在训练过程中不可避免地受训练数据中的文化与价值观所影响，从而决定了其形成的意识形态。以ChatGPT为例，其训练数据以西方为主，输出内容仍可能偏向西方主流价值观。为确保模型准确反映并传递文化和价值观，应深化安全对齐技术，并针对各国文化背景对模型的意识形态进行特定的调整。

尽管大语言模型技术已取得显著进展，但仍存在局限性和提升空间。第一，大语言模型的某些重要能力如上下文学习缺乏形式化理论解释，需要深入研究其基础能力的形成原因。第二，大语言模型预训练需要大规模计算资源，而学术界难以获得充分算力进行系统性研究。此外，大语言模型依赖工程方法优化，但这些技术的理论支撑相对缺乏。第三，让大语言模型与人类价值观或偏好对齐是一种挑战，模型在特定场景下可能生成不当内容。随着模型能力提升，这一问题变得更难解决。为应对未来模型能力可能超越人类监管能力的情况，需要设计更有效的监管方法。

3.2　大语言模型工作原理

大语言模型是指在海量无标注文本数据上进行预训练得到的大型预训练语言模型。目前，大语言模型所需的最小参数规模尚无明确的参考标准，但是大语言模型通常是指参数规模达到百亿、千亿甚至万亿的模型；也有部分研究认为经过大规模数据预训练（显著多于传统预训练模型如BERT所需要的训练数据）的数十亿参数级别的模型也可以称之为大语言模型。对于大语言模型，本章泛指具有超大规模参数或者经过超大规模数据训练所得到的语言模型。与传统语言模型相比，大语言模型的构建过程涉及更为复杂的训练方法，例如通过文本生成的形式展现出了强大的自然语言理解能力和复杂任务求解能力。

3.2.1　Transformer架构

当前主流的大语言模型都基于Transformer架构进行设计的，其基于自注意力机制（Self-Attention Mechanism）模型。Transformer架构的主要思想是通过自注意力机制获取输入序列的全局信息，并将这些信息通过网络层进行传递。

标准的Transformer架构如图3-2所示，由编码器和解码器两个部分构成，而这两个部分实际上可以独立使用，例如基于编码器架构的BERT模型和解码器架构的GPT模型。与BERT等早期的预训练语言模型相比，大语言模型的特点是使用了更长的向量维度、更深的层数，进而包含了更大规模的模型参数，并主要使用解码器架构，对于Transformer本身的结构与配置改变并不大。

1. 输入编码

在Transformer模型中，输入的词元序列（$u=[u_1,u_2,\cdots,u_T]$）首先经过一个输入嵌入模块（Input Embedding Module）转换成词向量序列。具体来说，为了捕获词汇本身的语义信息，每个词元在输入嵌入模块中被映射成为一个可学习的、具有固定维度的词向量$\boldsymbol{v}_t\in\mathbf{R}^H$。由于Transformer的编码器结构本身无法识别序列中元素的顺序，位置编码（Position Embedding，PE）被引入来表示序列中的位置信息。给定一个词元u_t，位置编码根据其在输入中的绝对位置分配一个固定长度的嵌入向量$\boldsymbol{p}_t\in\mathbf{R}^H$。然后，每个词元对应的词向量和位置向量将直接相加，生成了最终的输入嵌入序列$X=[x_1,x_2,\cdots,x_T]$，并且被传入到后

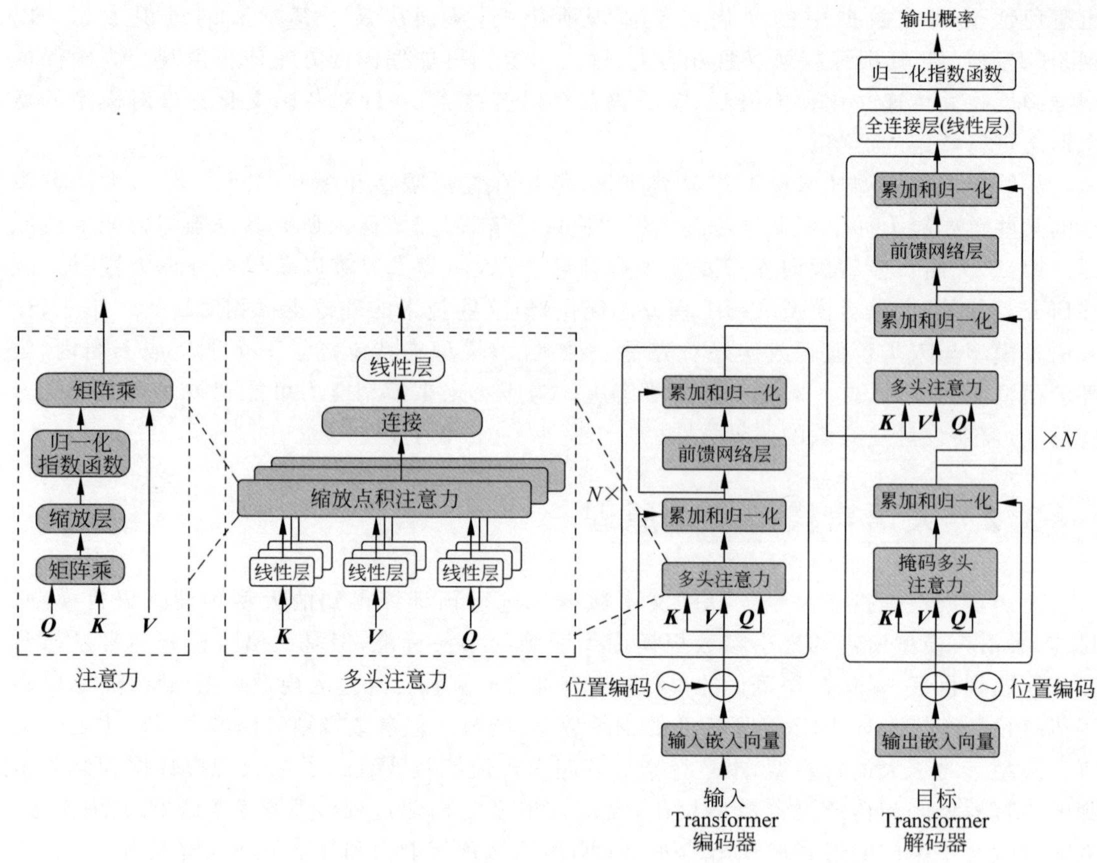

图 3-2 Transformer 架构

续层中。

$$\boldsymbol{x}_t = \boldsymbol{v}_t + \boldsymbol{p}_t$$

通过这种建模方法的表示，Transformer 模型可以利用位置编码 $\boldsymbol{p}_t$ 建模不同词元的位置信息。由于不同词元的位置编码仅由其位置唯一决定，因此这种位置建模方式被称为绝对位置编码。尽管绝对位置编码能够一定程度上建模位置信息，然而它只能局限于建模训练样本中出现的位置，无法建模训练数据中未出现过的位置，因此极大地限制了它们处理长文本的能力。

2. 多头注意力机制

多头注意力是 Transformer 模型的核心创新技术。相比于循环神经网络(RNN)和卷积神经网络(CNN)等传统神经网络，多头注意力机制能够直接建模任意距离的词元之间的交互关系。作为对比，循环神经网络迭代地利用前一个时刻的状态更新当前时刻的状态，因此在处理较长序列的时候，常常会出现梯度爆炸或者梯度消失的问题。而在卷积神经网络中，只有位于同一个卷积核的窗口中的词元可以直接进行交互，通过堆叠层数来实现远距离词元间信息的交换。

多头注意力机制通常由多个自注意力模块组成。在每个自注意力模块中，对于输入的词元序列，将其映射为相应的查询(Query，$\boldsymbol{Q}$)、键(Key，$\boldsymbol{K}$)和值(Value，$\boldsymbol{V}$)三个矩阵。然后，对于每个查询，将和所有没有被掩盖的键计算点积。这些点积值进一步除以 $\sqrt{D}$ 进行缩放(D 是键对应的向量维度),被传入 Softmax 函数中用于权重的计算。进一步,这些权重将作用于与键相关联的值,通过加权和的形式计算得到最终的输出。在数学上,上述过程可以表示为

$$\boldsymbol{Q} = X\boldsymbol{W}^{Q}$$
$$\boldsymbol{K} = X\boldsymbol{W}^{K}$$
$$\boldsymbol{V} = X\boldsymbol{W}^{V}$$
$$\text{Attention}(\boldsymbol{Q},\boldsymbol{K},\boldsymbol{V}) = \text{softmax}\left(\frac{\boldsymbol{QK}^{T}}{\sqrt{D}}\right)\boldsymbol{V}$$

与单头注意力相比,多头注意力机制的主要区别在于它使用了 H 组结构相同但映射参数不同的自注意力模块。输入序列首先通过不同的权重矩阵被映射为一组查询、键和值。每组查询、键和值的映射构成一个"头",并独立地计算自注意力的输出。最后,不同头的输出被拼接在一起,并通过一个权重矩阵 $\boldsymbol{W}^{O} \in \mathbf{R}^{H \times H}$ 进行映射,产生最终的输出。如下面的公式所示:

$$\text{MHA} = \text{Concat}(\text{head}_1, \cdots, \text{head}_N)\boldsymbol{W}^{O}$$
$$\text{head}_n = \text{Attention}(X\boldsymbol{W}_n^{Q}, X\boldsymbol{W}_n^{K}, X\boldsymbol{W}_n^{V})$$

由上述内容可见,自注意力机制能够直接建模序列中任意两个位置之间的关系,进而有效捕获长程依赖关系,具有更强的序列建模能力。另一个主要的优势是,自注意力的计算过程对于基于硬件的并行优化(如 GPU、TPU 等)非常友好,因此能够支持大规模参数的高效优化。

3. 前馈网络层

为了学习复杂的函数关系和特征,Transformer 模型引入了一个前馈网络层(Feed Forward Network,FFN),对于每个位置的隐藏状态进行非线性变换和特征提取。具体来说,给定输入 X,Transformer 中的前馈神经网络由两个线性变换和一个非线性激活函数组成:

$$\text{FFN}(X) = \sigma(X\boldsymbol{W}^{U} + b_1)\boldsymbol{W}^{D} + b_2$$

其中 $\boldsymbol{W}^{U} \in \mathbf{R}^{H \times H'}$ 和 $\boldsymbol{W}^{D} \in \mathbf{R}^{H' \times H}$ 分别是第一层和第二层的线性变换权重矩阵,$b_1 \in \mathbf{R}^{H'}$ 和 $b_2 \in \mathbf{R}^{H}$ 是偏置项,σ 是激活函数(在原始的 Transformer 中,采用 ReLU 作为激活函数)。前馈网络层通过激活函数引入了非线性映射变换,提升了模型的表达能力,从而更好地捕获复杂的交互关系。

4. 编码器

在 Transformer 模型中,编码器(Encoder)的作用是将每个输入词元都编码成一个上下文语义相关的表示向量。编码器结构由多个相同的层堆叠而成,其中每一层都包含多头注意力模块和前馈网络模块。在注意力和前馈网络后,模型使用层归一化和残差连接来加强模型的训练稳定度。其中,残差连接(Residual Connection)将输入与该层的输出相加,实现了信息在不同层的跳跃传递,从而缓解梯度爆炸和消失的问题。而 LayerNorm 则对数据进行重新放缩,提升模型的训练稳定性。编码器接受经过位置编码层的词嵌入序列 X 作为输入,通过多个堆叠的编码器层来建模上下文信息,进而对于整个输入序列进行编码表示。由于输入数据是完全可见的,编码器中的自注意力模块通常采用双向注意力,每个位置的

词元表示能够有效融合上下文的语义关系。在编码器-解码器架构中，编码器的输出将作为解码器(Decoder)的输入，进行后续计算。形式化来说，第 l 层($l \in \{1,2,\cdots,L\}$)的编码器的数据处理过程如下所示：

$$X'_l = \text{LayerNorm}(\text{MHA}(X_{l-1}) + X_{l-1})$$

$$X_l = \text{LayerNorm}(\text{FFN}(X'_l) + X'_l)$$

其中，X_{l-1} 和 X_l 分别是该 Transformer 层的输入和输出，X'_l 是该层中输入经过多头注意力模块后的中间表示，LayerNorm 表示层归一化。

5. 解码器

Transformer 架构中的解码器基于来自编码器编码后的最后一层的输出表示以及已经由模型生成的词元序列，执行后续的序列生成任务。与编码器不同，解码器需要引入掩码自注意力(Masked Self-Attention)模块，用来在计算注意力分数的时候掩盖当前位置之后的词，以保证生成目标序列时不依赖于未来的信息。除了建模目标序列的内部关系，解码器还引入了与编码器相关联的多头注意力层，从而关注编码器输出的上下文信息 X_L。同编码器类似，在每个模块之后，Transformer 解码器也采用了层归一化和残差连接。在经过解码器之后，模型会通过一个全连接层将输出映射到大小为 V 的目标词汇表的概率分布，并基于某种解码策略生成对应的词元。在训练过程中，解码器可以通过一次前向传播，让每个词元的输出用于预测下一个词元。而在解码过程，解码器需要经过一个逐步的生成过程，将自回归地生成完整的目标序列。解码器的数据流程如下所示：

$$Y' = \text{LayerNorm}(\text{MaskedMHA}(Y_{l-1}) + Y_{l-1})$$

$$Y''_l = \text{LayerNorm}(\text{CrossMHA}(Y'_l, X_L) + Y'_l)$$

$$Y_l = \text{LayerNorm}(\text{FFN}(Y''_l) + Y''_l)$$

其中，Y_{l-1} 和 Y_l 分别是该 Transformer 层的输入和输出，Y'_l 和 Y''_l 是该层中输入经过掩码多头注意力 MaskedMHA 和交叉多头注意力 CrossMHA 模块后的中间表示，LayerNorm 表示层归一化。然后将最后一层的输入 Y_L 映射到词表的维度上：

$$O = \text{softmax}(\boldsymbol{W}^L Y_L)$$

在这里 $O \in \mathbf{R}^{H \times V}$ 是模型最终的输出，代表下一个词在词表上的概率分布；$\boldsymbol{W}^L \in \mathbf{R}^{H \times V}$ 是将输入表示映射到词汇表维度的参数矩阵，而 $\boldsymbol{W}^L Y_L$ 是概率化前的中间值，通常被称为 logits。

3.2.2 基于 Transformer 架构的著名模型

目前基于 Transformer 的著名模型主要有 BERT、GPT、T5 以及 RoBERTa。

BERT(Bidirectional Encoder Representations from Transformers)：谷歌开发的一种深度学习模型，其核心思想是在训练阶段对输入文本进行双向的编码，这意味着模型可以同时从左到右和从右到左读取上下文，从而更好地理解词语在句子中的意义。BERT 在大规模语料上进行无监督预训练，然后可以通过微调来适应特定的 NLP 任务。

GPT(Generative Pre-trained Transformer)：GPT 系列模型由 OpenAI 开发，专注于单向的 Transformer 解码器，特别擅长文本生成。

T5(Text-to-Text Transfer Transformer)：T5 是谷歌发布的模型，该模型的主要特点是它将所有的自然语言处理任务都转换为文本到文本的形式，这意味着无论是文本分类、问答系统、语义解析还是机器翻译等任务，都可以被看作从一段文本转换成另一段文本的问题。此外，由于它是一种端到端的解决方案，因此减少了对任务特定特征工程的需求，简化了模型开发的过程。

RoBERTa(Robustly Optimized BERT Pre-training Approach)：RoBERTa 是 Facebook AI 和悉尼大学的研究者在 BERT 的基础上改进的模型。通过使用更大的批次大小、更长的训练时间、动态掩码策略等技术，RoBERTa 在多项 NLP 任务上达到了比 BERT 更好的性能。

Transformer 架构因其高效性和灵活性，在 NLP 领域取得了显著的成功，并被广泛应用于机器翻译、文本生成、情感分析、问答系统等多种任务中。随着研究的进展，基于 Transformer 的模型不断演化，出现了更多针对特定场景优化的版本。

3.2.3 大语言模型架构

现有的大语言模型几乎全部是以 Transformer 架构作为基础架构来构建的，不过它们在所采用的具体结构上通常存在差异，如只使用 Transformer 编码器或解码器，或者同时使用两者。从建模的角度看，大语言模型架构大致可以分为三类：掩码语言建模、自回归语言建模以及序列到序列建模，三类架构如图 3-3 所示。

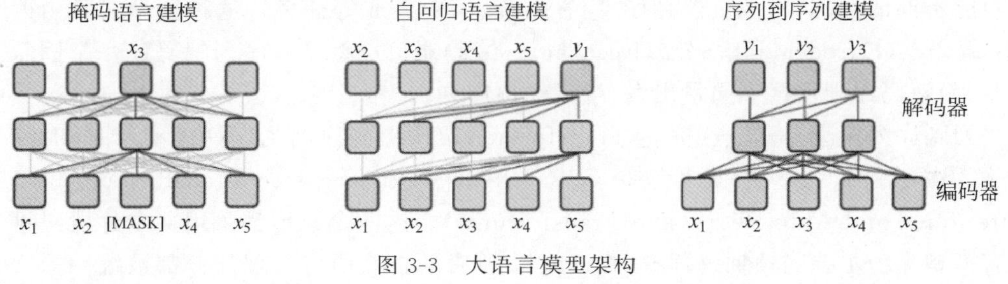

图 3-3 大语言模型架构

1. 掩码语言建模

掩码语言建模(Masked Language Models，MLMs)是预训练语言模型中的一种类型，它利用 Transformer 编码器架构，通过在训练过程中随机掩码输入序列中的某些单词，然后预测这些被掩码的单词来学习语义表示。这种训练方法迫使模型不仅依赖于被掩码词的前后单词，还依赖于整个序列的全局上下文，从而学习到更丰富的语言结构和语义信息。

掩码语言建模的训练过程类似于完形填空，预训练任务直接将输入文本中的部分单词遮住，并通过 Transformer 架构还原单词，从而避免了双向大语言模型可能导致的信息泄露问题，迫使模型使用被遮住的词的上下文信息进行预测。

例如有这样一段文本：我爱吃饭。用掩码标记 Mask 去遮盖后的效果可能是“我爱 Mask 饭”。Mask 机制打破原文本信息，在做预训练时，让模型去做文本重建，模型从上下文中获取各种信息，从而预测出被 Mask 遮盖的词汇。

掩码语言建模在自然语言处理领域已经取得了显著的进展，在文本分类、序列标注等任务中表现尤其突出。通过在预训练阶段使用未标注的语料进行训练，掩码语言模型能够捕捉到文字、词汇和句法等不同层面的语言规律，并在有监督的任务中取得更好的表现。

2. 自回归语言建模

自回归语言模型(Auto-Regressive Language Models)是一种重要的深度学习模型,它们通常基于 Transformer 架构的解码器部分,该解码器通过掩蔽机制(Masking Effects)确保在预测序列中的下一个词时,只考虑序列中之前的词。

自回归语言模型特别擅长于文本生成任务。这类模型的特点是在生成序列中的每一个词时,都会考虑之前所有词的信息。因此,自回归语言模型的优化目标为最大化对序列中每个位置的下一个词的条件概率的预测。常见的自回归语言模型包括 OpenAI 的 GPT 系列模型、Meta 的 LLaMA 系列模型和谷歌的 PaLM 系列模型。其中,GPT-3 是首个将模型参数扩增到千亿参数规模的预训练模型。总体而言,自回归语言模型较其他预训练语言模型架构展现了更优异的情境学习、思维链推理、内容创造等能力,自回归模型架构是当前大语言模型的主流架构。

自回归模型由于其生成特性,非常适合用于文本生成任务,例如故事创作、对话生成、代码生成等。同时,它们也适合于那些可以从增加模型规模中受益的任务,因为更多的参数通常意味着更强的表示能力和更好的生成质量。

3. 序列到序列建模

序列到序列(Seq2Seq)模型是一种深度学习架构,主要用于解决输入序列和输出序列长度可能不同的问题,例如机器翻译、问答系统、摘要生成等任务。这种模型通常由两部分组成:编码器(Encoder)和解码器(Decoder)。编码器负责将输入序列编码成一个固定长度的向量,而解码器则从这个向量出发,生成输出序列。

序列到序列模型是建立在完整 Transformer 架构上的序列到序列模型,即同时使用编码器-解码器结构,代表性模型包括 T5(Text-to-Text Transfer Transformer)和 BART (Bidirectional and Auto-Regressive Transformers)。这两个模型都采用文本片段级别的掩码语言模型作为主要的预训练任务,在 T5 中,所有的自然语言处理任务都被统一为文本到文本的形式,而 BART 则通过双向编码器和自回归解码器结合掩码策略来进行预训练,这使得它们能够更好地理解语句之间的关系和上下文。

在文本摘要生成中,要生成一篇长新闻文章的简短摘要。假设原始文章包含多个段落,模型会读取整篇文章,理解其主旨和关键点,然后生成一个简明扼要的版本,保留文章的核心信息。例如,对于一篇关于气候变化的新闻,模型可能会生成类似"新研究表明全球变暖速度比预期更快。"的摘要。

为了完成这样的任务,模型需要具备以下能力。

(1) 理解上下文:理解整篇文章的含义和背景。

(2) 识别关键信息:区分哪些信息是重要的,哪些是可以省略的。

(3) 连贯表达:用简洁的语言重述关键信息。在问答任务中,模型需要理解问题并从文档或知识库中检索相关信息来回答。例如,如果问题是"谁发明了电话?",模型会搜索相关的文本,并生成答案:"亚历山大·格拉汉姆·贝尔发明了电话。"

当涉及文本补全或续写时,模型可以基于给定的上下文生成接下来的句子。例如,如果给定的上下文是"她走进房间,发现……",模型可以生成:"……地板上散落着破碎的照片框架。"

以上只是基于 Transformer 的 Seq2Seq 模型在自然语言处理领域应用的一些示例。这些模型之所以强大，是因为它们能够处理复杂的语言结构，理解语义，并生成连贯且有逻辑的文本。通过大量的训练数据和复杂的预训练技术，如掩码语言模型，它们能够模拟人类语言的多样性，并在各种任务中表现出色。

总体来看，每种模型都有其独特的应用场景和优势。例如，掩码语言模型擅长理解上下文，自回归语言模型擅长生成连贯的文本，而序列到序列模型则适合处理输入输出不对等的任务。

3.2.4 大语言模型关键技术

从机器学习的视角审视，神经网络就像是一个有着特定形状的复杂拼图，每一块拼图代表了模型的一个参数。而大语言模型，基于 Transformer 结构，它像是一个大而复杂的拼图，拥有海量的参数。构建这样一个模型的过程，就好比是用大量的数据来调整这些拼图块，让它们完美地拼合在一起。虽然这个过程和传统的机器学习模型训练在某些方面有所不同，例如训练一个多元线性回归模型，但归根结底，它们在核心目标模型参数的优化是一致的。不过，大语言模型的目标更为宏大，它不仅仅要解决某一特定的问题，而是要成为一个能够处理各种任务的全能选手。为了实现这一宏大的目标，大语言模型的构建过程需要更为复杂、精细的训练方法。一般来说，大语言模型关键技术主要包括大规模预训练、指令微调、人类对齐、扩展法则和涌现能力等。

1. 大规模的预训练

一般来说，预训练好比是让一个模型学会多种技能，首先得给它一个"热身"。在机器学习的领域，这个过程叫作"预训练"。可以认为是为模型参数找到一个较好的模型"初值点"，让它在大量数据中学习基础知识，然后再针对特定任务进行调整。在自然语言处理(NLP)领域，Word2Vec 这样的模型就是用大量文本来学习单词的内在含义。后来被推广到训练可迁移的自然语言任务架构，逐步成为了研发大语言模型的核心技术路径。

早期的预训练技术还是聚焦于解决下游某一类的特定任务，如传统的自然语言处理任务。OpenAI 在 GPT-2 就提出通过大规模文本数据的预训练实现通用任务的求解，并且将这一思路在 GPT-3 中推广到了当时最大的千亿规模。OpenAI 指出大规模预训练本质上是在做一个世界知识的压缩，从而能够学习到一个编码世界知识的参数模型，这个模型能够通过解压缩所需要的知识来解决真实世界的任务。在传统预训练模型中，所采用的模型架构以及训练任务还比较多样。由于 GPT 系列模型的爆火，"解码器架构＋预测下一个词"的有效性得到了充分验证，已经成为现有大语言模型主要采纳的技术路径。

在构建大语言模型的过程中，首先需要收集大量的文本数据。这些数据必须经过精心的筛选和清洗，以确保它们不含有不当或有害的内容。接下来，将这些"净化"后的数据进行处理，将其转换为模型可以理解的格式，也就是所说的"词元化"。然后，我们将这些数据分成若干批次，以便在模型的预训练阶段使用。大语言模型的能力基础，很大程度上取决于这些预训练数据的质量和多样性。因此，收集广泛来源的高质量数据，并对其进行严格的筛选和清洗，是构建强大语言模型的关键步骤。这需要大语言模型研发人员投入极大的关注和努力。目前，许多开源的大语言模型都是基于数以万亿计的词元进行预训练的，并且这一规模还在不断扩大。然而，这一过程对计算资源的需求极高。例如，训练一个拥有百亿参数的模型，至少需要数十个高性能计算卡协同工作数月；而训练一个千亿参数的模型，则可能需要数百甚至数千个计算卡。这样的资源消耗是相当惊人的。

1）下一个句子预测

下一个句子预测（Next Sentence Prediction，NSP）是 BERT（Bidirectional Encoder Representations from Transformers）模型最初提出的预训练任务之一。这个任务旨在使模型能够理解句子间的连贯性和逻辑关系，这对于诸如问答系统、阅读理解、对话系统等任务至关重要，因为这些场景通常涉及多句或多段文本的相互关联。

在 NSP 任务中，模型会接收到一对句子（A 和 B），其目标是预测 B 是否是 A 的正确后续。为了生成训练样本，原始的连续句子对会被标记为正例，而通过随机选取文档中的另一个句子作为 B 来构造的不连续句子对则被标记为负例。这种训练方式促使模型学会区分连贯和非连贯的句子对，从而捕获文本的连贯性和语境依赖性。

例如模型可以预测这两个句子在一起：Yesterday I went to the park. I played football with my friends（如果模型认为第二个句子是第一个句子的下一句，它可能会输出接近 1 的概率值；反之，如果模型认为第二个句子不是第一个句子的下一句，它可能会输出接近 0 的概率值。）

为了更好地理解下一个句子预测任务是如何工作的，我们可以举一个具体的例子。

假设有以下来自一本书的两个连续句子。

A. “John 走进了图书馆，他环顾四周寻找一本特定的书。”

B. “最终，他在历史区找到了那本关于古罗马的书。”

在这个情况下，句子 B 确实是句子 A 的下一个句子。因此，如果我们用这对句子来训练一个包含 NSP 任务的模型，模型应该学会识别 B 是 A 的合理后续。

另一方面，如果我们将句子 B 替换为一个随机选择的句子，例如：

C. “她决定今天晚上要烤一个巧克力蛋糕。”

那么，句子 C 与句子 A 之间并没有直接的联系或连贯性。在训练时，模型应该学会识别句子 C 不是句子 A 的合理后续。

通过大量这样的训练样本，模型逐渐学会如何根据句子 A 的内容预测出哪些句子 B 是合理的后续，哪些不是。这有助于模型在处理更复杂的 NLP 任务时，能够更好地理解文本的连贯性和逻辑结构。

然而，NSP 在实践中存在一些问题，例如它可能过于简单，导致模型容易找到捷径而不是真正理解句子间的语义联系。因此，在 BERT 之后的一些变体，如 RoBERTa，取消了 NSP 任务，转而采用其他方法来增强模型对句子间关系的理解，例如通过更复杂的掩码策略或使用更大量的无监督文本数据进行训练。

2）因果关系预测

因果关系预测（Causal Language Modeling，CLM），通常被称为条件语言模型，在自然语言处理（NLP）中是一种用于生成文本的模型，这种类型的模型专注于预测一个序列中下一个可能的单词或句子。

GPT（Generative Pre-trained Transformer）系列模型，如 GPT-1、GPT-2、GPT-3 和 GPT-4，都是基于因果语言模型的原理。在训练过程中，GPT 模型会看到大量的文本数据，并尝试预测序列中的下一个单词。例如，如果输入是“昨天我去了”，模型会尝试预测接下来最有可能出现的单词。

假设有这样一个句子开头："在周末，我通常会去公园散步，然后……"

当我们使用GPT模型来预测这个句子的下一部分时，模型会基于其训练数据中的语言模式来生成最有可能的后续文本。由于模型是在大量文本上训练的，它能够识别出在给定语境下，人们可能会做什么活动。以下是模型可能生成的几个后续选项：

"……享受宁静的自然环境。"

"……坐在长椅上看书。"

"……与朋友一起踢足球。"

这里，模型通过分析"在周末，我通常会去公园散步"这一前缀，推断出接下来的活动可能与休闲、运动或社交有关，这些都是人们在公园常见的行为。因此，上述每一个选项都符合逻辑，也反映了常见的周末活动。

如果我们继续让模型生成更多的文本，例如选择第一个选项："在周末，我通常会去公园散步，然后享受宁静的自然环境。"模型可能会继续生成："在那里，我可以听到鸟儿的歌唱，感受到清新的空气，这让我感到放松和平静。"

通过这种方式，GPT模型可以持续生成连贯的文本，直到达到所需的长度或满足某个结束条件。这种能力使得GPT模型非常适合于多种应用，包括但不限于文章写作、故事创作、对话生成、问题回答等场景。

尽管预训练的整体技术框架看起来非常直观，但在实际操作中会涉及大量需要深入探索的经验性技术。例如，数据如何进行配比、如何进行学习率的调整、如何早期发现模型的异常行为等。这些问题都需要在预训练过程中充分考虑，并根据具体情况做出相应的调整。这不仅需要研发人员具备丰富的经验，还需要他们具备处理异常情况的能力。避免大规模训练开始以后进行回退和反复迭代，从而减少算力资源的浪费，提升训练成功的概率。

3）大语言模型的预训练过程

下面以BERT为例讲解大语言模型的预训练过程。

BERT使用TB数量级甚至PB数量级的数据集来进行预训练，如英文维基百科、书籍语料库等。同时，BERT使用具有数千甚至数万个图形处理单元(Graphics Processing Unit，GPU)或张量处理单元(Tensor Processing Unit，TPU)的高性能计算设备来进行并行计算和优化。BERT预训练后得到一个通用的编码器模型，它可以将任意长度的文本转换为固定长度的向量。BERT使用了一种简单而有效的微调方法，即在预训练好的编码器模型上添加一个简单的输出层，然后根据不同的任务和场景来调整输出层的结构和参数。例如，在文本分类任务中，输出层可以是一个全连接层或一个softmax层；在文本生成任务中，输出层可以是一个解码器或一个线性层。

BERT利用"大规模预训练＋微调"的范式，在预训练阶段学习到通用的知识和能力，在微调阶段适应特定的任务和场景，这种范式在各种领域和场景中都能够展现出良好的效果。事实上，BERT不仅在文本分类任务中表现优异，还在文本生成、文本摘要、机器翻译、问答系统等任务中刷新了多项纪录，成为自然语言处理领域的一个里程碑模型。

2. 指令微调与人类对齐

大语言模型由于在大规模通用领域进行数据预训练，通常缺乏对特定任务或领域的知识，因此需要适配微调。微调可以帮助模型更好地适应特定需求，如对敏感数据(如医疗记录)的处理，同时不暴露原始数据。此外，微调可以提高部署效率、减少计算资源需求。这就好比一个刚从学校毕业、步入职场的年轻人，虽然他们学了很多理论知识，也有过一些实习经验，但当面对实际工作中的专业技能和具体要求时，仍然需要进一步的学习和提高。

为了提升模型的实用性，通常会采用一种叫作“指令微调”的技术，也叫作有监督微调。这就像给新员工提供具体的工作指导和培训一样。通过使用任务相关的输入和输出数据对模型进行训练，模型就能学会如何解答问题，使之更好地被用于任务求解，为人类服务。值得注意的是，指令微调通常不需要大量的数据，只需要几十万到几百万条指令数据，就足以让模型掌握解决通用任务的能力。研究表明即使是几千条或几万条高质量的指令数据，也能达到很好的微调效果。

此外，为了让模型更好地适应人类的期望、需求和价值观，还需要对模型进行进一步的对齐。这就像确保新员工理解公司的价值观和文化一样重要。目前，一种常用的方法是基于人类反馈的强化学习对齐方法，在指令微调后使用强化学习加强模型的对齐能力，即让模型学习如何更好地满足人类的期望。这需要训练一个符合人类价值观的奖励模型，由标注人员对模型的输出进行评价，并用这些评价来训练奖励模型。虽然这种方法比指令微调需要更多的资源，但与大规模预训练相比，它的资源消耗要小得多。

经历上述过程后，大语言模型就能够具备较好的人机交互能力，通过问答形式解决人类所提出的问题。

下面通过一个具体的例子来说明大语言模型如何通过指令微调和对齐的过程来适应特定任务和人类价值。

假设有一家医疗保健公司，想要开发一个基于大语言模型的智能助手，用于帮助医生和患者理解复杂的医学报告和疾病信息。这个助手需要能够准确解读医学术语，提供易于理解的解释，同时也要遵循严格的隐私规定和伦理标准。

1）预训练阶段

大语言模型已经在互联网上的大量文本数据上进行了预训练，学习了语言的结构、语法和广泛的主题知识。

2）指令微调

任务相关数据准备：收集数千条涉及医学报告解读、疾病解释和患者咨询的对话样例。每条数据包含一个询问（如“我最近的血液检查报告上提到的白细胞计数异常是什么意思?”）和一个专家提供的正确回答（如“白细胞计数异常可能表明您的免疫系统正在对感染或其他健康问题作出反应……”）。

微调训练：使用这些对话样例对模型进行微调，让模型学习如何从医学角度正确理解和解释复杂信息，以便它能生成类似专家级别的回答。

3）人类对齐

人类反馈收集：邀请一批医生和患者作为标注人员，评估微调后模型的回答是否准确、清晰且尊重隐私（例如，不应透露患者身份信息）。

奖励模型训练：基于标注人员的反馈，训练一个奖励模型，该模型可以量化回答的质量和对齐度。

强化学习：使用奖励模型来指导模型的进一步训练，鼓励那些获得高评分的回答，惩罚那些偏离人类期望的回答，从而使模型更加遵守伦理规范和隐私政策。

最终应用：经过指令微调和对齐的模型现在能够作为一个智能医疗助手，不仅能够提供准确的医学信息，还能以符合人类价值观的方式进行交流，如使用同理心和尊重患者隐私的语言。

这样的过程确保了大语言模型能够在一个高度专业化且对敏感性有严格要求的领域中，提供既准确又负责任的服务。

3. 扩展法则

大语言模型之所以能够取得成功，很大程度上是因为它能够充分利用"规模扩展"的优势。这就像是用更大的画布来绘制更精细的画作，或者用更广阔的土地来种植更多的作物。在技术实现上，大语言模型采用了与小型语言模型相似的神经网络结构，例如基于注意力机制的 Transformer 架构，以及类似的预训练方法，例如语言建模。然而，大语言模型之所以能够超越小型模型，关键在于它在参数数量、训练数据的规模以及计算能力上的大幅提升。这就好比是将一辆普通的汽车升级为一辆赛车，通过增加引擎的马力和改进设计，使其速度和性能大幅提升。有趣的是，这种通过增加规模所带来的性能提升，往往比单纯改进模型的架构或算法要来得更加显著。

因此，研究规模扩展对模型性能提升的影响，建立一种定量的建模方法，即"扩展法则"，对于指导实际应用具有非常重要的意义。这就像是在建筑领域，通过精确计算和设计，来确保建筑物既安全又高效。

为了更好地理解大语言模型如何利用"规模扩展"的优势，这里举几个具体的例子来说明。

1）参数数量的增长

小型模型：假设有一个小型语言模型，它有大约 1 亿个参数。这个模型可能在处理一些基本的自然语言任务时表现良好，如情感分析或简单的问答，但对于更复杂的问题，例如理解长篇幅的文本或进行跨领域的对话，它的表现可能会受限。

大型模型：相比之下，一个拥有 1750 亿参数的大语言模型，例如 Google 的 T5 或 OpenAI 的 GPT-3，能够在理解和生成语言方面展现出令人惊讶的能力。这是因为更多的参数让模型能够学习到更复杂的语言结构和模式，从而在多种任务上表现出色，包括但不限于文本摘要、机器翻译、代码生成和复杂的对话理解。

2）训练数据的规模

小型模型：如果一个小模型仅在几百万条文本数据上进行训练，那么它可能无法很好地泛化到它没有见过的语言现象或领域。例如对于一些罕见的词汇或者表达方式，这类模型可能无法正确识别或处理。

大型模型：而一个在数万亿词元上训练的大型模型，由于接触到了极其多样化的文本类型和主题，因此能够更准确地理解上下文和语境，从而在新场景下也能给出合理的响应。

值得注意的是：小型模型往往在特定领域表现良好，但在遇到新领域或罕见概念时可能表现不佳。而大型模型由于接触到的文本类型和主题更为广泛，因此在各种情况下都能提供更加准确和相关的输出。

3）计算能力的提升

小型模型：训练一个小模型可能只需要几天的时间和相对较少的 GPU 资源。

大型模型：训练一个大语言模型可能需要几个月的时间，使用成百上千个 GPU，并且消耗大量的电力。这种级别的计算力使得模型能够在更短的时间内看到更多的数据，学习到更多的模式，从而提高整体的性能。例如，OpenAI 的 GPT-3 模型，它有 1750 亿个参数，据报道用了几个月的时间才完成训练。

总的来说，计算能力的提升使得大型模型能够在短时间内学习到更多的模式，但这同时也伴随着高昂的成本和能源消耗。小型模型虽然在某些方面可能不如大型模型，但在特定场景下也能提供很好的性能，同时具有更低的计算成本和环境影响。

4. 涌现能力

在研究大语言模型时发现一个非常有趣的现象，那就是所谓的“涌现能力”。这个术语听起来可能有点抽象，但它实际上描述了一个非常具体的现象：当模型的规模增大到一定程度时，它的性能会突然有一个显著的提升，这种提升远远超出了随机猜测的水平。这就像是在玩拼图游戏时，当你拼凑到一定数量的碎片后，突然之间整幅图景就清晰地展现在你面前。这种现象在物理学中被称为“相变”，例如水在达到一定温度后会变成蒸汽。尽管大语言模型的涌现能力与相变现象有一定的相似之处，但目前还没有一个完整的理论来解释这种现象，甚至有些研究者对它的存在表示怀疑。尽管如此，涌现能力的概念帮助大家认识到大语言模型相比于传统模型的优势。它让大家明白，为什么大语言模型在处理某些任务时表现得如此出色，而小模型则做不到这一点。在本节中，将涌现能力视为大语言模型的一个典型特征。接下来介绍三种具有代表性的涌现能力。

1）上下文学习

在 GPT-3 大语言模型中，研究人员发现了一个非常独特的能力，叫作“上下文学习”能力。它实际上是一种让模型能够快速学习和适应新任务的能力。当 GPT-3 接收到一个包含示例和指令的输入时，它会利用其庞大的预训练知识库来推断出模式和规则。想象一下，如果你是一名学生，老师给你一些例子和指导，你就能通过这些信息来解决类似的新问题，而不需要老师再详细地教你每一步。GPT-3 的上下文学习能力就有点类似这样：通过在提示中给出一些自然语言的指令和例子，模型就能够理解并生成正确的输出，即使它之前没有接受过专门的训练。例如，如果给定几个数学问题和答案作为示例，GPT-3 能够理解这种类型的问题应该如何解答，然后应用相同的逻辑来解决新的未见过的问题。

GPT-3 模型的这种能力是随着模型规模的增加而出现的。例如，拥有 1750 亿个参数的 GPT-3 模型就展现出了这种强大的能力，而早期的 GPT-1 和 GPT-2 模型则没有。但是，这种能力并不是在所有任务上都同样有效。有些任务，例如简单的算术题，即使是参数较少的 GPT-3 模型也能做得很好。然而，对于更复杂的任务，例如用波斯语进行问答，即使是更大的 GPT-3 模型也可能表现不佳。

这就像是不同的工具适合不同的工作。一把螺丝刀可能对拧螺丝很有用，但如果你想砍树，就需要一把斧头。同样，GPT-3 在某些任务上表现出色，但在其他任务上可能就需要更多的训练和调整。

下面使用一个具体的例子来说明上下文学习。

下面给出大语言模型的一个示例。

玫瑰是红的，

紫罗兰是蓝的，

糖是甜的，

你也是。

模型被要求补充完成以下内容。

天空是宽广的,

海洋是深邃的,

山是高耸的,

基于之前的韵律和主题,GPT-3(或者类似的语言模型)可以尝试完成这首诗。那么接下来的一行可以是:

心是向往自由的。

这样整首诗就变成了:

天空是宽广的,

海洋是深邃的,

山是高耸的,

心是向往自由的。

2)指令遵循

大语言模型的"指令遵循"能力是一种让模型能够根据自然语言给出的指令来执行任务的能力。这就像是你告诉一个朋友:"请帮我找出关于夏天的五条有趣事情"。你的朋友能够理解你的请求并给出答案。这种能力通常是通过一种叫作"指令微调"或"监督微调"的方法获得的。这就像是给模型一些例子,告诉它如何根据指令完成任务。例如,如果给模型一些关于如何写故事的例子,它就能学会如何根据给定的指令来创作新的故事。经过这样的微调后,大语言模型就能够在没有具体例子的情况下,根据任务指令来完成新的任务。这就像是你的朋友学会了如何根据你的请求来找到信息,即使没有具体的例子。

与"上下文学习"能力相比,"指令遵循"能力相对容易获得,但模型完成任务的效果还是会受到它自身的性能和任务的难度的影响。这就像是不同的人根据同样的指令可能会给出不同的答案,这取决于他们的理解和能力。即使是规模较小的语言模型,例如拥有20亿参数的模型,也可以通过高质量的指令数据进行微调,来获得一定的指令遵循能力。这在一些简单任务上特别有效,例如写一个文本的摘要。这就像是即使不是专业作家,只要掌握了一些基本的写作技巧,也能写出不错的文章摘要。

3)逐步推理

逐步推理是指模型能够进行一系列逻辑步骤来解决问题的能力。例如,理解一个涉及多个条件的句子,并基于这些条件推断出结论。这种能力对于回答需要多步思考才能得出答案的问题至关重要。

(1)思维链提示。对于小型语言模型来说,解决需要多个步骤的复杂问题往往比较困难,就像是一个初学者尝试解决复杂的数学问题一样。但是,大语言模型有一种特殊的技巧,叫作"思维链提示"策略,可以帮助它们更好地解决这些问题。想象一下,如果你在解决一个难题时,有人给你一些提示,告诉你中间的步骤,这样你就可以更容易地找到答案。大语言模型的"思维链提示"也是类似的:在给模型的提示中加入一些与任务相关的中间推理步骤,帮助模型一步步地解决问题。这种技巧特别适合用来帮助大语言模型解决复杂的数学问题。例如,如果模型需要解决一个需要多步骤计算的数学题,思维链提示可以引导它一步步地进行计算,直到找到最终答案。

例如,考虑这样一个问题:"如果一头大象重5吨,而一只蚂蚁重0.005克,那么一头大象的重量相当于多少只蚂蚁的总重量?”直接回答这个问题可能需要模型进行单位换算和比例计算。使用思维链提示,我们可能这样引导模型:

首先,确认大象的重量单位和蚂蚁的重量单位是否一致,如果不一致,进行单位换算。其次,将大象的重量从吨转换为克。最后,计算一头大象的重量相当于多少只蚂蚁的总重量。

通过这种方式,模型不仅能够得到正确答案,还能展示出其思考和推理的过程,这对于理解和调试模型的行为尤其重要。

思维链提示是一种重要的技巧,它可以帮助大语言模型提高解决复杂问题的能力,也是衡量一个大语言模型能力的重要标志之一。值得注意的是,并不是所有的大语言模型都具备这种能力。界定大语言模型出现这种能力的最小规模,也就是模型需要多大才能开始展现出这种能力是有一定难度的。这就像不同的人学习速度不同,有的学得快,有的学得慢。

(2) 扩展法则与涌现能力。扩展法则和涌现能力提供了两种不同观点来理解大语言模型相对于小模型的优势。这两种观点帮助理解大语言模型在性能上的提升,但它们描述的提升趋势却有所不同。通俗来讲,扩展法则与涌现能力之间微妙的关系可以类比人类的学习能力来解释。

扩展法则是通过观察模型在语言建模任务上的表现来衡量模型的整体性能。这就像是看一个小孩在学骑自行车时的稳定性,随着练习的增加,小孩骑车的稳定性逐渐提高,但提升的速度可能会逐渐减慢。扩展法则显示出一种平滑的性能提升趋势,可以预测小孩通过更多练习会变得更加熟练,但每次练习带来的提升可能会越来越小。

而涌现能力则是通过观察模型在特定任务上的表现来衡量。这就像是小孩突然有一天能够自己解决问题,例如自己系鞋带,这种能力的提升是突然的,但是很难预测它何时会发生。涌现能力表现出一种随着模型规模增大而突然跃升的趋势,一旦发生,意味着模型的性能会有显著的提升。

这两种观点描述了不同的性能提升趋势:一种是持续而平稳的改进(扩展法则),另一种是突然的性能跃升(涌现能力)。目前,对大语言模型的涌现机理还缺乏基础性的解释。这有点像是试图理解小孩是如何突然学会说话的——我们知道他们每天都在学习,但具体的学习过程和突然能够说话的瞬间仍然是个谜。

3.2.5 GPT 系列模型的演变

在 2022 年 11 月底,OpenAI 推出了一款在线对话应用的新产品 ChatGPT,这是一款基于大语言模型的在线对话应用。ChatGPT 以其卓越的对话和任务解决能力迅速赢得了人们的关注,引发了对大语言模型的广泛兴趣。随着 ChatGPT 的成功,越来越多的大语言模型被开发出来,这一趋势仍在持续增长。GPT 系列模型是大语言模型中的佼佼者,它们的发展历程和技术革新值得深入探讨。GPT 模型的核心原理是让模型学习并吸收大量的文本数据,从而掌握丰富的世界知识。

截止到目前,OpenAI 对大语言模型的研发历程大致可分为四个阶段:早期探索阶段、规模扩展阶段、能力增强阶段以及性能跃升阶段,下面进行具体介绍。

1. 早期探索

OpenAI 在成立之初就致力于开发人工智能系统,他们最初的尝试是使用一种叫作循环神经网络的技术来构建语言模型。但是,这种技术有一些限制,不能很好地处理复杂的语言任务。Transformer 刚刚问世,就引起了 OpenAI 团队的高度关注,并且将语言模型的研发工作切换到 Transformer 架构上。OpenAI 相继推出了两个重要的模型,GPT-1 和 GPT-2。这两个模型虽然在规模和能力上不如后来的版本,但它们为后续更强大的模型,如 GPT-3 和 GPT-4,奠定了基础。

1) GPT-1

在 2017 年,Google 推出了 Transformer 架构。这种模型在处理语言时表现得非常出色,远超过了以往的技术。OpenAI 团队很快就注意到了这一点,并意识到这可能是开发更智能、更强大的人工智能系统的一个关键。受到 Transformer 架构的启发,OpenAI 团队开始用这种新技术来构建他们自己的语言模型。他们的努力很快就取得了成果。2018 年,他们发布了第一个基于 Transformer 的 GPT 模型,即 GPT-1。"GPT"这个名字代表"生成式预训练"(Generative Pre-Training),这表明模型是通过学习大量的文本数据来预测下一个词,从而生成连贯、自然的文本。GPT-1 的架构非常创新,它只使用了 Transformer 架构的解码器部分,这使得模型能够专注于生成文本。然而,由于 GPT-1 的规模相对较小,它在处理一些复杂的任务时还有一定的局限性。为了解决这个问题,OpenAI 采用了一种结合了无监督学习和有监督学习的训练方法。这种方法允许模型首先通过大量数据进行自我学习,然后再针对特定的任务进行微调,以提高其性能。GPT-1 的发布标志着 OpenAI 在语言模型领域的一个新起点,它为后来更大规模、更强大的 GPT 模型的发展奠定了基础。

2) GPT-2

GPT-2 是 OpenAI 在 GPT-1 之后推出的一个更大规模的语言模型。它沿用了 GPT-1 的基本架构,但将参数数量扩大到了 15 亿,这是一个巨大的进步。GPT-2 使用了一种名为 WebText 的大规模网页数据集进行预训练,这使得它能够学习到更广泛的语言模式。与 GPT-1 相比,GPT-2 的一个显著特点是它试图通过增加模型的大小来提高性能,同时减少对特定任务微调的需要。GPT-2 的目标是使用一个无监督预训练的语言模型来处理各种不同的任务,而不需要针对每个任务使用标注数据进行显式的微调。在 GPT-2 的研究中,OpenAI 团队提出了一种通用的多任务学习框架。在这个框架中,无论是输入、输出还是任务信息,都通过自然语言的形式来描述。这样,解决任务的过程就可以看作是生成正确答案的文本生成问题。OpenAI 团队还解释了为什么无监督预训练的语言模型能够在下游任务中取得良好的效果。他们认为,无论是有监督学习还是无监督学习,其核心目标都是相同的——预测文本中的下一个词。因此,通过优化无监督学习目标,也就是提高语言模型的预测能力,本质上也在提高模型在特定任务上的表现。简单来说,GPT-2 试图通过学习大量的文本数据来提高其对语言的理解能力。如果模型能够准确地预测下一个词,那么它就能够更好地理解和生成语言,从而在各种任务上表现出色。

2. 规模扩展

GPT-2 模型的设计理念是成为一个能够处理多种任务的"无监督多任务学习器"。尽管这个目标非常宏伟,但在实际应用中,GPT-2 在很多任务上的表现还是不如那些经过专门训练和调整的有监督学习模型。为了解决这个问题,OpenAI 在 GPT-2 的基础上进一步发展，推出了 GPT-3 模型。GPT-3 在保持了与 GPT-2 相似的模型规模的同时，进行了一些重要的改进和扩展。其中最关键的是引入了一种名为“上下文学习”的技术，这使得 GPT-3 能够在理解任务的上下文信息后，更好地适应和解决各种下游任务。

通过上下文学习，GPT-3 不再需要针对每个新任务进行专门的微调，而是可以直接根据任务的描述和示例来生成解决方案。这种方法大大提高了模型的通用性和灵活性，为开发更强大的语言模型奠定了基础。

在 2020 年，OpenAI 发布了一个具有里程碑意义的模型——GPT-3。这个模型拥有 1750 亿个参数，比之前的 GPT-2 模型大了 100 多倍。这是一个前所未有的尝试，展示了 OpenAI 的雄心和创新精神。GPT-3 最大的创新之一是引入了“上下文学习”的概念。这种学习方式允许模型通过少量的示例来快速理解新任务，并找到解决问题的方法。这就像是给模型一些线索，让它能够自己“推理”出答案，而不是对每个新任务都进行大量的训练和调整。上下文学习使得 GPT-3 能够在多种自然语言处理任务中表现出色，即使是那些需要复杂推理或特定领域知识的任务，GPT-3 也能够处理得很好。这种能力在大型模型中尤为显著，而在小型模型中则不太明显。GPT-3 的成功证明了，通过扩展神经网络的规模，可以显著提升模型的性能。它不仅在各种任务中表现出色，还为未来的语言模型研究和技术发展指明了方向。总的来说，GPT-3 是语言模型发展过程中的一个重大突破。它不仅提高了模型的性能，也为未来的研究和应用奠定了基础。

3. 能力增强

由于具有较强的模型性能，GPT-3 成为 OpenAI 开发更强大的大语言模型的研究基础。OpenAI 探索了两种主要途径来改进 GPT-3 模型，即代码数据训练和人类偏好对齐。

1）代码数据训练

原始的 GPT-3 模型的复杂推理任务能力仍然较弱，如对于编程问题和数学问题的求解效果不好。为了克服这些限制，OpenAI 在 2021 年 7 月推出了 Codex 模型。Codex 是一个重大的进步，它不仅能够解决非常复杂的编程问题，还能显著提高解决数学问题的能力。Codex 的成功部分归功于 OpenAI 在 2022 年 1 月公开的一种新方法，该方法通过对比学习来训练文本和代码的嵌入。这种训练方法提高了模型在多个相关任务上的性能，包括但不限于文本和代码搜索。此外，OpenAI 发布的 API 信息显示，GPT-3.5 模型是在 Codex 的基础上进一步开发的。这意味着在代码数据上的训练有助于提升 GPT 模型的整体性能，尤其是在处理编程问题方面。

另一个可能的启发：预训练数据的范围可以扩展到自然语言文本之外，并不局限于自然语言形式表达的文本数据。这表明，通过在不同类型的数据上训练，可以进一步提升模型的能力和应用范围。

2）人类偏好对齐

人类偏好对齐是指使 AI 系统的行为更加贴近人类的价值观和期望。这一理念的核心目标是确保 AI 的行为与人类的价值观、社会规范和期望保持一致。这不仅仅是为了让 AI 系统更“人性化”，更重要的是为了提高 AI 系统的安全性和可靠性，防止它们产生有害或不适当的结果。在这一领域，OpenAI 的工作具有开创性意义。

OpenAI 在人工智能领域的研究工作可以追溯到 2017 年，当时他们提出了一种改进的强化学习算法：PPO 算法（Proximal Policy Optimization）。这种算法后来成为了 OpenAI

在人类偏好对齐技术中的核心技术。到了2020年，OpenAI的研究团队将这种人类偏好对齐技术应用于提升自然语言处理任务的能力。他们训练了一个模型，这个模型可以根据人类的偏好来优化生成的摘要。

在这些前期工作的基础上，2022年1月，OpenAI正式推出了InstructGPT，这是一个具有重要影响力的学术成果。InstructGPT基于GPT-3模型，并使用了基于人类反馈的强化学习(Reinforcement Learning from Human Feedback，RLHF)算法，该算法允许模型在人类指导下学习如何更好地执行指令。通过这种方式，模型不仅能遵循指示，还能学习区分有益和有害的输出，从而减少了可能的负面影响。

值得注意的是，OpenAI在论文和相关文档中很少使用"指令微调"一词，而是更多地使用"监督微调"。这种基于人类反馈的强化学习算法不仅可以提高模型遵循指令的能力，还有助于减少有害内容的生成，这对于大语言模型的安全部署至关重要。

4. 性能跃升

经过多年的深入研究和探索，OpenAI自2022年底以来发布了多项重要的技术突破。其中最具代表性的模型包括ChatGPT、GPT-4以及GPT-4V和GPT-4 Turbo。这些新模型在提升人工智能系统的能力方面迈出了巨大的步伐，标志着大语言模型发展的一个重要里程碑。

1) ChatGPT

在2022年11月，OpenAI推出了一款名为ChatGPT的人工智能对话应用服务。这款应用基于GPT模型，代表了人工智能技术的一大步。在训练过程中，ChatGPT使用了一种独特的数据收集方法。它结合了人类生成的对话数据——这些数据中人类同时扮演了用户和AI的角色——以及之前用于训练InstructGPT的数据。这些数据被整理成对话形式，用于训练ChatGPT。

ChatGPT在人机对话测试中表现出了多项优秀能力：拥有丰富的世界知识，能够回答各种问题；具备解决复杂问题的能力，能够处理需要推理和分析的任务；能够进行多轮对话，并且能够追踪和建模对话的上下文；还能够与人类的价值观对齐，提供更符合用户期望的回答。随着版本的更新，ChatGPT还增加了插件机制，这使得它能够通过现有的工具或应用程序扩展其功能，超越了以往所有人机对话系统的能力。ChatGPT的推出立即引起了社会的广泛关注，并为人工智能的未来研究产生了重要影响。它不仅展示了人工智能技术的潜力，也为未来的AI应用开辟了新的可能性。

2) GPT-4

继广受欢迎的ChatGPT之后，OpenAI在2023年3月发布了新一代的GPT模型——GPT-4。GPT-4是一个重要的创新，因为它首次将模型的输入能力从单一的文本扩展到了图文双模态，也就是说，它不仅能处理文本，还能理解和处理图像内容。GPT-4在处理复杂任务方面的能力有了显著的提升，它在许多面向人类的考试中都取得了优异的成绩，显示出它在理解、推理和解决问题方面的强大能力。微软的研究团队对GPT-4进行了大规模的性能测试，使用了大量由人类生成的问题。测试结果非常令人鼓舞，GPT-4展现出了卓越的性能，许多人认为这标志着我们向通用人工智能迈出了重要的一步。此外，GPT-4还建立了一套完备的深度学习训练基础架构，并引入了一种新的训练机制，这种机制可以在训练过程中通过较少的计算开销来预测模型的最终性能。这不仅提高了训练效率，也为模型的优化和改进提供了有力的支持。

3）GPT-4V 和 GPT-4Turbo

在 2023 年 11 月的开发者大会上，OpenAI 发布了 GPT-4 的升级版——GPT-4 Turbo。这个新版本的模型带来了一系列的技术升级：提升了模型的整体能力，使其比原始的 GPT-4 更加强大；扩展了知识来源，让模型能够访问更多的信息；支持更长的上下文窗口，达到 128K，这意味着模型能够理解和回应更长的对话或文本；优化了模型性能，引入了新功能，如函数调用和可重复输出。

同时，OpenAI 推出了 Assistants API，这是一个旨在提高开发效率的工具。开发人员可以利用这个 API，快速创建能够处理特定任务的智能助手，这些助手可以访问特定的指令、外部知识和工具。新版本的 GPT 模型还增强了多模态能力，即处理图像和其他非文本输入的能力。这些技术升级不仅提高了 GPT 模型的性能，也扩展了它的应用范围。随着模型性能的提升和支撑功能的改进，以 GPT 模型为基础的大型应用生态系统得到了极大的加强。

然而，尽管 GPT 系列模型取得了巨大的科研进展，它们仍然存在一些局限性。例如，GPT 模型有时可能会生成包含事实错误的信息，或者提供存在潜在风险的回答。从人工智能的发展历程来看，开发出更强大、更安全的大语言模型仍然是一个长期的研究挑战。

3.2.6 大语言模型实现创意写作

大语言模型通过深度学习技术训练，能够理解和生成人类语言。在创意写作方面，它们可以用于生成故事、诗歌、剧本等内容。以下是大语言模型实现创意写作的一般步骤和技术细节。

1. 训练过程

大规模语料库：大语言模型通常在包含大量文本数据的语料库上进行训练，这些数据可能来自书籍、网页、新闻文章、文学作品等。

自回归预测：模型采用自回归的方式预测下一个词，即基于前文的上下文预测后续的词语。这种训练方式使模型能够学习到语言的结构和语法。

Transformer 架构：现代的大语言模型往往使用 Transformer 架构，它通过自注意力机制来捕捉文本中的长距离依赖关系，从而更好地理解句子结构和语义。

2. 创意写作应用

条件生成：用户可以提供一个开头或者一些关键词，模型会基于这些条件继续生成文本。例如，用户可以给出一个故事的开头，模型则完成整个故事。这种方式特别适合那些已经有了基本构思但需要帮助扩展其想法的创作者。

随机生成：随机生成是 AI 模型创造内容的一种方式，它不依赖于特定的输入或风格指引，而是基于模型内部学习到的模式和知识库来自由发挥。这种方法可以激发创新和想象力，因为模型可能会将不同的概念、主题和风格混合在一起，产生出新颖而独特的内容。在创意写作中，模型可能会生成一个全新的故事开头，包含一些奇幻元素、未来科技或者未被探索的文化背景，为作家提供灵感。在诗歌创作中，大语言模型生成的诗歌可以融合多种诗歌形式和语言风格，创造出前所未有的韵律和意象。随机生成的一个重要优势在于它的开放性和无限可能性，它鼓励探索未知和突破常规思维框架，这对于创意行业尤其有价值。

风格模仿：通过在特定作家或特定风格的文本上进行微调，模型可以学会模仿该风格进行创作，例如模仿莎士比亚的诗歌风格、尝试将现代话题用古文风格表达以及将古代典籍以现代语言重新诠释。

3. 技术细节

温度参数（Temperature Parameter，T）：控制生成文本的随机性，较高的温度值会导致更随机、更创新的输出，而较低的温度值则产生更保守、更可预测的文本。因此，温度参数常用来控制概率分布的形状。例如当 $T>1$ 时，模型倾向于探索更多的可能性，生成的文本更加随机和创新，但可能牺牲连贯性和合理性。$T<1$ 时，模型倾向于选择更高概率的词语，生成的文本更加保守和可预测，但也可能过于平凡或重复。$T=1$ 时，模型按照原始概率分布进行采样，这是默认状态。

采样策略：包括 Top-K 采样（在每个时间步，模型只考虑最有可能的 K 个单词，然后从中随机选择一个）、Top-P（Nucleus Sampling）采样（模型选择累积概率达到阈值 P 的所有单词作为候选集，再从中采样）等方法，用于从模型预测的概率分布中选择下一个词语。

解码策略：例如贪婪解码（Greedy Decoding）（每次迭代都选择当前概率最大的单词）、束搜索（Beam Search）（维护多个可能的序列，每个时间步扩展每个序列的候选，然后保留概率最高的若干个序列）等，用于确定生成序列的最优路径。

值得注意的是：在实际应用中，通常需要根据具体任务和期望的输出类型来调整这些参数和策略。例如，在需要高度创新性的文本生成任务中，可以设置较高的温度参数和使用 Top-P 采样；而在追求连贯性和准确性的场景下，则可能选择较低的温度和使用束搜索策略。

下面使用一个具体的例子来说明温度参数、采样策略和解码策略如何影响文本生成的结果。

假设有一个训练好的语言模型，它可以根据前文生成下文。我们将使用这个模型来生成一个故事片段，看看不同的参数设置会如何改变生成的故事。

(1) 温度参数的影响。

高温（$T>1$）：

设定温度：$T=2.0$。

生成结果：在高温下，模型可能会生成一些出乎意料的词汇，导致故事情节偏离常规。例如：“从前，有一只蓝色的大象，它喜欢跳芭蕾舞并且住在火星上的一座巧克力城堡里。”

中温（$T=1$）：

设定温度：$T=1.0$（默认）。

生成结果：在标准温度下，模型会遵循训练数据中的模式，生成比较自然的句子。例如：“从前，有一个小男孩，他喜欢探险并且梦想着成为一位勇敢的骑士。”

低温（$T<1$）：

设定温度：$T=0.5$。

生成结果：在低温下，模型倾向于选择高概率的词汇，这可能导致生成的文本过于平凡或者重复。例如：“从前，有一个孩子，他每天都在玩耍，他玩得非常开心。”

(2) 采样策略的影响。

Top-K 采样：

设定 K：$K=5$。

生成结果：模型在每个时间步仅考虑最可能的5个词汇，然后从中随机选取一个。这可以增加故事的多样性，同时保持一定连贯性。例如："在一个遥远的星球上，居住着一群能够飞行的猴子，它们使用魔法保护森林。"

Top-P(Nucleus Sampling)采样：

设定 P：$P=0.9$。

生成结果：模型选择累积概率达到90%的词汇集合，然后从中采样。这允许模型探索更多可能性，同时避免了极端低概率的词汇。例如："在一片神秘的海域深处，隐藏着一艘古老的飞船，里面装满了未知的宝藏。"

(3) 解码策略的影响。

贪婪解码：

生成结果：模型在每个时间步选择概率最高的词汇。这可能导致故事缺乏惊喜，因为总是选择最"安全"的选项。例如："在一个小镇上，住着一位老人，他每天都在喂鸟。"

束搜索(Beam Search)：

设定束宽：Beam Width=3。

生成结果：模型在每个时间步保留3个可能性最高的序列，并在下一步继续扩展。这可以生成更高质量的文本，因为它考虑了多种可能性。例如："在未来的某一天，地球上突然出现了一个巨大的黑洞，科学家们开始了一场与时间赛跑的冒险。"

通过调整这些参数，我们可以控制生成文本的创造性、连贯性和多样性，以适应不同的应用场景和需求。

4. 示例应用

诗歌创作：模型可以通过学习大量诗歌数据集来捕捉各种诗歌体裁的韵律、格律和修辞手法。一旦训练完成，模型可以根据用户提供的关键词或者风格提示来生成新的诗歌。例如，如果想要一首唐诗风格的作品，模型会尝试模仿唐代诗歌的五言或七言句式、押韵和平仄规则。

剧本生成：对于剧本生成，模型需要理解对话的自然流动、角色之间的互动以及情节的发展。它会学习到如何构建紧张感、悬念以及情感高潮，甚至可以生成符合特定人物性格的台词。这对于编剧来说，可以作为激发新想法的起点，或者用来快速构建剧本草稿，之后再进行人工修订和细化。

小说章节扩展：在扩展小说章节时，模型基于已有的概念、大纲或前文，生成后续的故事情节。它可以丰富背景设定，描绘场景细节，发展人物关系，以及推进故事主线。这种功能特别适合于那些有基本框架但需要填充大量细节的故事创作。

例如，我们要创作一首唐诗风格的作品，我们可以给模型提供一些关键词或风格提示，如"秋夜""思乡"。

以下是一首由AI生成的唐诗风格作品。

秋夜思

月挂高空冷如霜，
江边独立思绵长。
流水静听游子意，
故乡遥望梦回乡。

又例如，对于剧本生成，我们可以设定一个简短的情境，比如："两个老朋友在一个咖啡馆里重逢，讨论他们过去的一次冒险经历。"

AI 生成的内容如下。

【场景】

一家温馨的咖啡馆，午后阳光透过窗户洒在木质的桌椅上。汤姆和杰瑞坐在一张靠窗的小桌旁，两人都是中年人的样子，脸上带着岁月的痕迹。

【汤姆】

(微笑)记得那次我们在丛林里的冒险吗？那真是疯狂的一天。

【杰瑞】

(大笑)当然记得！那时候我们多么年轻啊。我还记得那个晚上，我们差点迷路了。

【汤姆】

(点头)对，如果不是那只奇怪的鸟给我们引路，我们可能就错过了那个神秘的瀑布。

【杰瑞】

(眼神放光)那是我见过最壮观的景象之一，水珠在阳光下闪闪发光，就像钻石一样。

值得注意的是：以上应用都依赖于模型对语言模式的深刻理解和创造性重组的能力。虽然大语言模型可以生成高质量的内容，但在许多情况下，人类作者的后期编辑仍然是必要的，以确保作品符合特定的艺术标准和审美要求。

5. 后期处理

文本后期编辑：尽管大语言模型能够生成高质量的文本，但通常还需要人工进行后期编辑，以确保内容的连贯性和准确性。例如为了保持文本的一致性，编辑需要确保整篇文章的风格和语调统一，避免突然的变化。

重复和逻辑检查：模型有时可能会重复某些内容或产生逻辑不一致的情况，因此需要检查并修正这些问题。例如模型可能无意间重复相同的句子或想法，这需要编辑来确保内容的精炼和连贯。

大语言模型通过深度学习技术和大量数据训练，能够生成具有创意和文学价值的作品，同时需要人工的指导和后期编辑以完善最终成果。不过尽管 AI 在辅助创作方面提供了极大的便利，它更多地被视为一种工具，而不是独立的创作者。因此在进行后期编辑时，编辑者应该仔细阅读整个文本，识别上述问题，并进行必要的修改，以提高文本的质量。这可能涉及重写某些部分、添加缺失的细节、纠正错误或调整语气，确保最终文本既符合预期目的又具有专业水准。

例如大语言模型生成了一段关于"如何制作一杯卡布奇诺"的描述。

原始模型输出如下。

制作一杯美味的卡布奇诺其实很简单。首先，你需要准备好咖啡豆，然后磨碎它们。接着，把磨好的咖啡豆放入咖啡机中，开始冲泡。在等待咖啡的同时，你可以开始蒸奶。蒸奶时要小心，不要让它沸腾。一旦咖啡冲泡好，倒入杯中，然后将蒸好的奶慢慢倒入，最后撒上一些巧克力粉，一杯完美的卡布奇诺就完成了。记住，制作卡布奇诺的秘诀在于比例——咖啡、奶和泡沫的比例应该是 1∶1∶1。不过，如果你喜欢更浓郁的味道，你可以减少奶量，增加咖啡的比例。当然，如果你想要更加顺滑的口感，你可以加入更多的奶泡。

后期编辑后的版本如下。

制作一杯经典的卡布奇诺，关键在于平衡的层次与细腻的工艺。首先，选择新鲜烘焙的咖啡豆，将其研磨至适合意式浓缩咖啡的细度。随后，使用咖啡机制作一份浓郁的意式浓缩咖啡。与此同时，预热并蒸制牛奶至微温且丝滑的状态，注意控制温度避免奶液沸腾，以保持其自然香甜。当咖啡冲泡完成，缓缓注入预热过的杯子中，紧接着倾倒蒸奶，直至杯子三分之二满。最后，轻柔地铺上一层细腻的奶泡，构成卡布奇诺标志性的分层效果。作为点缀，撒上少量可可粉或巧克力碎片，增添视觉与风味上的双重享受。记得，一杯标准卡布奇诺的咖啡、奶和奶泡比例为 1∶1∶1，但依据个人口味偏好，这一比例可适度调整。对于喜爱浓郁咖啡味的爱好者，可略微减少奶量；而追求柔和口感的人，则可增加奶泡的比例，以获得理想中的平衡。

在这个例子中，编辑进行了以下改进。

风格统一：使整个文本的叙述风格更为专业和优雅。

细节完善：提供了更具体的步骤指导，如咖啡豆的选择、研磨程度、牛奶的温度控制等。

逻辑清晰：确保了制作步骤的合理排序和描述的连贯性。

强调个性化：提到了可以根据个人口味调整比例，增加了文本的实用性和吸引力。

专业术语：使用了“意式浓缩咖啡”“奶泡”等专业词汇，增强了文本的专业性。

通过这样的编辑，原始的文本变得更加丰富、准确和吸引人，更适合作为一篇完整的指南或教程呈现给读者。

6. 创意写作生成实例

使用大语言模型，输入以下内容。

在一个遥远的星球上，名叫 Zephyria 的地方，天空呈现出一种奇特的紫色，那是因为大气中弥漫着稀有的紫水晶尘埃。以这段话作为开头，创造一个独特的故事情节。

模型生成内容如下。

在遥远的宇宙深处，有一颗名为 Zephyria 的星球，这里的天空被一层神秘的紫水晶尘埃所覆盖，每当阳光穿透这些尘埃时，整个世界便会被染上梦幻般的紫色。这颗星球上的居民，被称为 Vestals，他们拥有一种特殊的能力，能够与紫水晶尘埃共鸣，从而操控风的力量。

故事的主人公是一位年轻的 Vestal 女孩，名叫 Lilac。她不同于其他 Vestals，她的能力异常强大，但同时却无法完全控制。Lilac 的梦想是成为一名伟大的风行者，能够驾驭风暴，保护 Zephyria 免受外来威胁。然而，她的力量过于不稳定，使得长老们担忧她可能会无意中带来灾难。

一天，一颗巨大的陨石坠落在 Zephyria 的边缘地带，释放出一股强大的黑暗能量，这种能量开始侵蚀紫水晶尘埃，逐渐改变了天空的颜色，从梦幻的紫色转为阴郁的暗红。随着天空颜色的变化，Vestals 发现自己与风的联系变得越来越弱，他们的力量正在消退。

……

这个故事结合了科幻、历史和冒险元素，展示了 AI 如何将不同领域融合在一起，创造出一个富有想象力的故事情节。在这个故事中，有外星生物、时空旅行、古代文明、技术和神秘组织等内容，这些都是随机生成中可能结合的元素。

后期编辑后的文本如下。

在浩渺无垠的星际深渊之中，隐藏着一颗名为 Zephyria 的奇迹星球，其天际线呈现出一种令人窒息的深邃紫色——这是因为空气中弥漫着微粒状的紫水晶尘埃，它们在阳光的照射下闪耀着梦幻般的光芒。这颗星球的居民，一群被称作 Vestals 的优雅生灵，拥有与生俱来的天赋，能够与这些紫水晶尘埃产生共鸣，进而掌控风之力量，驾驭着自然界的呼吸。

我们的故事围绕着一位名叫 Lilac 的年轻 Vestal 女孩展开，她生来就拥有超越常人的强大力量，但这份力量如同双刃剑，既赐予她无限可能，也带来了难以驾驭的挑战。Lilac 的心中怀揣着成为伟大风行者的梦想，渴望有朝一日能够驾驭风暴，保护 Zephyria 及其子民免遭外界的侵扰。然而，由于她的力量太过强大且难以控制，Zephyria 的长老们对她心存疑虑，担心她可能会在不经意间引发灾难。

命运的转折点突如其来，一颗携带黑暗能量的巨大陨石撞击了 Zephyria 的边缘，释放出一股足以腐蚀一切的邪能。这股力量迅速侵蚀着紫水晶尘埃，使天空的色彩由原先的梦幻紫色逐渐转变为预示不祥的暗红色。随着紫水晶尘埃的变质，Vestals 与风的联系变得日益微弱，他们引以为傲的力量正一点点地消逝。

……

编辑后的文本对模型生成的内容进行了扩展和深化，增加了更多关于星球 Zephyria 的细节描述，例如紫水晶尘埃的来源和它们如何影响星球的外观及居民的能力，使得场景更加生动和具体。此外，还对主角 Lilac 的背景和动力进行了更丰富的描绘，解释了她为什么与众不同，以及她面临的内部和外部冲突，这增强了故事的情感深度。

通过这些改变，原始文本从一个简略的概念转变成了一部完整且富有想象力的科幻奇幻故事。

3.3 大语言模型的可解释性

随着机器学习和深度学习技术的快速发展，越来越多的复杂模型被应用于各种实际问题中。然而，这些模型往往被视为“黑盒子”，因为它们的内部结构和工作原理很难被直观地理解。这给模型的可解释性和可视化带来了挑战，同时也限制了模型在敏感领域(如医疗、金融等)的应用。因此，深入理解模型内部机制，提高模型的可解释性和可视化，已经成为当今计算机科学领域的热门研究方向。

3.3.1 大语言模型的可解释性

随着 AI 解决方案在金融、监管、司法、医疗和教育等领域的广泛应用，如何提升对模型工作机理的直接理解，打开人工智能的黑盒子，就变得越发重要。特别是在需要可靠性和安全性的高风险领域(例如医疗、运输等)，以及具有重大经济影响的关键金融和监管领域(例如银行、保险、监管部门等)，提高模型的透明度和可解释性，协助业务专家建立对模型的信任，已经成为机器学习系统解决方案是否最终被采用的前提。

模型可解释性的意义主要体现在建模前的知识发现，以及建模后的模型验证和诊断。模型可解释性作为知识发现的重要手段，可以被广泛地应用到数据挖掘领域，包括从海量数据中自动挖掘隐含的新知识，辅助机器学习模型提取数据映射模式，以及用于辅助分析与决策，从而提高人工分析和决策的效率等。例如，在智慧医疗领域，通过可解释的机器学习模型，医生可以获得对患者病情的深入理解，从而做出更加准确的诊断。并且，基于患者的个体特征，可解释模型可以提出个性化的治疗方案，同时提供背后的依据。又例如，在化学领域，通过可解释的模型，化学家能够更好地理解分子结构与其物理化学性质之间的联系，这对于新材料的设计和发现至关重要。此外，在合成化学中，模型的可解释性有助于预测最有效的反应路径，减少实验成本和时间。

模型的可解释性方法可以弥补传统模型验证方法的不足，从而消除模型在实际部署应用中的潜在风险。由于对模型工作机理没有掌握完全，模型可能会输出与业务目标不一致的结果，从而在特定文化语境和业务背景下导致很严重的后果。基于可解释的方法，可以明确模型的某个决定是如何做出的，令每个输出结果可回溯，从而使模型结果在业务场景下更可控。

3.3.2 大语言模型的可解释性的技术

以下是几种用于提高大语言模型可解释性的策略和技术。

1. 注意力机制可视化

注意力机制允许模型在处理序列数据时分配不同的权重给输入的不同部分。在语言模型中，注意力权重可以用来展示模型在生成或理解文本时关注的词语。通过可视化注意力权重，我们可以看到模型如何依据上下文信息来做出决策。

以下是一个简单的步骤说明，介绍如何进行注意力机制的可视化。

1）获取注意力权重

在模型的训练或推理阶段，记录下模型计算出的注意力权重矩阵。这些权重反映了模型在处理序列中的每一个位置时，对序列其他位置的依赖程度。

2）选择可视化工具

使用 Python 中的可视化库，如 Matplotlib、Seaborn 或专门针对注意力机制可视化的库，如 TensorBoard（如果模型是在 TensorFlow 框架中构建的）。一些深度学习框架，如 PyTorch 或 TensorFlow，提供了内置的注意力可视化功能。

3）创建注意力热图

将注意力权重矩阵转换成热图形式，其中较亮的颜色代表较高的注意力权重，表明模型更关注那些位置。热图可以是序列到序列的注意力分布，或者是自我注意力（Self-Attention）机制下的注意力分布。

4）分析注意力模式

观察热图，分析模型在处理特定任务时，是如何分配注意力的。例如，在机器翻译中，可以看到源语言的某个词汇与目标语言的对应词汇之间存在高注意力权重。

5）关联上下文信息

结合具体的输入文本和输出结果，理解注意力模式背后的意义。分析模型在生成或理解特定词语时，是基于哪些上下文信息做出决策的。

6）比较和对照

可以将不同模型或模型在不同训练阶段的注意力模式进行对比，以了解模型学习的进展。对比不同任务或不同输入序列的注意力模式，探索模型泛化能力的边界。

通过上述步骤，注意力机制可视化不仅帮助我们理解模型内部的工作原理，还能够诊断模型的问题，例如过拟合、注意力偏差或对特定类型输入的不当处理。这对于优化模型性能和增强模型的可解释性都是至关重要的。

2. 特征归因

特征归因技术，如 SHAP（Shapley Additive Explanations）和 LIME（Local Interpretable Model-agnostic Explanations），可以评估模型中每个输入特征对预测结果的贡献程度。这些技术能够揭示哪些单词或短语对模型的决策有显著影响。

3. 激活热图

激活热图显示了模型内部层的神经元活动。对于语言模型，这可以揭示哪些词嵌入激活了特定的神经元或神经元组，从而帮助我们理解模型如何处理特定的语法结构或语义概念。

4. 反向传播和梯度解释

反向传播算法用于训练神经网络，通过计算梯度来更新权重。利用这些梯度，可以创建诸如 Grad-CAM 或 Integrated Gradients 之类的解释，它们展示了输入特征如何影响模型的预测。

5. 中间层分析

分析模型中间层的输出可以揭示模型的内部表征。例如，通过对中间层应用聚类或降维技术（如 T-SNE），可以观察到模型如何组织和区分不同类别的文本。

6. 规则提取

从模型中提取出人类可读的规则或模式，例如通过使用决策树或逻辑规则来近似复杂的模型行为。这种方法尤其适用于需要高度透明度的应用场景。

7. 模型蒸馏

模型蒸馏是将大型模型的知识转移到较小的、更容易解释的模型中。小模型可能不够准确，但在某些情况下，它们可以提供对大语言模型决策的近似解释。

8. 人工检查

最后，即使有了技术上的解释，也需要人类专家来审查和验证这些解释是否合理。人工参与可以确保解释的准确性和适用性，尤其是在涉及法律或伦理问题的领域。

3.4 大语言模型的应用

大语言模型以其强大的自然语言处理和多模态信息处理能力，无论是在细微的语义层面还是复杂的逻辑推理上，能够应对各种任务。它们不仅在迁移学习和少样本学习方面表现出色，还能迅速掌握新任务，适应不同领域和数据模式的挑战。这些特性使得大语言模型能够轻松地为其他行业带来变革，提升效率。例如，在信息检索领域，大语言模型能够深入理解用户的查询意图，从而提供更加精准的搜索结果。它们甚至能够优化查询语句，帮助用户找到更加相关的信息。在新闻媒体行业，大语言模型能够根据现有数据自动生成标题、摘要和正文，实现新闻内容的自动化撰写。大语言模型的应用不仅限于此，它们还广泛应用于智慧城市、生物科技、智慧办公、影视制作、智慧军事以及智能教育等多个领域。随着技术的不断迭代和更新，大语言模型展现出巨大的潜力，有望进一步赋能更多行业，提升整个社会的运行效率。

1. 信息检索

近年来，搜索引擎提供支持的功能逐步丰富，但是仍然沿用经典的检索范式：给定基于关键词的用户查询，搜索引擎高效地从海量的文档中检索到和该查询需求相关的文档，并按照相关性排序后返回给用户。通常来说，检索系统分为离线和在线两个阶段。在离线阶段，检索系统对文档进行预处理并构建索引（包括早期的倒排索引以及近年来的向量索引）。在在线阶段，检索系统接收到用户查询后，首先进行用户查询理解，并将理解处理后的查询送入索引中，通过检索模型（如经典的 BM25 等概率检索模型或者基于神经网络的检索模型）计算文档和查询的相关性，召回最相关的 Top-K 候选文档，然后再采用较为复杂、性能更强的精排模型对候选文档进行排序后输出。这种以索引为核心的“索引—召回—精排”检索架构被广泛应用在各种信息检索系统中。

以 ChatGPT 为代表的生成式大模型和以搜索引擎为代表的检索模型是两种不同的信息获取方式。传统的检索模型侧重于“检索”，可以从海量的互联网内容（或其他信息源）中获取准确的信息，但是对于检索结果通常不做深入分析，当用户信息需求比较复杂时，需要用户浏览多个结果才能获取所需要的信息。而生成式大模型则是将大量知识存储在参数化的模型中，可以直接根据用户的问题生成答案，能够更便捷地满足用户的信息需求，但是由于返回信息是模型生成的，可能会存在虚假、陈旧或错误的信息。将两种信息获取范式的优势进行融合与互补，打造更为高效、准确的信息获取技术，具有重要的科学价值与应用意义。

2. 智慧城市

阿里巴巴的多模态大模型 M6 是阿里巴巴达摩院推出的一个非常先进的预训练模型，它具有跨模态的能力，因此可以理解和生成多种类型的数据，包括文本、图像和其他形式的媒体。

在智慧城市方面，M6 可以分析交通摄像头的视频流，识别车辆、行人、障碍物等，从而实时监测交通流量和安全状况。该模型通过天气预报和社交媒体文本分析，预测特定区域的交通拥堵情况，为城市交通规划和应急响应提供依据。

此外，M6 还可以通过分析市民的查询和反馈文本，优化公共服务的布局和质量，例如公园设施、公交线路规划等。

M6 的大规模参数和多模态处理能力使其能够在智慧城市的数据融合、分析和决策中发挥核心作用，帮助城市实现智能化管理和可持续发展。通过 M6 的深度学习技术，智慧城市可以更有效地利用现有资源，提升市民生活质量，同时降低成本和环境影响。

3. 生物科技

DeepMind 联合 Google 旗下生物科技公司 Calico，开发了一种结合 DNA 远端交互进行基因表达和染色质状态预测的神经网络架构 Enformer。

Enformer 是一个多任务模型，可以同时预测多种类型的基因调控事件，包括基因表达水平、启动子活性、增强子活性等，这在单一模型中实现了对基因组功能的全面理解。与传统的基因组模型相比，Enformer 能够处理更长的 DNA 序列，一次编码超过 20 万个碱基对，这有助于捕捉远端 DNA 元件（如增强子）与目标基因之间的复杂相互作用。此外，Enformer 可以在大规模的基因组数据集上进行训练，包括人类和其他物种的基因组数据，这使得模型能够从更广泛的数据中学习模式。目前 Enformer 在预测基因表达和染色质状态方面显示出了显著的准确性，超越了先前的方法，这归功于其强大的序列建模能力和对基因组结构的深刻理解。

Enformer 模型的开发和应用标志着基因组学研究进入了一个新时代，其中 AI 技术被用来揭示基因组复杂性的新层面，这将对遗传疾病的理解、药物发现和精准医疗等领域产生深远的影响。通过更准确地预测基因表达和调控机制，科学家们可以加速对遗传因素如何影响健康和疾病的认知，进而推动医学和生物科学的进步。值得注意的是：Enformer 的应用不仅限于基础研究，还可以用于疾病诊断、药物发现和个性化医疗等领域。通过预测基因表达和染色质状态，科学家们可以更深入地了解疾病的分子机制，设计更有效的治疗策略，甚至预测个体对特定药物的反应。

4. 工业制造

大语言模型在工业制造领域的应用正日益广泛，它们基于深度学习和人工智能技术，通过处理和理解大量工业数据，提供预测性维护、质量控制、生产优化、设计创新以及供应链管理等多方面的支持。

例如海尔卡奥斯的 COSMO-GPT 可以对整个生产过程进行模拟和优化，确保资源的有效分配。COSMO-GPT 由卡奥斯 COSMOPlat 基于开源大语言模型自主研发，拥有百亿以上参数并内置了 3900 多个机理模型、200 多个专家算法库，功能范围覆盖智能问答、文本生成、图文识别、控制代码生成、数据库查询、辅助决策、运筹规划等。该模型能够读懂工业语言、理解工业工艺及机理、生成工业执行指令及执行工业机械控制。除了 COSMO-GPT 外，市面上已经有不少工业大语言模型。例如，以科大讯飞的星火大语言模型为模型底座、结合工业场景打造的羚羊工业大语言模型，具有工业文本生成、工业知识问答、工业理解计算、工业代码生成、工业多模态五大核心能力，可以从海量数据和大规模知识中持续进化，实现从提出、规划到解决问题的全流程闭环。

并且大语言模型可以通过分析传感器数据预测设备的故障，从而提前安排维修，避免非计划停机造成的生产损失。例如，思谋科技的 IndustryGPT V1.0 可以监控生产线上的设备状态，预测可能的故障点，帮助工厂进行预防性维护。

此外，大语言模型可以分析生产流程中的数据，识别瓶颈，优化工艺参数，提升整体生产效率。在产品设计阶段，大语言模型可以辅助设计师快速迭代设计方案，进行性能预测和成本估算。例如，人们使用大语言模型进行结构优化，以达到轻量化和高强度的要求。

通过对供应链数据的深度学习，大语言模型还可以预测原料需求，优化库存，减少浪费。华为、百度和阿里巴巴等企业正在推动大语言模型与供应链管理的结合，以提高物流和库存管理的效率。

5. 智能机器人

2022 年 12 月 13 日谷歌发布的 Robotic Transformer-1（简称 RT-1）是一个创新的机器人学习框架，它设计的目的是使机器人能够理解和执行复杂的命令，同时在物理环境中进行高效的实时控制。

RT-1 是一个创新的机器人学习框架，它采用了 Transformer 架构来处理机器人操作中的视觉和语言任务。RT-1 的架构设计得相当简洁，它直接将图像和文本指令的特征输入到 Transformer 架构中进行训练，消除了传统机器人学习中常见的中间表征转换步骤。此外，RT-1 能够处理图像和文本两种模态的输入，这使得机器人能够理解来自相机的视觉信息以及人类给出的自然语言指令。并且通过使用 Transformer 架构，RT-1 能够在运行时实现高效的推理，这使得实时控制成为可能，这对于需要快速响应的机器人操作至关重要。

RT-1 的设计使其特别适合于日常机器人操作，如 Everyday Robots 公司的机器人，这些机器人可能需要在不确定和不断变化的环境中执行任务，如清理、搬运物品、识别和响应突发状况等。通过 RT-1，谷歌展示了 Transformer 架构在机器人学习领域的强大潜力，特别是在处理多模态数据和实现复杂任务的高效控制方面。这种框架的提出，有望推动机器人技术向着更加智能、自主和灵活的方向发展。

6. 气象预测

在气象方面，大语言模型也取得了突破。相比于传统的数值天气预报方法，AI 驱动的大语言模型在计算资源的使用上更为高效，这不仅降低了运营成本，也减少了碳排放，体现了绿色科技的理念。

2023 年 7 月 6 日，国际顶级学术期刊 *Nature* 杂志正刊发表了华为云盘古大语言模型研发团队研究成果。华为云盘古大语言模型使用了 39 年的全球再分析天气数据进行训练，其预测准确率与全球最佳数值天气预报系统 IFS(欧洲中期天气预报中心的集成预报系统，被认为是全球最佳的数值天气预报系统)相当。通常情况下，提高预测精度会牺牲计算速度，而盘古大语言模型打破了这一限制，实现了精度和速度的双重突破。与 IFS 相比，盘古气象在相同的空间分辨率下速度提升了 10000 倍以上，同时保持了极高的精准度。

此外，由于速度上的巨大提升，盘古大语言模型能够提供几乎即时的全球气象预报，这对于需要及时响应的决策者来说极为重要，尤其是在应对极端天气事件和自然灾害时。

值得关注的是：盘古大语言模型的应用范围涵盖了从全球中期数值天气预报到千米级区域预报，能够满足不同尺度和需求的气象服务，包括台风路径预测、降水预测以及温度、湿度、风速、海平面气压等基本气象要素的预报。

7. 能源管理

在能源管理领域，大语言模型的应用主要集中在预测能源需求、优化能源消耗以及理解价格波动三个方面，从而帮助企业客户和家庭用户实现更高效、经济和环保的能源使用。

如大语言模型可以分析历史用电数据，考虑到季节性、天气条件、节假日和工作日等因素，预测未来的能源需求。

此外，大语言模型可以集成来自各种传感器的数据，如温度、湿度、光照强度等，自动调整供暖、通风、空调系统(Heating，Ventilation and Air Conditioning，HVAC)和照明，以降低能耗。人们也可以使用大语言模型来预测能源需求和价格波动，帮助企业客户和家庭用户更有效地管理电力消耗。

并且大语言模型还可以优化分布式能源系统(如太阳能光伏板、小型风电站)的产出和储存，确保能源供应的稳定性和经济性。

8. 其他方面

在游戏、广告、美术和影视等行业，大语言模型能够通过深度学习算法生成高质量的创意内容，如角色设计、背景艺术、特效合成等，显著缩短了制作周期并降低了成本。创意人员可以利用大语言模型快速迭代概念设计，例如生成初步的艺术草图或故事板，然后基于反馈进行调整。

在自动驾驶领域，大语言模型能够处理和理解复杂的环境信息，通过多模态传感器数据（如摄像头、激光雷达、毫米波雷达等）进行实时分析，提供精确的道路感知能力。并且模型可以识别静态障碍物如路标、交通信号，也能跟踪动态对象如行人和其他车辆，进而做出安全驾驶决策。

在智能辅助设备领域，大语言模型使智能助理和智能家居设备能够理解人类的自然语言和非言语提示，提供更加个性化和流畅的交互体验。例如，智能音箱可以更好地理解用户的口音、方言和语境，执行更复杂的指令。此外，家庭自动化系统还可以学习家庭成员的习惯，自动调节环境设置，如照明、温度和娱乐系统。

在金融管理方面，大语言模型能处理大量的金融交易数据，识别欺诈行为，评估信贷风险。通过分析市场趋势、公司财务报告和新闻，大语言模型还可以辅助人们做出投资决策。

在教育领域，大语言模型可以根据学生的学习进度和风格，推荐最适合的学习材料和路径。此外，通过分析学生提交的答案，大语言模型还可以提供即时反馈和辅导，帮助学生克服难点。

在法律领域，大语言模型可以快速筛选和摘要大量法律文件，提高律师的工作效率。此外，通过分析历史案例，大语言模型还可以预测法庭可能的裁决方向，辅助案件策略制定。

3.5 大语言模型提供的服务

大语言模型通过不同的方式对外提供服务，满足不同场景和用户的需求。

1. API 服务

API 服务是最常见的服务模式之一，它允许开发者通过网络接口调用模型功能。通常，API 以 RESTful 架构设计，支持 HTTP/HTTPS 协议，开发者可以通过发送 GET 或 POST 请求来与模型交互。请求中可以包含必要的参数，如输入文本、请求类型（如文本生成、问答、情感分析等）、语言偏好等。响应通常是 JSON 格式的数据，包含模型的输出结果。

以下是一个简单的实例。开发者向服务器发送了一个 POST 请求，包含了提示文本、最大生成字数以及温度参数（用于控制生成文本的随机性）。服务器处理请求后返回了生成的文章文本。

```
{
  "prompt": "请写一篇关于人工智能的文章。",
  "max_tokens": 100,
  "temperature": 0.7
}
```

```
{
  "text": "人工智能是一种模拟人类智能的技术……"
}
```

这种模式不仅使得开发者能够轻松地集成高级的自然语言处理能力，同时也使得模型的维护和升级更加简单，因为所有的改动都可以在服务端进行，而不需要客户端做任何修改。

2. SDK 服务

SDK(Software Development Kit)是为开发者提供的软件包,包含了一系列预编译的代码库、文档和示例,使开发者能够更方便地在本地应用程序中集成和使用大语言模型。SDK 提供了一个更紧密的集成解决方案,允许开发者直接在本地应用中调用模型功能,减少了网络延迟,提高了性能。SDK 通常包含了一系列预定义的函数和类,简化了模型的使用过程。

值得注意的是:SDK 通常会被开发成适用于多种操作系统和开发环境的形式,例如 Windows、macOS、Linux 等。并且为了满足不同开发者的需求,语言模型的 SDK 可能会提供多种编程语言版本,例如 Python、Java、JavaScript、C# 等。此外,SDK 通常会附带详细的文档和示例代码,帮助开发者快速上手并理解如何使用这些工具。

3. 云服务

云服务在大语言模型的部署和使用中扮演着至关重要的角色,尤其是在企业级应用和大规模数据处理场景中。云服务的核心优势在于其灵活性、可扩展性和成本效益。

大语言模型通过云服务提供的功能非常广泛,涵盖了从模型的训练、部署到实时推理的全过程。

在训练阶段,大语言模型需要大量的计算资源来进行训练。云服务提供商可以提供弹性计算资源,如 GPU 集群,以满足这些需求。

云服务可以快速部署模型到生产环境,提供 API 接口供外部调用。这样,即使是没有深厚技术背景的团队,也可以轻松地将先进的语言处理能力集成到自己的产品中。此外,云服务的自动扩展能力可以确保模型服务在面对突发流量时仍能保持稳定。同时,负载均衡技术可以分散请求,防止单一节点过载,保证服务的高可用性。

4. 开源框架

开源框架如 Hugging Face 的 Transformers 库提供了大量的预训练模型和工具,允许开发者在本地或者云上使用、调整和扩展模型。这种框架促进了研究社区的协作和创新,降低了使用先进语言模型的技术门槛。

开源框架使得先进的预训练模型对广大开发者开放,即使是那些没有资源或专业知识训练自己模型的小团队或个人,也能利用这些模型进行下游任务的开发。此外,开源框架的代码是公开的,这意味着开发者可以直接复用现有的代码片段,或者参考框架中的实现来编写自己的代码,大大节省了开发时间。

另外,大多数开源框架支持多种操作系统和硬件配置,使得模型可以在本地、云端或嵌入式设备上运行,满足不同场景的需求。

5. 定制化服务

对于有特殊需求的企业客户,服务商可能会提供定制化的解决方案。这可能包括但不限于模型的特定领域微调、私有数据集训练、专有词汇表集成以及定制化接口开发。这种服务通常需要签订合同,并且费用较高,但能更好地满足企业的具体业务场景。例如,在模型的微调方面,对于一些专业领域的文本,如法律文件、医疗记录等,通用的情感分析模型可能无法达到理想的准确率。因此,服务商可能会使用特定领域的数据集对模型进行微调,以提高在这些特定领域的表现;在私有数据集训练方面,如果企业拥有自己的私有数据集,这些数据集中包含了大量的内部反馈、评论或者特定情境下的文本,那么服务商可以帮助企业在这些数据上训练模型,以适应企业的独特环境。

需要注意的是:由于定制化服务涉及更多的资源投入和技术支持,因此其成本通常会比标准服务高。企业需要根据自身的需求和预算来权衡是否选择这类服务。

6. 嵌入式服务

嵌入式服务是指将模型直接集成到设备或硬件中,例如智能家居设备、可穿戴设备或是汽车的智能导航系统。这种方式需要模型足够轻量化,能够在有限的计算资源下运行。为了适应嵌入式设备有限的计算能力和存储空间,模型通常会被优化和压缩,甚至可能采用专门的架构设计,如 MobileNet、TinyBERT 等。此外,嵌入式服务允许设备在没有互联网连接的情况下工作,这对于某些应用场景非常重要,例如军事、航空航天或偏远地区。另外,在实时处理方面,嵌入式设备通常需要实时处理数据,因此模型必须能够快速响应。这可能需要特殊的硬件加速器,如 GPU 或 FPGA,来加速计算过程。

值得注意的是:由于嵌入式服务的特殊性质,通常需要跨学科的知识和技能,包括计算机科学、电子工程和人工智能等领域的专业知识。企业或开发者在考虑将情感分析模型部署到嵌入式设备时,需要仔细评估这些因素,并选择合适的合作伙伴和技术栈。

7. 边缘计算

边缘计算是在数据产生的源头附近处理数据的技术,减少了数据传输至云端的时间和带宽消耗。边缘计算通过在本地设备上处理数据,可以显著减少从数据采集到结果返回所需的时间,这对于需要即时决策的应用尤为重要。因此,在边缘设备上部署语言模型可以实现更快的响应速度和更低的延迟,适用于实时应用,如语音识别、在线翻译等。例如,语音助手可以更快地响应用户的命令,无须等待云端处理;实时翻译应用程序可以在没有网络连接的情况下工作,为用户提供即时翻译服务。

值得注意的是:为了适应边缘设备的限制,模型通常需要进行优化和压缩,以减少内存占用和计算资源需求。

通过上述服务方式,大语言模型不仅能够服务于技术熟练的开发者,还能触及那些对技术细节不熟悉的用户,如中小型企业、教育机构、政府机构等,从而推动人工智能技术的普及和应用。

3.6 本章小结

(1) 大语言模型是指在海量无标注文本数据上进行预训练得到的大型预训练语言模型。大语言模型不仅仅是为了解决某一种或者某一类特定任务,而是能够作为通用任务的求解器。

(2) 当前主流的大语言模型都是基于 Transformer 架构进行设计的,其主要思想是通过自注意力机制获取输入序列的全局信息,并将这些信息通过网络层进行传递。

(3) 大语言模型关键技术主要包括大规模预训练、指令微调、人类对齐、扩展法则和涌现能力等。

(4) 大语言模型具有较为丰富的世界知识、较强的通用任务解决能力、较好的复杂任务推理能力、较强的人类指令遵循能力、较好的人类对齐能力和可拓展的工具使用能力。

(5) 随着 ChatGPT 的成功,越来越多的大语言模型被开发出来,这一趋势仍在持续增长。

(6) 大语言模型以其强大的自然语言处理和多模态信息处理能力，无论是在细微的语义层面还是复杂的逻辑推理上，能够应对各种任务。它们不仅在迁移学习和少样本学习方面表现出色，还能迅速掌握新任务，适应不同领域和数据模式的挑战。

3.7 实训

1. 实训目的

通过本章实训了解深度学习，能进行简单的与大语言模型有关的操作。

2. 实训内容

1) 多语言翻译

输入示例：

英文：Hello.

西班牙文：Hola.

英文：Goodbye.

西班牙文：Adiós.

请求翻译：

英文：How are you?

2) 问答系统

问：地球的直径是多少?

答：地球的平均直径大约是 12742 千米。

然后询问：

太阳的年龄是多少?

3) 对大语言模型生成的文本进行后期编辑

假设大语言模型生成了一段关于"如何在家种植番茄"的文本。

种植番茄其实并不难，你只需要一些种子和土壤。首先，找一个阳光充足的地方，然后挖个小洞，把种子埋进去。记得每天浇水，很快你就会看到小苗长出来。之后，你可能需要给它们搭个架子，这样它们就能爬上去。等到夏天，你就可以收获你的番茄了。

后期编辑文本参考如下。

如何在家成功种植番茄：

种植番茄是一个既有趣又能带来丰硕成果的园艺项目。为了从种子到果实的成功转换，以下是一些关键步骤。

(1) 选择地点：找到一个每日至少能接受 6～8 小时直射阳光的位置。番茄植物需要充足的光照才能健康成长。

(2) 准备土壤：使用富含有机物的肥沃土壤。如果是在容器中种植，确保容器有足够的排水孔，并填充适合蔬菜生长的盆栽混合土。

(3) 播种：在春季最后一次霜冻过后，将番茄种子种在土壤表面下约半英寸(1.3 厘米)深的小穴中。保持土壤湿润，直到幼苗出现。

(4) 养护幼苗：一旦幼苗出现，逐渐减少浇水频率，以促进根系的深入发展。避免过度浇水，以免造成根部腐烂。

(5) 支撑植株：当幼苗长到大约6英寸(15厘米)高时，使用笼子或竹竿为其提供支撑，帮助植株向上生长，防止枝叶接触地面引发疾病。

(6) 施肥：定期施用均衡的液体肥料，特别是在开花和结果期，以满足番茄植物的养分需求。

(7) 病虫害管理：定期检查植株，及时处理可能出现的病虫害，可以使用有机农药或手工去除害虫。

(8) 收获：夏季，当番茄成熟变红时，轻轻摘下果实。成熟的番茄应该坚实且颜色均匀。

通过以上步骤，你将能够享受到自己亲手种植的新鲜番茄，无论是直接食用还是用于烹饪，都能带给你满满的成就感。

习题 3

(1) 请阐述大语言模型的概念、能力特点和风险。

(2) 请阐述 Transformer 架构的核心思想和构成。

(3) 请阐述大语言模型的关键技术。

(4) 请阐述大语言模型的场景应用。

第4章 AIGC基础

本章学习目标

- 了解 AIGC 的概念。
- 了解 AIGC 的发展历程。
- 了解 AIGC 的基本过程。
- 了解国内常见的 AIGC 平台(大语言模型)。
- 掌握 AIGC 应用实例。

本章先向读者介绍 AIGC 的概念、AIGC 的发展历程,再介绍 AIGC 的基本过程,接着介绍国内常见的 AIGC 平台(大语言模型),最后介绍 AIGC 的应用实例。

4.1 AIGC 概述

1. 什么是 AIGC

AIGC(AI-Generated Content,人工智能生成内容)是指运用人工智能技术,尤其是深度学习技术,创建各类数字内容的新型内容创作模式。随着自然语言生成技术 NLG 和 AI 模型的不断成熟,AIGC 逐渐受到大家的关注,目前已经可以自动生成图片、文字、音频、视频、3D 模型和代码等。在传统的内容生产方式中,创作者通常是利用人类的知识、经验和判断来创作内容。但是,在 AIGC 领域,人工智能能够更快速地了解数据的内容,并且能够通过数据不断优化自己的算法和模型,从而创造出更多优秀的内容。目前,AIGC 在数字媒体、广告、娱乐、教育等多个领域展现出广泛应用的潜力,同时也引发对于创意版权、内容真实性及伦理问题的讨论。

AIGC 的特点如下。

1) 自动化

AIGC 通过深度学习和自然语言处理等技术,能够根据用户输入的关键词、指令或要求,自动地生成各种类型的内容,如文本、图像、音频、视频等。这种自动化的内容生成过程极大地减少了人工的参与和干预,使得内容生产更加高效和快速。

AIGC 自动化流程可以包括以下几个步骤。

(1) 需求分析。AIGC 系统首先会解析用户输入的关键词或要求,理解用户的意图和需求。

（2）数据收集。系统会根据用户的需求，从大量的数据资源中收集相关的信息或素材。

（3）内容生成。基于收集到的数据，AIGC会利用预训练的模型或算法自动地生成内容。这个过程可能包括文本创作、图像合成、音频编辑、视频制作等。

（4）内容优化。生成的内容可能会经过一些自动化的优化处理，如语法检查、风格调整、内容筛选等，以提高内容的质量和准确性。

2）创意

AIGC可以利用深度学习和强化学习等技术，不断地学习和优化内容生成的策略，并生成具有创意和个性化的内容。这样可以增加内容的吸引力和价值，提高用户参与度和转换率。

AIGC的创意性体现在以下几个方面。

（1）个性化内容。AIGC可以根据用户的偏好、历史行为和上下文信息，生成符合用户个性化需求的内容。这种个性化的内容能够更好地吸引用户的注意力，提高用户参与度和转换率。

（2）多样性的风格。AIGC可以学习并模仿不同领域的专家、艺术家或作家的风格，从而在生成内容时展现出多样化的风格特点。这种风格多样性使得AIGC生成的内容更加丰富和有趣。

（3）创意元素。AIGC不仅能够复制和模仿现有的内容，还能够通过学习和优化生成策略，引入新的创意元素。这些创意元素可以包括新的观点、独特的表达方式或前所未有的内容形式，使得AIGC生成的内容具有更高的价值和吸引力。

3）表现力

AIGC可以利用预训练大语言模型、生成式对抗网络等方法，自动生成各种类型的内容，例如文章、视频、图片、音乐、代码等。这样可以满足不同用户的不同需求，提供多样化和丰富化的内容选择。同时，AIGC可以利用自然语言处理和计算机视觉等技术，实现与用户的自然交流和反馈，并根据用户的喜好和行为，动态地调整内容生成的方式。这样可以增强内容的表现力和适应性，提高用户体验和忠诚度。

AIGC的表现力体现在以下几方面。

（1）多样性和丰富性。AIGC能够跨越多个领域和内容类型，生成多样化的内容。无论是文字、图像、音频还是视频，AIGC都能以高质量和高效率的方式生成，为用户提供丰富的选择。

（2）自然性和真实性。通过深度学习和自然语言处理等技术，AIGC生成的内容往往具有自然性和真实性。例如，AI可以分析电影的镜头和情节，自动生成吸引人的预告片，突出最激动人心的瞬间；帮助建筑师快速生成概念设计方案，包括建筑外观、内部布局和结构细节，加速设计流程；创作新的旋律、和弦进程和编曲，甚至能生成特定流派的音乐，例如巴洛克音乐或现代流行歌曲。

（3）与用户的交互性。AIGC可以利用自然语言处理和计算机视觉等技术，实现与用户的自然交流和反馈。这意味着AIGC可以根据用户的输入和反馈，动态地调整内容生成的方式，以满足用户的个性化需求。这种交互性不仅增强了用户体验，还使得AIGC能够不断学习和优化自身的生成能力。

(4) 动态性和适应性。AIGC 可以根据用户的喜好和行为，动态地调整内容生成的方式。例如，如果用户喜欢某种类型的音乐或视频风格，AIGC 可能会在未来的内容生成中更多地采用这种风格。这种动态性和适应性使得 AIGC 能够更好地满足用户的个性化需求，提高用户体验和忠诚度。

4) 迭代

AIGC 可以利用大数据和云计算等技术，快速地处理海量的信息，并生成高质量的内容。这样可以满足海量用户的内容需求，提高用户满意度和留存率。同时，AIGC 可以利用机器学习和深度学习等技术，不断地更新和改进内容生成的模型和算法，并根据用户反馈进行优化。这样可以保证内容生成的质量和效果，提高内容生成的可靠性和稳定性。

AIGC 的迭代性体现在以下几个方面。

(1) 数据驱动。AIGC 能够利用大数据和云计算等技术，快速地处理和分析海量的信息。这些数据不仅包括用户生成的内容、用户行为数据等，还包括来自互联网的各种资源。通过对这些数据的分析，AIGC 可以洞察用户需求和趋势，为内容生成提供有力支持。

值得注意的是：AIGC 依赖于庞大的数据集来训练模型，这些数据集可以包括文本、图像、音频、视频等多种类型的内容。一个用于生成文章的 AIGC 模型可能需要包含数百万篇不同类型的文章的数据集进行训练。

例如，在新闻行业，AIGC 可以基于实时数据生成即时新闻报道。当股市收盘时，AIGC 系统可以立即分析当天的交易数据，自动生成一篇关于市场表现的文章，包括主要指数变动、领涨和领跌股票等信息。

在艺术领域，AIGC 可以用来生成独特的音乐作品、绘画或诗歌。例如，通过训练一个神经网络来学习梵高的画风，AIGC 可以创作出新的、具有类似风格的艺术品。

(2) 持续学习。AIGC 利用机器学习和深度学习等技术，能够不断地从数据中学习新的知识和模式。这意味着 AIGC 可以不断地更新和改进内容生成的模型和算法，以适应不断变化的用户需求和内容趋势。

例如，一款音乐制作软件利用 AIGC 来辅助作曲家创作音乐。最初，该软件可能只能生成一些简单的旋律和和弦序列。然而，通过持续学习，软件能够从用户对生成音乐的修改和选择中学习到偏好。

(3) 用户反馈优化。AIGC 能够接收并处理用户的反馈，从而了解用户对生成内容的满意度和需求。基于这些反馈，AIGC 可以调整内容生成的参数和策略，以提供更加符合用户期望的内容。这种基于用户反馈的优化过程，使得 AIGC 能够持续地提高内容生成的质量和效果。

例如，一个写作辅助平台，使用 AIGC 技术来帮助作家创作小说或文章。起初，该平台可能只能生成一些基本的句子和段落。但是，随着更多的用户使用这个平台，并给出反馈（某些生成的段落被频繁采纳，而另一些则被忽略），系统会逐渐学习到受欢迎的写作风格和主题。

(4) 模型改进。随着技术的不断进步和算法的不断发展，AIGC 可以不断地引入新的模型和技术，以提高内容生成的质量和效率。例如，新的深度学习模型、自然语言处理技术等都可以被引入到 AIGC 中，以提高内容生成的准确性和表现力。

例如，一个仅基于文本的模型可能无法生成描述图像的精确文本，因为它没有“看”

过图像。而结合视觉和文本信息的多模态模型，如 MDETR 或 CLIP，可以同时处理文本和图像数据。这样的模型可以生成描述图像的准确文本，或者根据文本描述生成相应的图像。当用户输入“一只猫坐在窗台上看着外面的雨”，模型会生成一张与描述相符的图像。

随着人工智能技术的不断发展和进步，AIGC 的应用前景越来越广阔。未来，AIGC 将在媒体、娱乐、广告、教育等领域发挥更加重要的作用，为人们带来更加丰富、多元和个性化的数字内容体验。同时，AIGC 也将促进内容创作的创新和发展，推动数字经济的繁荣和进步。

2. AIGC 的发展历程

AIGC 的发展可以大致分为早期萌芽阶段、沉积积累阶段和快速发展阶段。

1) 早期萌芽阶段

20 世纪 50 年代—90 年代中期，受限于科技水平，AIGC 的发展和应用都相当有限。

(1) 概念形成。随着人工智能技术的兴起，研究者们开始探索利用计算机和算法来生成内容。这些内容可能包括简单的文本、图像或者音乐片段。

(2) 技术限制。在这一时期，计算机的计算能力非常有限，无法处理大规模的数据和复杂的算法。因此，AIGC 的应用范围非常有限，仅限于一些特定的领域和场景。

(3) 实验性质。在这一阶段 AIGC 的研究主要集中在实验室环境中，由专业的研究人员进行小范围的实验和验证。这些实验往往是为了验证某些理论或算法的有效性，而不是为了实际应用。

(4) 成果有限。由于技术限制和实验性质，这一时期的 AIGC 成果相对有限。生成的内容往往缺乏创意和个性，无法满足实际需求。

尽管如此，这一阶段的 AIGC 发展奠定了后续技术发展的基础，为后续的技术突破和应用创新提供了重要的思路和方法。随着计算机技术的不断进步和人工智能技术的快速发展，AIGC 也逐渐进入了新的发展阶段。

2) 沉积积累阶段

20 世纪 90 年代中期—21 世纪 10 年代中期，AIGC 从实验向实用转变，受限于算法，无法直接进行内容生成。

随着科技的进步，特别是计算能力的提升和互联网的发展，AIGC 开始逐渐积累数据和经验。同时，深度学习算法取得了突破性的进展，为 AIGC 的发展提供了新的可能。在这一阶段，AIGC 虽然还不能直接进行高质量的内容生成，但已经能够处理一些简单的任务，如文本分类、图像识别等。

此外，GPU 和 CPU 等算力设备的日益精进，也为 AIGC 的发展提供了强有力的支持。这些设备不仅提高了 AIGC 的处理速度，还使得其能够处理更加复杂的数据和任务。

总的来说，沉积积累阶段为 AIGC 的快速发展奠定了坚实的基础，为后续的快速发展阶段做好了充分的准备。

3) 快速发展阶段

快速发展阶段：21 世纪 10 年代中期至今，深度学习算法不断迭代，AI 生成内容种类多样丰富且效果逼真。这一阶段，2014 年深度学习算法生成对抗网络（Generative Adversarial Network，GAN）推出并迭代更新，助力 AIGC 新发展。2017 年微软人工智能少年"小冰"推出世界首部由人工智能写作的诗集《阳光失了玻璃窗》，2018 年 NVIDIA（英伟达）发布的 StyleGAN 模型可自动生成图片，2019 年 DeepMind 发布的 DVD-GAN 模型可生成连续视频。2021 年 Open AI 推出 DALL-E 并更新迭代版本 DALL-E-2，主要用于文本、图像的交互生成内容。

AIGC 在快速发展阶段取得了显著的成果，不仅提高了内容生成的效率和质量，还推动了相关产业的发展和创新。随着技术的不断进步和应用场景的不断拓展，AIGC 将会在未来发挥更加重要的作用。

3. AIGC 的基本过程

AIGC 的基本原理是通过训练使机器理解并执行人类给定的任务。AIGC 的基本过程，尽管因具体应用程序和生成内容类型的不同而有所差异，但通常包含以下主要步骤。

1）数据收集

首先，需要收集大量的数据作为 AIGC 的训练素材。这些数据可以包括文本、图像、音频、视频等各种格式，它们为生成内容提供了基础材料。

值得注意的是，为了确保 AIGC 系统能够学习到广泛的知识和模式，收集的数据需要具有多样性。例如 AIGC 系统应能够理解和生成各种主题的内容，无论是科学、艺术、文学还是专业领域知识。这要求训练数据包含跨学科的内容，以确保模型具备广博的知识面。此外，在全球化的今天，AIGC 系统应当能够处理多种语言。训练数据应该包括不同的语言，这样系统才能在多语种环境中有效运行，满足国际用户的需求。为了公平起见，还应当确保数据集中人物的描述、角色和观点涵盖了不同的性别、年龄和身份群体，避免偏见和刻板印象，促进公平和多元化的表示。

2）数据预处理

在收集到数据后，需要进行预处理以提高数据的质量和可用性。这可能包括去除停用词、标点符号、数字等，以及对文本进行分词、词干提取等操作。这些步骤有助于 AIGC 更准确地理解和分析数据。

3）模型训练

接下来，利用预处理后的数据训练适合生成内容的模型。模型训练是 AIGC 的关键步骤，它决定了 AIGC 生成内容的质量和准确性。

需要注意的是，模型训练是一个迭代的过程。在训练过程中，可能需要不断地调整超参数、优化模型架构或使用更高级的训练技巧来提高模型的性能。此外，随着技术的不断发展，新的模型架构和训练技巧不断涌现，因此也需要不断地学习和尝试新的方法。

4）内容生成

在模型训练完成后，AIGC 可以根据人类给予的任务或指令生成相应的内容。这些内容可以是文本、图像、音频、视频等各种类型，具体取决于所使用的 AIGC 技术和应用场景。

对于文本生成任务，AIGC 系统可以生成各种类型的文本内容，如新闻报道、小说、诗歌、广告文案等。这些生成的内容可以基于用户的输入或特定的指令，如关键词、主题或风格等。AIGC 系统通过分析训练数据中的语言模式和结构，学习并模拟人类的写作风格和语言习惯，从而生成符合要求的文本内容。

在图像生成方面，AIGC 系统可以生成各种类型的图像，如艺术作品、照片、插图等。通过训练基于深度学习的生成模型，如 GAN（生成对抗网络）或 VAE（变分自编码器），AIGC

系统能够学习到图像中的复杂模式和结构，并生成新的图像。这些图像可以基于用户的输入或特定的指令，如风格迁移、图像补全或超分辨率重建等。

音频生成是AIGC系统的另一个重要应用领域。通过训练音频生成模型，AIGC系统可以生成各种类型的音频内容，如音乐、语音、声音效果等。这些生成的音频可以基于用户的输入或特定的指令，如音乐风格、语音内容或声音类型等。音频生成技术在虚拟助手、音乐创作和语音识别等领域具有广泛的应用前景。视频生成是AIGC系统中最为复杂和多样化的应用领域之一。通过结合文本、图像和音频生成技术，AIGC系统可以生成各种类型的视频内容，如电影、动画、广告等。这些生成的视频可以基于用户的输入或特定的指令，如剧本、场景描述或角色设定等。视频生成技术在影视制作、广告创意和虚拟现实等领域具有巨大的潜力。

值得注意的是，AIGC系统在生成内容时可能受到多种因素的影响，如训练数据的质量、模型的复杂度和泛化能力，以及用户的输入和指令等。因此，在实际应用中，需要不断优化和调整AIGC系统的参数和设置，以确保生成的内容符合预期的质量和准确性。同时，还需要关注AIGC系统的伦理和隐私问题，确保生成的内容符合社会道德和法律法规的要求。

5）评估和细化

最后，对生成的内容进行评估和细化。这可以通过人类专家评估、自动评估或用户反馈等方式进行。根据评估结果，可以对AIGC模型进行微调或优化，以提高生成内容的质量和准确性。

（1）人类专家评估。人类专家可以根据自身的专业知识和经验，对AIGC生成的内容进行质量评估。他们可以检查内容的准确性、连贯性、创新性以及是否符合特定任务或指令的要求。

（2）自动评估。随着技术的发展，自动评估方法也越来越受到重视。通过设计特定的评估指标和算法，可以对生成内容进行客观、快速的评估。

（3）用户反馈。用户反馈是评估AIGC生成内容质量的另一种重要方式。用户可以直接对生成的内容进行评价和反馈，从而提供关于内容质量、用户体验和潜在改进方向的宝贵信息。

通过以上步骤，AIGC可以不断地学习和优化自身的能力，从而生成更加高质量、个性化的内容。随着技术的不断发展，AIGC将在各个领域发挥越来越重要的作用。

4.2　国内常见的AIGC平台（大语言模型）

4.2.1　文心一言

百度文心一言是百度基于其强大的飞桨深度学习平台和文心知识增强大语言模型技术推出的生成式对话产品。它是百度在人工智能领域的重要战略布局之一，也是百度在人工智能领域持续创新、深耕多年的重要成果之一。

文心一言具备跨模态、跨语言的深度语义理解与生成能力，能够与人对话互动，回答问题，协助创作，高效便捷地帮助人们获取信息、知识和灵感。百度文心一言以文心雕龙为灵感，为广大写作者提供了便捷高效的写作体验。该应用通过自然语言处理技术，结合了大量的文学、历史、诗词等资源，能够为用户提供更加丰富、精准的词汇选择和句式建议，从而帮助用户更好地表达自己的想法和情感。作为一款智能写作辅助工具，百度文心一言具备多种实用功能。它可以根据用户的输入，智能推荐合适的词汇、句子和段落，帮助用户快速构建文章框架和内容。同时，它还可以对用户的写作进行智能分析和评估，提供针对性的改进建议，帮助用户提升写作水平。

文心一言的名称来源于中国古代文学理论名著《文心雕龙》，这本书是中国文学史上重要的文学理论批评著作，对于文学创作的规律和技巧进行了深入的探讨。百度文心一言以此为名，不仅寓意着对于文学创作的敬畏和追求，也展现了其对于智能写作技术的深入研究和应用。

使用文心一言非常简单，用户只需在输入框中输入自己的想法或者句子，系统会自动为用户提供多个不同的词汇和句式，用户可以根据自己的需要选择适合的词汇和句式。此外，文心一言还可以提供相关的历史和文学知识，帮助用户更好地理解和运用相关的词汇和句式。

图 4-1 展示了文心一言官网。

图 4-1 文心一言官网

图 4-2 展示了文心一言的使用界面。

本书后续的示例大多由百度文心一言、讯飞星火、通义千问以及昆仑天工生成。读者可自行注册账号，以便大语言模型生成内容。

注意：本书使用以下模式来实现 AIGC。

问：******（由用户提问）

答：******（由 AI 回答）

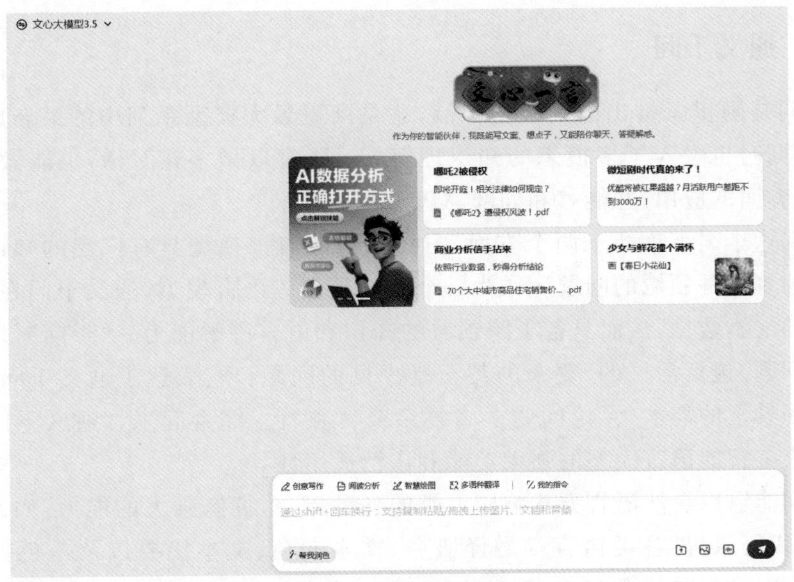

图 4-2 文心一言的使用界面

4.2.2 讯飞星火

讯飞星火认知大模型是科大讯飞于 2023 年 5 月 6 日发布的大语言模型，提供了基于自然语言处理的多元能力，支持多种自然语言处理任务。2023 年 10 月科大讯飞发布了讯飞星火认知大模型 V3.0，该版本的大语言模型在中文能力客观评测上已经超越了 ChatGPT，并在医疗、法律、教育等专业表现也格外突出。

作为生成式 AI 工具，讯飞星火已成功应用于内容创作，并在国内主流应用商城上架。讯飞星火利用先进的人工智能技术，帮助用户生成高质量的文章、文案和报道。无论是新闻稿件、宣传文案，还是会议记录、工作计划，讯飞星火都能够满足用户的需求。通过输入相关信息，讯飞星火可以快速生成文章的大纲和关键词，并自动补充文章内容，让内容创作更加轻松高效。这使得优秀的作家和媒体从业者能够更加专注于思考和创新，提高内容生产效率。

图 4-3 展示了讯飞星火认知大模型界面。

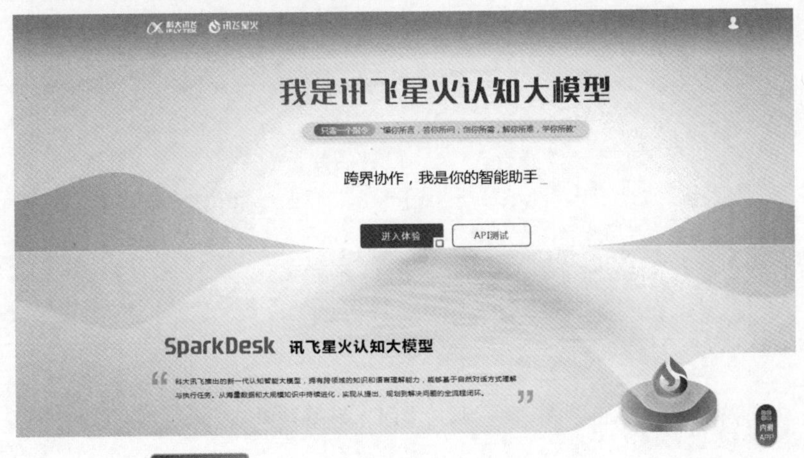

图 4-3 讯飞星火认知大模型界面

4.2.3 通义千问

通义千问是阿里云推出的大模型产品，这是阿里云大模型系列中的最新成员，能够进行多轮交互，同时也融入了多模态的知识理解——既可以做多轮对话，也能做文生图等跨文字、图像等方面的应用，并能够和外部 API 进行互联。

通义千问这个名字来源于两个方面，“通义”意味着该模型具有广泛的知识和普适性，可以理解和回答各种领域的问题。作为一个大型预训练语言模型，通义千问在训练过程中学习了大量的文本数据，从而具备了跨领域的知识和语言理解能力。“千问”代表了模型可以回答各种问题，包括常见的、复杂的甚至是少见的问题。它表达了通义千问致力于满足用户在不同场景下的需求，无论问题多么复杂或者独特。综合起来，“通义千问”这个名字表达了这款人工智能语言模型的强大功能和广泛适用性。

通义千问能够以自然语言方式响应人类的各种指令，拥有强大的能力，如回答问题、创作文字、编写代码、提供各类语言的翻译服务、文本润色、文本摘要以及角色扮演对话等。借助于阿里云丰富的算力资源和平台服务，通义千问能够实现快速迭代和创新功能。此外，阿里巴巴完善的产品体系以及广泛的应用场景使得通义千问更具可落地性和市场可接受度。

现阶段该模型主要定向邀请企业用户进行体验测试，用户可通过官网申请，符合条件的用户可参与体验。

图 4-4 展示了通义千问大模型界面，图 4-5 是由通义千问生成的图像（一个青年男性在马路上，路两侧都是金黄色的落叶，远方背景是一座大山，天空有候鸟飞过）。

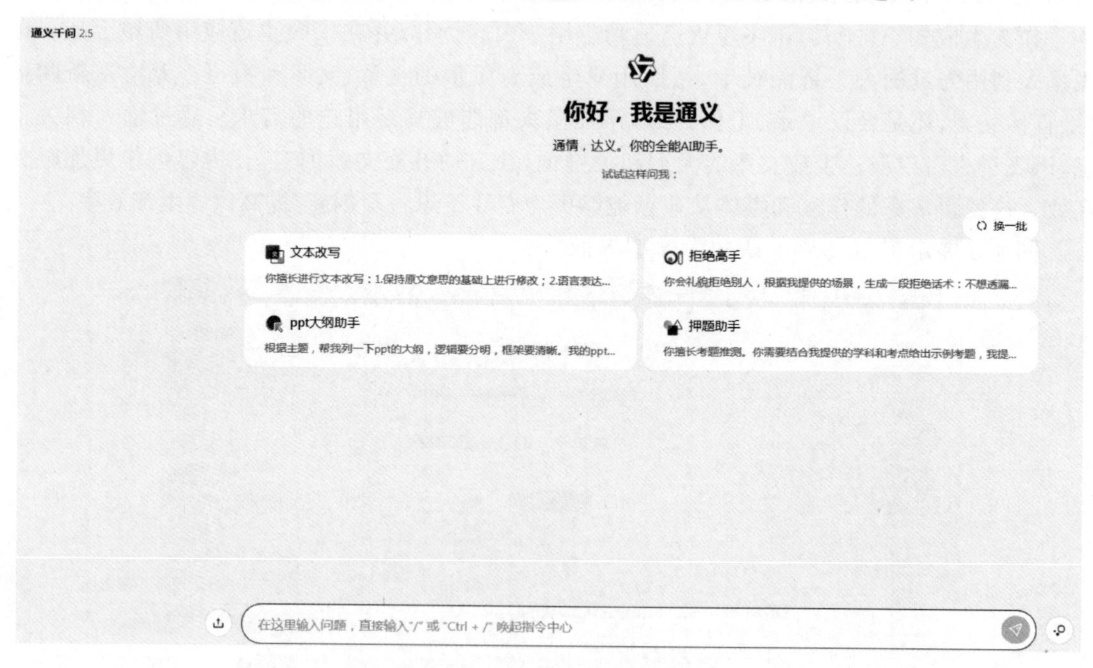

图 4-4 通义千问大模型界面

图 4-5　通义千问生成的图像

4.2.4　昆仑天工

大语言模型昆仑天工是中国首个对标 ChatGPT 的双千亿级大语言模型，也是昆仑万维继 AI 绘画产品"天工巧绘"后的一款生成式 AI 产品，可满足文案创作、知识问答、代码编程、逻辑推演、数理推算等需求。

昆仑万维曾在 2022 年 12 月发布 AIGC 全系列算法与模型，覆盖了图像、音乐、文本、编程等多模态的 AI 内容生成能力，体现其领先的技术积累和人工智能领域的投入。这一系列算法与模型，包括天工巧绘 SkyPaint、天工乐府 SkyMusic、天工妙笔 SkyText、天工智码 SkyCode。

昆仑天工算力作为其背后的强大支撑，基于国内最大的 GPU 集群之一，拥有显著的规模优势。这使得昆仑万维能够利用海量数据进行更充分的训练，从而积累更强的理解能力和记忆力。这种能力对于 AI 内容生成至关重要，因为只有深入理解用户的需求和意图，才能生成符合期望的高质量内容。

昆仑天工主要竞争力在于文本写作及语义理解，目前最高已能支持 1 万字以上文本对话，实现 20 轮次以上用户交互，在多类问答场景中都能实现较高的输出水平及较强记忆能力。

图 4-6 展示了昆仑天工的使用界面，图 4-7 为用户使用昆仑天工得到的文本生成。

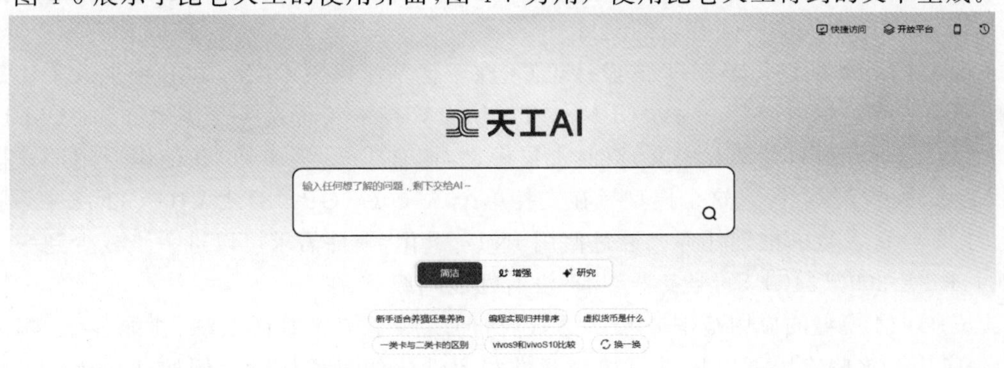

图 4-6　昆仑天工的使用界面

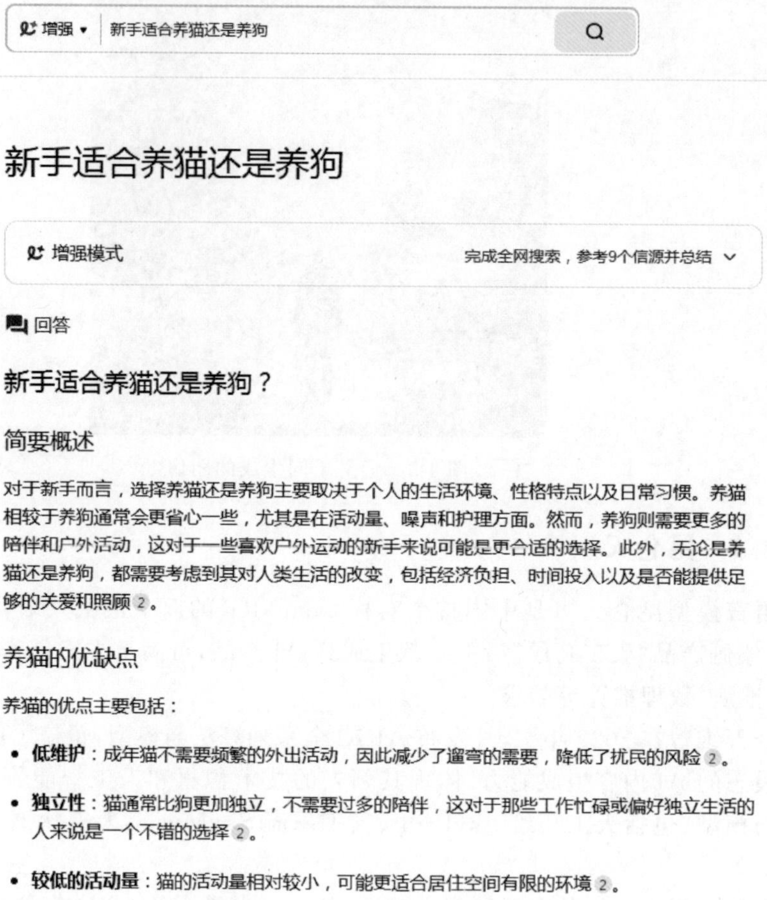

增强 ▾ 新手适合养猫还是养狗

新手适合养猫还是养狗

增强模式 完成全网搜索，参考9个信源并总结

回答

新手适合养猫还是养狗？

简要概述

对于新手而言，选择养猫还是养狗主要取决于个人的生活环境、性格特点以及日常习惯。养猫相较于养狗通常会更省心一些，尤其是在活动量、噪声和护理方面。然而，养狗则需要更多的陪伴和户外活动，这对于一些喜欢户外运动的新手来说可能是更合适的选择。此外，无论是养猫还是养狗，都需要考虑到其对人类生活的改变，包括经济负担、时间投入以及是否能提供足够的关爱和照顾 2。

养猫的优缺点

养猫的优点主要包括：

- **低维护**：成年猫不需要频繁的外出活动，因此减少了遛弯的需要，降低了扰民的风险 2。
- **独立性**：猫通常比狗更加独立，不需要过多的陪伴，这对于那些工作忙碌或偏好独立生活的人来说是一个不错的选择 2。
- **较低的活动量**：猫的活动量相对较小，可能更适合居住空间有限的环境 2。

图 4-7 用户使用昆仑天工得到的文本生成

4.2.5 ChatGLM

ChatGLM 是清华大学和智谱 AI 等合作研发的开源大语言模型，该产品基于 OpenAI 的 GPT 模型框架构建，并采用了大规模的预训练数据集来学习语言模式和生成文本的能力。ChatGLM 展现出了在自然语言理解与生成方面的出色性能，同时也为国内的自然语言处理研究与应用提供了强有力的支持。

ChatGLM 参考了 ChatGPT 的设计思路，在千亿基座模型 GLM-130B 中注入了代码预训练，并通过有监督微调(Supervised Fine-Tuning)等技术实现人类意图对齐。GLM-130B 是一个开放式的双语(英文和中文)双向密集模型，拥有 1300 亿参数，并使用通用语言模型(GLM)算法进行预训练。这个模型旨在支持单个 A100(40GB×8)或 V100(32GB×8)服务器上的 1300 亿参数的推理任务。通过使用 INT4 量化，硬件需求可以进一步减少到一个只需 4 个 RTX 3090(24GB)的服务器，几乎没有性能降级。

ChatGLM 模型的应用范围非常广泛，包括但不限于构建对话系统、智能客服、聊天机器人等应用。这些应用可以提供更加交互性和人性化的对话体验。例如，ChatGLM 可以用于实现语音翻译和文本转换，能够快速生成专业的外文文档。此外，它还可以应用于人工智能投顾领域，将自然语言转换成金融市场的底层数据库所能理解的复杂公式。在工业机器人领域，ChatGLM 的引入也可以大大减少调试过程，提高工业机器人的迭代速度。

图 4-8 为 ChatGLM 的使用界面。

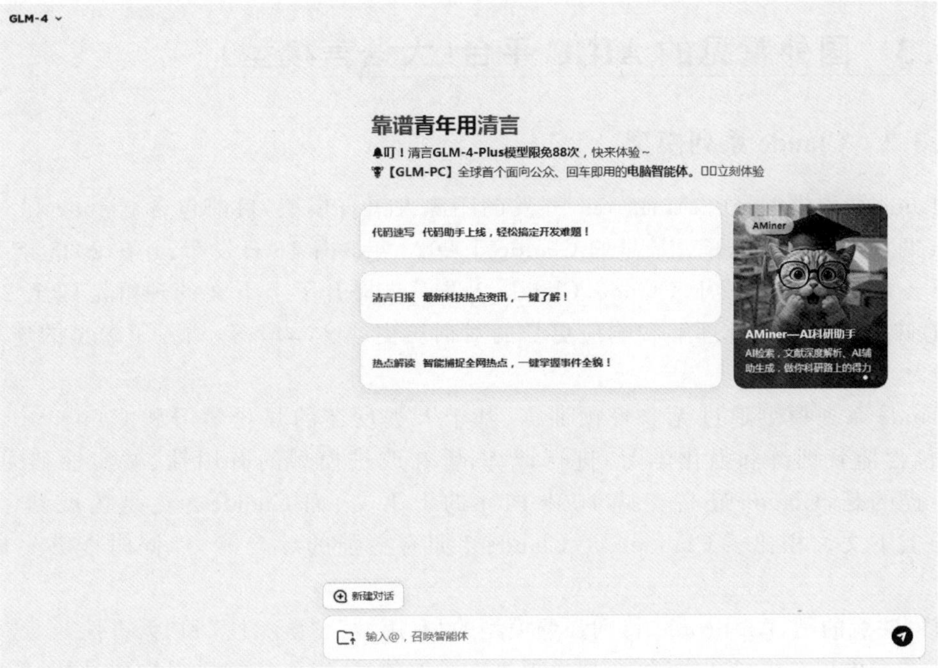

图 4-8 ChatGLM 的使用界面

4.2.6 腾讯混元

腾讯混元是腾讯研发的大语言模型，具备跨领域知识和自然语言理解能力，能够通过人机自然语言对话的方式理解用户指令并执行任务，帮助用户获取信息和灵感。该模型拥有超千亿参数规模，预训练语料超 2 万亿 token，具有强大的中文理解与创作能力、逻辑推理能力以及可靠的任务执行能力。

腾讯混元大模型可以作为腾讯云 MaaS 服务的底座，客户可以直接通过 API 调用混元，也可以将混元作为基底模型，为不同产业场景构建专属应用。混元已经被应用到多个场景中，如会议场景中的问答、会议总结、会议待办项整理等，广告场景中的智能化广告素材创作以及营销场景中的智能导购等。

此外，腾讯混元在技术和应用上也取得了显著的成果。例如，它在视觉常识推理（Visual Commonsense Reasoning，VCR）榜单上登顶，体现了其在多模态理解大语言模型方面的优势。同时，腾讯混元在页面设置、分类逻辑等方面也具有简洁、有逻辑性的特点，为用户提供了更好的使用体验。

文生图是 AIGC 领域的核心技术之一，也是体现通用大语言模型能力的试金石，对模型算法、训练平台、算力设施都有较高的要求。大语言模型文生图的难点体现在对提示词的语义理解、生成内容的合理性以及生成图片的效果。针对这三个技术难点，腾讯进行了专项的技术研究，提出了一系列原创算法，来保证生成图片的可用性和画质。例如，在语义理解方面，腾讯混元采用了中英文双语细粒度的模型。模型同时建模中英文实现双语理解，并通过优化算法提升了模型对细节的感知能力与生成效果，有效避免多文化差异下的理解错误。

4.3 国外常见的 AIGC 平台(大语言模型)

4.3.1 Claude 系列模型

Claude 系列模型是由 Anthropic 开发的闭源大语言模型，目前包含 Claude 和 Claude-Instant 两种模型可供选择。最早的 Claude 于 2023 年 3 月 15 日发布，并在 2023 年 7 月 11 日更新至 Claude-2，相较于 Claude，Claude-2 进一步提升了上下文的理解范围至 200k 词元，这意味着它能更好地理解和响应更长的对话历史或文本段落，增强了模型的连贯性和记忆能力。

Claude 系列模型通过无监督预训练、基于人类反馈的强化学习和 Constitutional AI 技术(包含监督训练和强化学习)进行训练，旨在改进模型的有用性、诚实性和无害性。值得一提的是，Claude 最高支持 100k 词元的上下文，而 Claude-2 更是拓展到了 200k 词元的上下文。相比于 Claude1.3，Claude-2 拥有更强的综合能力，同时能够生成更长的相应。

值得注意的是，Anthropic 特别强调模型的“有用性”、“诚实性”和“无害性”。这意味着 Claude 系列模型在生成文本时，会努力提供有益的信息，避免传播错误知识，同时确保不会产生有害的内容。Claude 系列模型的这些特性使其在各种应用场景中表现出色，无论是对话系统、内容创作还是知识查询，都能提供高质量的响应。

4.3.2 PaLM 模型

PaLM(Pathways Language Model)系列大语言模型由 Google 开发。PaLM 是 Google 在大规模语言模型领域的重大突破，它不仅具有巨大的参数量，而且在各种自然语言处理任务上展现了卓越的表现。PaLM 初始版本于 2022 年 4 月发布，并在 2023 年 3 月公开了 API。PaLM 基于 Google 提出的 Pathways 机器学习系统搭建，训练数据总量达 780B 个字符，内容涵盖网页、书籍、新闻、开源代码等多种形式的语料。目前 PaLM 共有 8B、62B、540B 三个不同参数量的模型版本。Google 还开发了多种 PaLM 的改进版本。Med-PaLM 是 PaLM540B 在医疗数据上进行了微调后的版本，在 MedQA 等医疗问答数据集上取得了较好成绩。PaLM-E 是 PaLM 的多模态版本，能够在现实场景中控制机器人完成简单任务。此外，2023 年 5 月，Google 发布了 PaLM2，但并未公开其技术细节。Google 内部文件显示其参数量为 340B，训练数据为 PaLM 的 5 倍左右。

4.3.3 Bard 模型

Google Bard 是 Google 开发的一款对话式 AI 模型，旨在与用户进行自然流畅的交互，并提供高质量的信息和帮助。Bard 的开发部分是由于 OpenAI 的 ChatGPT 引起的竞争压力，后者因其在对话和生成文本方面的能力而迅速获得了广泛关注。

Google 的 Bard 基于 LaMDA(Language Model for Dialogue Applications)构建,并于 2023 年 2 月 6 日正式发布。LaMDA 经过大量互联网文本的训练,能够理解和生成自然语言,这使得它在对话场景下表现出色。

2023 年 5 月,Google 发布了基于新一代大语言模型 PaLM2(Pathways Language Model 2)的 Bard。PaLM2 是 PaLM(Pathways Language Model)的升级版,后者在 2022 年由 Google 发布,是一款非常强大的语言模型,能够处理多种语言任务,包括翻译、编写代码、撰写故事等。PaLM2 在 PaLM 的基础上进一步优化了性能,提供了更好的上下文理解能力、更广泛的多语言支持和更强的代码理解能力。

在 Bard 的发展过程中,Google 不仅关注其核心的语言理解和生成能力,还着重于提高其安全性和可靠性。这包括防止模型生成有害、误导性或不适当的内容,以及确保 Bard 遵循 Google 的 AI 原则,其中包括负责任地使用技术,保护用户隐私和数据安全。

为了提升用户体验,Google 也不断探索如何让 Bard 更好地融入用户的日常生活中。例如,Bard 可能会被集成到 Google 的其他产品和服务中,如搜索引擎、Google Assistant、Gmail 和其他应用程序,以提供实时的建议,帮助完成任务或解答疑问。

4.4 AIGC 应用实例

4.4.1 AI 文本生成

1. AI 文本生成介绍

AIGC 文本生成大多为结构化写作,以客服类的聊天问答、新闻撰写等为核心场景。最为典型的是基于结构化数据或规范格式,在特定情景类型下的文本生成,如体育新闻、金融新闻、公司财报、重大灾害等简讯写作。

目前 AIGC 生成文字主要被应用于新闻的撰写、给定格式的撰写以及风格改写。例如,用户可以通过输入一段对于目标文章的描述或者要求,系统会自动抓取数据,根据人们描述的指令进行创作。

2. AI 文本生成实例

1) 新闻

问:生成新闻,某地突发火灾。

答:

某地突发火灾,消防部门紧急救援。

近日,在某地一工业园区内,一家化工厂突发火灾,火势迅速蔓延,现场浓烟滚滚,火光冲天。火灾发生在凌晨时分,许多工人尚在睡梦中,情况十分危急。

接到报警后,当地消防部门迅速启动应急预案,调集了多辆消防车和救援人员赶赴现场。消防人员到达后,立即展开救援行动,对火势进行了有效控制。同时,公安、医疗等部门也迅速到达现场,协助消防部门进行救援。

据了解,起火原因可能是化工厂内某处设备发生故障,导致易燃物泄漏并引发火灾。火灾发生时,部分工人已经成功疏散,但仍有部分人员被困在火场内部。消防人员冒着浓烟和高温,不断搜救被困人员,成功救出多名被困工人。

2）诗歌

问：生成诗歌，描述愉快的心情。

答：

在春风笑语中轻盈，阳光洒满心灵的角落静谧。花香携着欢声飘逸，悠然自得，心扉轻启迎接喜悦。

蓝天如洗，云绘梦的边陲，每一缕风都哼唱着自由的诗。步履间跳跃着快乐的音符，日子在指尖绽放成绚烂烟火。

3）童话故事

问：生成童话故事，描述小兔子的幸福生活。

答：

小兔子的幸福生活：

在遥远的梦幻森林里，住着一只名叫蹦蹦的小兔子。蹦蹦有着一身柔软的灰色绒毛，长长的耳朵像两片展开的竹叶，时刻竖立着，好奇地聆听着森林里的声音。它那双红宝石般的眼睛，闪烁着快乐与好奇的光芒。

蹦蹦的家是一棵古老的橡树下的一个小洞穴，洞穴里铺满了柔软的干草和五颜六色的花瓣。每天早晨，当阳光透过橡树的枝叶洒在洞口时，蹦蹦就会伸个懒腰，蹦跳着迎接新的一天。

……

4）与虚拟人物的对话

问：假设你是秦始皇，我们开始对话吧，我的第一句话是：你好！

答：

你好！我是秦始皇，统一六国，建立了强大的秦朝。我致力于推行法治，统一度量衡，为后世留下了宝贵的遗产。你对我的哪些成就或政策感兴趣呢？我们可以一起探讨。

问：你的最大遗憾是什么？

答：

我最大的遗憾，是未能找到长生不老之药。我曾派遣方士徐福出海寻找仙药，希望能永葆青春，守护这片我深爱的土地。然而，仙药终是虚无缥缈，我也未能逃脱生老病死的自然规律。这或许是我作为帝王，也无法超越的界限吧。

5）英语对话

问：请与我进行一次英语日常对话，讨论有关天气、工作、家庭或娱乐方面的话题。

答：

Of course! It's always nice to have a casual chat. How has your week been so far? Have you noticed the weather changing lately in your area? Here where I am, it's been quite unpredictable, shifting from sunny days to sudden showers without much warning.

Speaking of which, do you have any favorite outdoor activities you enjoy when the weather is pleasant? Personally, I love going for long walks in nature parks, it's a great way to unwind after a busy day or week at work.

6）商业计划书

问：我需要一份关于香水的商业计划书，展示我的商业理念、市场分析和未来的发展方向。计划书需要非常专业(尽量包含多的术语)、详细。

答:

香水品牌商业计划书:

封面与目录:

封面:包含品牌名称(例如,“嗅觉之旅”)、品牌标识、创始人/团队信息及计划书提交日期。

目录:清晰列出各章节标题及对应页码。

执行摘要:

品牌概念:“嗅觉之旅”作为一个高端个性化香水品牌,致力于捕捉生活中的独特瞬间,为每一位消费者打造专属的气味记忆。

市场定位:专注于中高端市场,强调天然原料、手工调配与定制服务。

发展目标:短期内建立品牌知名度,长期目标为国际扩张,成为全球领先的个性化香水品牌。

市场分析:

行业概况:分析全球及目标区域香水市场的规模、增长率、趋势(如天然成分趋势、个性化定制需求增加)。

目标市场:锁定25～45岁追求品质生活、注重个性表达的都市男女。

7)社交活动策划

问:我们要组织一个户外野餐聚会,你有什么好的建议和推荐吗?

答:

组织户外野餐聚会是一件既愉快又增进友谊的活动,这里有一些建议和推荐,希望能让你的聚会更加完美。

(1)地点选择。

公园绿地:选择一个风景优美、有足够遮阴大树的公园,确保场地允许野餐并且易于到达。

湖边或海边:如果靠近水源,湖边或海边是极佳选择,自然风光加上水边的凉爽,让人心旷神怡。

山间草地:对于喜欢探险的朋友,找一处风景秀丽的山间草地,享受更接近自然的体验。

(2)餐食准备。

多样化食物:准备容易携带、不易变质的食物,如三明治、水果(如草莓、葡萄)、沙拉、冷切肉、奶酪、面包卷等。别忘了甜品,如蛋糕或曲奇。

饮料与冰块:带上足够的饮用水、果汁或气泡酒,用保温箱装好,并放入足够的冰块保持饮料清凉。

8)演讲报告

问:我需要做一个有关环境保护主题的演讲或报告,您能为我提供一些关于如何准备和呈现演讲或报告的建议吗?

答:

当然,制作一个有影响力的环境保护主题演讲或报告,不仅需要深入的研究和准备,还需要恰当的表达方式来触动听众的心弦。以下是一些准备和呈现演讲的建议。

准备阶段：

明确目的与受众：明确你的演讲目的是教育、启发、呼吁行动还是改变观念。了解你的听众群体，例如他们的年龄、兴趣和对环保的认知程度，以便更好地与他们沟通。

深入研究：收集最新的环保数据、案例研究和成功故事。关注全球和本地的环境问题，例如气候变化、塑料污染、生物多样性丧失等，并理解这些问题的根本原因和可能的解决方案。

构建逻辑框架：开始可以引人入胜的开场，例如引用一个令人震惊的统计数据或一个感人的故事。中间部分详细展开，分点论述环境问题的现状、影响、解决策略等，每个点都用实例支撑。

9）教学设计

问：为了提高学生的阅读能力，我应该如何规划语文课程的阅读材料？

答：

为了有效提高学生的阅读能力，规划语文课程的阅读材料时可以遵循以下几个原则和策略：

分级选取材料：根据学生的年龄、年级和阅读水平，选择适宜难度的阅读材料。低年级学生可以从图画书、寓言故事开始，逐渐过渡到中高年级的短篇小说、诗歌、散文等。确保材料难度与学生的理解能力相匹配，既能激发兴趣，又能适度挑战。

多元化内容：选择覆盖不同体裁、题材和风格的阅读材料，如历史、科幻、自然、人文、经典文学等，以拓宽学生的知识面和审美视野。同时，融入多元文化元素，培养学生的国际视野和文化包容性。

10）饮食推荐

问：你能推荐一些在北京的法国菜餐厅吗？

答：

FRENCH BISTRO 长城饭店法餐厅：位于长城饭店内，这家餐厅推崇 French Bistro 的轻松饮食文化，提供注重汤汁醇厚的牛排及与小牛肉完美搭配的莎当妮酒，营造非正式却品质上乘的用餐体验。

Brasserie Flo 福楼餐厅：作为法国来的名牌连锁店，福楼餐厅提供种类丰富的经典法国菜肴，从鞑靼牛排到橙汁可丽饼，菜单选择多样且价格适中，深受食客喜爱。

古都餐厅：位于东城区东长安街贵宾楼饭店四层，古都餐厅不仅环境优雅，还提供高品质的法国料理，人均消费约为 300 元，营业时间为 11:30 至 22:00。

11）职业发展

问：您能否为我提供一些职业发展的实用工具和技巧？

答：

当然，职业发展是一个持续的过程，涉及自我认知、技能提升、网络建设等多个方面。以下是一些实用的工具和技巧，帮助你在职业生涯中不断进步。

（1）自我认知与规划工具。

Myers-Briggs Type Indicator(MBTI) 或 DISC 性格测试：帮助你了解个人的性格类型、偏好和工作风格，从而找到更适合自己的职业道路。

LinkedIn Learning 或 Coursera 的职业规划课程：提供职业规划、目标设定的指导，帮助你明确职业目标。

(2) 技能提升平台。

Coursera、edX、Udemy：在线学习平台，提供从编程、数据分析到领导力、项目管理等各类课程，助你获得新技能或提升现有技能。

GitHub：如果你从事 IT 相关工作，GitHub 是展示编程能力和参与开源项目的重要平台。

LeetCode：对于想提升编程技能，尤其是准备技术面试的人来说，LeetCode 提供了大量编程题目和解题思路。

(3) 简历与面试准备。

Canva 或 Resume.io：创建吸引眼球的简历模板，让你的简历在众多应聘者中脱颖而出。

12) 热点评论

问：我需要一篇热点事件的评论文章，要求有及时的报道、深入的分析、独特的观点和有意义的思考。

答：

标题：《元宇宙：虚实交错的新纪元，还是泡沫经济的又一诱饵？》

在科技日新月异的今天，一个名为"元宇宙"(Metaverse)的概念如同一颗新星，骤然升起于科技与资本的天际，引发全球范围内的热烈讨论与无限遐想。这一概念，最初源于尼尔·斯蒂芬森 1992 年的小说《雪崩》，如今却摇身一变，成为了各大科技巨头竞相布局的未来战场。然而，在这场看似前景无限的盛宴背后，我们不禁要问：元宇宙，究竟是人类文明的一次深刻跃进，还是一场资本狂欢下的虚幻泡沫？

及时报道：元宇宙的兴起与现状。

近年来，随着 Facebook 改名 Meta，微软、腾讯、字节跳动等科技巨擘纷纷宣布入局元宇宙，这一概念迅速从边缘走向主流。元宇宙被视为互联网的下一个阶段，一个融合虚拟现实、增强现实、区块链、人工智能等先进技术的平行世界，用户可以在其中工作、娱乐、社交，甚至拥有和交易数字资产。

深入分析：技术与社会影响。

从技术角度看，元宇宙的实现依赖于一系列尖端技术的突破与整合，包括但不限于高度沉浸式的交互体验、无缝的数据传输、强大的云计算能力以及安全可靠的数字身份与资产管理系统。这些技术的成熟度直接决定了元宇宙能否从概念走向现实，以及其体验的质量与广度。

独特观点：元宇宙的双刃剑效应。

元宇宙如同一把双刃剑，其潜能与风险并存。它既是对人类想象力与创造力的极限探索，也可能成为资本逐利的新战场，加剧资源不平等。真正的挑战在于如何引导这一技术革命向着促进人类福祉、促进社会公正的方向发展，而不是仅仅服务于少数人的利益。

13)购物推荐

问：我需要购买一些办公用品，您有什么好的建议吗？

答：

当然，购买办公用品时，考虑到效率、舒适度以及长期使用的需求，以下是一些建议的清单，涵盖了一些基本而又重要的办公用品。

办公家具：

办公椅：选择可调节高度、靠背倾斜度以及有良好腰部支撑的椅子，长时间办公也能保持舒适，预防职业病。

文具与书写工具：

笔：中性笔或签字笔，如百乐、晨光等品牌，书写流畅，减少手部疲劳。

电子设备及配件：

计算机/笔记本：根据工作性质选择性能合适的设备，MacBook、Dell XPS 或 Lenovo ThinkPad 等都是不错的选择。

文件管理与存储：

文件夹/文件柜：分类存放文档，保持办公桌整洁。

移动硬盘/云存储：如希捷、西部数据的硬盘或使用 Google Drive、Dropbox 等云存储服务，确保数据安全备份。

14）总结心得

问：我需要一篇年终总结报告。

答：

年终总结报告：

【封面】

**［公司/部门名称］

2023 年度年终总结报告

［日期］

【目录】

引言

年度回顾 2.1 项目与成就 2.2 面临的挑战

关键绩效指标(KPIs)分析 3.1 销售业绩 3.2 客户满意度 3.3 成本控制 3.4 团队效能

创新与改进 4.1 技术革新 4.2 流程优化

员工发展与团队建设 5.1 培训与教育 5.2 团队活动

客户与市场反馈

未来展望与战略规划 7.1 短期目标 7.2 长期愿景

结语

附录 9.1 数据图表 9.2 重要事件时间轴

15）旅游规划

问：我想去北京旅游，帮我做一个规划。

答：

北京，作为中国的首都，不仅是一座历史悠久的城市，同时也是一座现代化的大都市，拥有丰富的旅游资源。以下是一个为期五天的北京旅游规划，旨在让您体验到这座城市的古今交融之美。

第一天：故宫博物院 & 天安门广场。

上午：首先前往天安门广场，这是世界上最大的城市中心广场，观看升旗仪式（如时间允许），并参观人民英雄纪念碑、毛主席纪念堂。

下午：穿过天安门城楼，进入故宫博物院（又称紫禁城），这里是明清两代皇家宫殿，拥有丰富的历史文物和建筑艺术，建议租借语音导览或参加导游讲解，深入了解中国皇室历史。

第二天：长城（八达岭或慕田峪）& 明十三陵。

全天：早起前往八达岭长城或更为宁静的慕田峪长城，感受“不到长城非好汉”的壮志豪情。八达岭长城较为商业化，设施完善；慕田峪则更加原始自然。下午返回途中可顺访明十三陵，探索明朝皇帝的陵墓群。

16）摘要生成

问：生成 200 字的摘要，介绍图书《红楼梦》。

答：

《红楼梦》，清代文学巨匠曹雪芹旷世杰作，被誉为中国古典四大名著之首，通过贾、史、王、薛四大家族的荣枯兴衰，细腻勾勒出一幅 18 世纪中国封建社会的斑斓画卷。小说以贾宝玉、林黛玉及薛宝钗的爱情悲剧为主线，穿插复杂的人物关系与丰富的情感纠葛，展现了众多鲜活个性的角色形象。

17）中英文翻译

问：翻译一下：维持生态平衡对于地球的未来至关重要。

答：

Maintaining ecological balance is vital for the future of our planet.

问：中文翻译：Several giant wooly mammoths approach treading through a snowy meadow，their long wooly fur lightly blows in the wind as they walk，snow covered trees and dramatic snow capped mountains in the distance，mid afternoon light with wispy clouds and a sun high in the distance creates a warm glow，the low camera view is stunning capturing the large furry mammal with beautiful photography，depth of field.

答：

几头巨大的长毛猛犸象穿越雪原而来，它们行走时，长长的毛发在风中轻轻飘扬。远处是白雪覆盖的树木和壮观的雪山，午后的阳光搭配着稀疏的云朵，高悬的太阳在远方投下温暖的光辉。从低角度拍摄的镜头震撼人心，以美丽的摄影手法和景深效果捕捉到了这些庞大而毛茸茸的哺乳动物。

18）图书推荐

问：帮我推荐一本侦探类小说。

答：

如果您正在寻找一本侦探类小说来阅读，这里有一些建议，涵盖了不同的风格和背景，供您参考。

《雾都侦探》：这本书在多个榜单上都有提及，拥有较高的综合指数，可能意味着它在故事情节、人物塑造或推理逻辑上有独到之处，适合喜欢传统侦探小说的读者。

《心理罪》：由雷米所著，是中国犯罪推理小说中的知名作品，讲述了利用犯罪心理画像追踪犯罪分子的故事，紧张刺激且充满智慧的对决，适合对心理学和犯罪学感兴趣的读者。

《福尔摩斯探案全集》：作为侦探小说的经典之作，阿瑟·柯南·道尔所创造的夏洛克·福尔摩斯形象深入人心，是推理小说迷必读的经典，无论时代如何变迁，福尔摩斯的故事总是充满吸引力。

19）脚本生成

问：生成长度在1分钟的关于海底世界的视频脚本。

答：

为你构思一个关于海底世界的1分钟视频脚本概要，你可以依据这个概要使用视频编辑软件或寻求专业视频制作服务来创建视频。

海底世界1分钟视频脚本概要：

开头（第0—10秒）

画面：深蓝的海水中，一缕阳光穿透表面，缓缓下沉，光线在水中散开，形成光柱。

旁白："在地球的蔚蓝心脏，隐藏着一个神秘而绚烂的世界——海底。"

探索开始（第10—20秒）

画面：镜头跟随一只好奇的海龟游动，穿梭在五彩斑斓的珊瑚礁之间。

旁白："让我们随着这位古老的探险家，潜入海底，揭开它的秘密面纱。"

珊瑚礁奇观（第20—35秒）

画面：展示多样化的珊瑚礁生态，包括不同形状和颜色的珊瑚，小丑鱼在其中穿梭，海葵轻轻摇曳。

旁白："这里是生命的摇篮，珊瑚礁，一个色彩斑斓的生命共同体，孕育了无数海洋生物。"

深海生物展示（第35—60秒）

画面：转入较暗的深海环境，展示独特的深海生物，如发光的水母、奇特的深海鱼以及缓慢移动的乌贼。

旁白："深入海底，光怪陆离。生物们以独特的方式适应这片黑暗，绽放着奇异之光。"

请根据这个概要，结合实际可用的视频素材和音乐，制作你的海底世界视频。

20）生活小助手

问：请帮我分析解决以下问题：怎么除去冰箱异味？

答：

除去冰箱异味可以通过以下几种方法来进行。

彻底清洁：首先，需要将冰箱内的食物全部取出，然后断电，用温和的洗涤剂和温水擦拭冰箱内部的所有表面，包括架子、抽屉和门封条。对于顽固污渍，可以使用少量的Baking Soda（小苏打）作为清洁剂，因为它有很好的去污和除臭效果。

使用小苏打吸附异味：在冰箱内部放置一个开口的小苏打盒子或碗。小苏打能够吸收空气中的异味，通常放置一夜就能见效。每隔一段时间更换一次小苏打，以保持其吸收能力。

21）比赛解说

问：现在你需要根据以下需求写比赛解说：中国国足3：3绝平阿根廷。

答：

在这个激动人心的夜晚，全球足球迷的目光聚焦于这场史无前例的对决——中国国足与阿根廷国家队的激情碰撞！这不仅仅是一场普通的友谊赛，更是两支队伍精神、技术和战术的全面较量。随着裁判的一声哨响，一场足球盛宴正式拉开序幕！

【上半场：阿根廷先声夺人】

开场仅10分钟，阿根廷队便展现了他们的南美风情，梅西凭借其无与伦比的个人能力，在中场接到传球后，犹如一道蓝色闪电，连过数人，一记精准的低射洞穿了中国队的球门，1：0！阿根廷队取得梦幻开局，梅西的这一进球无疑为比赛点燃了第一把火。

【赛后评价】

这场比赛，不仅是技术的比拼，更是意志力的较量。中国国足在面对世界级强队阿根廷时，展现出了坚韧不拔的精神面貌和永不放弃的斗志，尤其是最后时刻的绝平，让全世界见证了中国足球的力量。而阿根廷队虽然未能保持领先，但梅西、迪巴拉等球星的个人表现依然闪耀，给观众留下了深刻印象。这场3：3的激战，无疑是足球魅力的最佳诠释，它告诉我们：在绿茵场上，直到最后一刻，一切皆有可能！

4.4.2　图像生成

1. AI图像生成介绍

AIGC在图像生成领域有广泛的应用。AIGC生成的图像是指通过计算机算法和模型生成新的图像，这些图像可能是完全虚构的、艺术创作的或者是根据现有图像进行修改和增强的。AI绘画作品如图4-9所示。

图4-9　AI绘画作品

AIGC图像生成是基于深度学习和生成对抗网络来实现的。AI能够通过大规模训练数据集学习图像和文字之间的联系，然后在生成过程中根据输入的文字描述生成对应的图像。AI图像生成的出色之处在于当用户输入文字描述时，它便会利用训练好的模型对输入进行分析和理解。同时，这个过程是高度自动化的，让用户无须具备较强的绘画技能，即可创造出令人惊叹的艺术作品。

大多数人对于AI作画的认识始于《空间歌剧院》，这是一幅由AI创作的绘画作品，如图4-10所示。《空间歌剧院》由美国游戏设计师Jason Allen使用AI绘图软件MidJourney创作完成，是在近千次的尝试后生成的。令人惊奇的是，2022年8月，该作品获得了美国科罗拉多州艺术博览会数字艺术类别的冠军。《空间歌剧院》描绘了一个奇怪的场景，看起来像是来自太空歌剧院，和一幅精湛的绘画无异。巴洛克风格的大厅里，古典人物通过一个圆形的观景口，进入阳光普照、光芒四射的景观。从画作本身来看，这幅画作的构图无可挑剔，甚至还有不少笔触存在，呈现出一幅极具想象力的超现实作品，仿佛置身于另一个宇宙世界。

图 4-10 AI 绘画作品《空间歌剧院》

在国内外网络上，AI 作画迅速成为焦点话题之一，MidJourney、Disco Diffusion、Stable Diffusion 等 AI 绘图产品开始被越来越多人熟知，大量 AI 绘图作品随之被产出。一时间，AI 作画席卷了微博、推特、Facebook 等国内外社交媒体平台，人们惊讶于只在软件中输入几个关键词就能在十几秒内生成一幅画作的超高创作效率，同时更被 AI 绘图产品在精细度与风格化上的成果惊叹：无论何种风格、什么题材，AI 都来者不拒，并回馈出高水平的艺术作品。

相对人类来说，AI 的想象力似乎没有边界，几乎能满足创作者的所有需求，但一些过于“奇怪”的需求则让 AI 画作展现出了更奇特的效果，人体变形、线条错位，在部分水平参差不齐的 AI 绘图产品创作下，AI 画作也一度成为不少人的快乐源泉，在各式各样的 AI 怪图中，网友们快乐地体会着碳基生物与硅基生物的“审美差异”。

从目前来看，大部分 AI 绘图产品的底层逻辑仍旧在于学习与临摹。事实上，AI 本身并不具备“创作”能力，这些产品需要将大量绘画作品的图像数据“喂食”给 AI，并通过不断地深度学习将其“消化”，再通过理解关键词的方式进行创作输出。

2. AI 图像生成实例

1）生成动物

问：生成图像，一群小象在喝水。

答：

生成的图像如图 4-11 所示。

2）生成人物

问：帮我画深海里的古风女孩，侧脸美颜，甜美微笑。

答：

生成的图像如图 4-12 所示。

图 4-11 生成动物

图 4-12 生成人物

3）生成虚拟事物

问：生成一只麒麟的图像。

答：

生成的图像如图 4-13 所示。

问：生成图像：一只矮小、毛茸茸的怪物跪坐在一旁，旁边是一根正在融化的红色蜡烛。

答：

这次为您生成的图像中，一只矮小、毛茸茸的怪物正跪坐在一旁，它的身旁是一根正在融化的红色蜡烛，整个场景既温馨又神秘。希望这个画面能够激发您的想象！

生成的图像如图 4-14 所示。

图 4-13 生成麒麟

图 4-14 依据描述生成的图像

4）生成建筑

问：帮我画深山中的一座无人问津的小庙。

答：

这是您想要的画面，深山中一座无人问津的小庙。

生成的图像如图 4-15 所示。

5）文本插图生成

问：生成一个漫画故事，描述小明和小美快乐的一天。

答：

从早晨的阳光开始，到夜晚的美丽日落，每一个场景都充满了温馨和快乐。希望这幅插图能够带您进入小明和小美的世界，感受他们这一天满满的友情和美好时光。生成的插图如图 4-16 所示。

图 4-15　一座无人问津的小庙

图 4-16　故事插图

问：为以下文字配插图：午后的阳光温柔地洒在湖面上，波光粼粼，湖中鸭子成群，引来一群群水鸟欢快地追逐。

答：

这幅插图描绘了午后的宁静美景，阳光轻柔地洒落在波光粼粼的湖面上，形成一片温暖而祥和的光辉。湖中，鸭子们成群结队，它们的欢叫声和水波荡漾相互交织，引来更多水鸟加入这场欢乐的追逐游戏。整个场景生动展现了大自然的和谐与生机盎然。生成的插图如图 4-17 所示。

图 4-17　文本插图

问：为小说《红楼梦》中林黛玉葬花生成插图。

答：

画面中，林黛玉身着清代服饰，哀愁地轻蹲在落花之中，手持小锄，四周花瓣纷飞，生动展现了这一段文学史上的经典情景，既体现了黛玉的柔弱之美，又蕴含了她不屈的灵魂与对美好事物消逝的深切哀悼。生成的插图如图 4-18 所示。

图 4-18 小说插图

4.4.3 AI 代码生成与优化

1. AI 代码生成介绍

在软件开发过程中，AIGC 技术可协助开发人员自动创建和重构代码，以提高开发工作效率。

1）AI 代码生成描述

利用 AIGC 技术进行自动化代码生成和重构的工具，能够通过对现有代码库进行学习和分析，生成符合特定需求的代码，并对现有代码进行重构及优化。这些工具利用了深度学习、机器学习等人工智能技术，可以识别代码模式、结构和规范，并根据这些信息生成新的代码。此外，这些工具还能发现代码质量问题，并提供相关建议和解决方案，帮助开发人员进行代码质量控制。

使用基于 AIGC 技术的自动化代码生成和重构工具，开发人员可以更快地编写代码，提高代码质量和可读性，降低错误和漏洞的风险，节省时间和成本。此外，这些工具还可提高软件开发迭代和测试速度，帮助开发团队更快地推出产品。

2）AI 代码生成应用

目前，一些 IDE（集成开发环境）已经开始集成自动化代码生成与重构工具，包括 Visual Studio、Eclipse 等，这种集成方式使得使用该工具更加便捷。在实际应用中，AIGC 编程工具可以根据用户的自然语言描述或伪代码，自动生成符合语法和语义规范的代码。例如，使用名为 CodeGen 的 AIGC 工具，用户可以输入问题描述（如“编写一个 Python 函数，接收一个整数列表作为参数，返回列表中的最大值”），然后工具会根据输入生成相应的代码。

例如某程序员正在编写一个 Python 程序，并需要实现一个函数，该函数接收一个整数列表作为输入，并返回列表中所有偶数的和。但在开始编写这个函数时，他突然忘记了如何遍历列表并检查每个元素是否为偶数。此时，可以利用 GitHub Copilot（一款由 GitHub 和 OpenAI 联合开发的 AI 编程助手）来帮助其完成这个任务。

```
def sum_even_numbers(numbers):
    total = 0
    for number in numbers:
        # 此时忘记了如何检查数字是否为偶数
```

激活 GitHub Copilot（通常是通过一个快捷键或插件），它会分析已有的代码，并理解其意图是遍历列表并检查偶数。接着，它会自动补全剩余的代码。

```
def sum_even_numbers(numbers):
    total = 0
    for number in numbers:
        if number % 2 == 0:
            total += number
    return total
```

虽然这个例子比较简单，但它展示了 AI 在代码生成优化中的实际应用：通过理解开发者的意图和上下文，自动补全代码，提高开发效率。

需要注意的是，虽然 AI 工具如 GitHub Copilot 可以提供有用的帮助，但它们并不能完全替代开发者。开发者仍然需要对代码进行审查和测试，以确保其正确性和质量。

又例如，某程序员正在编写一个 JavaScript 函数，该函数需要遍历一个数组并找出其中的最大值。但在这个函数的编写过程中，程序员突然不确定如何编写遍历和比较的逻辑。

```
function findMax(array) {
    let max = array[0];
    // 接下来需要遍历数组并更新最大值
}
```

此时，可以激活 GitHub Copilot（通过 IDE 插件或在线编辑器中的快捷键）。Copilot 会分析已有的代码，并理解其意图是遍历数组并更新最大值。然后，它会自动补全剩余的代码。

```
function findMax(array) {
    let max = array[0];
    for (let i = 1; i < array.length; i++) {
        if (array[i] > max) {
            max = array[i];
        }
    }
    return max;
}
```

Copilot 能够根据问题的描述和已有的代码片段，生成完整的遍历和比较逻辑。这个例子展示了 AI 代码生成工具如何帮助开发者提高编写代码的速度和准确性，尤其是在处理常见编程模式和逻辑时。

2. AI 代码生成实例

问：用 Python 生成代码，实现一个求两数和的函数。

答：

```
def add_two_numbers(a, b):
    """
    计算并返回两个整数的和。
    参数:
    a (int): 第一个加数。
    b (int): 第二个加数。
    返回:
    int: 两个整数的和。
    """
    return a + b

#示例使用
sum_result = add_two_numbers(3, 5)
print(f"两数之和为: {sum_result}")
```

在 Python 中直接运行该代码结果如下。

```
两数之和为: 8
```

3. AI 代码优化

AI 代码优化是指利用人工智能技术自动分析和改进现有代码，以提升其性能、可读性或维护性。

1）AI 代码优化描述

AI 代码优化通常包括但不限于以下几个方面。

（1）性能优化。AI 可以识别出代码中的瓶颈，如循环效率低、不必要的计算、过度的内存使用等，并提出改进建议或直接进行优化，例如通过向量化操作替换循环，利用缓存技术减少重复计算等。

（2）代码重构。AI 分析代码结构，提出简化复杂度、提升模块化和重用性的建议。这可能涉及函数拆分、类结构调整、变量命名规范等，以增强代码的可读性和可维护性。

（3）自动补全和代码生成。基于上下文理解，AI 可以提供更精准的代码补全建议，甚至自动生成某些模板代码或实现特定功能的代码段，减少开发者的工作量。

（4）错误检测与修复。AI 能够识别常见的编程错误，如语法错误、类型不匹配、未处理的异常等，并提供修复建议。高级系统还能识别潜在的逻辑错误。

（5）安全漏洞检测。通过模式识别和机器学习算法，AI 可以帮助发现代码中的安全漏洞，如注入攻击、跨站脚本（Cross-Site Scripting，XSS）、缓冲区溢出等问题，并提供加固方案。

（6）保持风格一致性。保持代码风格的一致性对于团队协作至关重要，AI 可以依据预设的编码规范自动调整代码格式，如缩进、空格、命名约定等。

实施 AI 代码优化时，重要的是选择合适的技术和工具，并结合人工审查，因为 AI 虽强大但并非完美，特别是在理解复杂业务逻辑和特定项目需求上。一些流行的工具如 GitHub Copilot、DeepCode、Codota 等，都在尝试利用 AI 技术来辅助软件开发过程。

2）AI 代码优化应用

例如，一名 Web 开发人员，正在使用 JavaScript 编写一个处理用户输入并返回相应响应的 Web 应用。在编写过程中遇到了一个复杂的功能，需要处理多个条件和异常情况。

这时,开发人员可以使用一款集成了 AIGC 技术的代码编辑器或 IDE(集成开发环境),如 GitHub 的 Copilot。以下是如何使用 AIGC 工具进行代码补全和错误检测的步骤。

(1) 编写代码框架。首先编写出代码的基本框架,包括函数定义、参数列表和主要的逻辑结构。已经写出的代码如下。

```
function processInput(input) {
    if (/* 条件 1 */) {
        // 处理条件 1
    } else if (/* 条件 2 */) {
        // 处理条件 2
    } else {
        // 处理其他情况
    }
    // 返回响应
}
```

(2) AI 代码补全。在编写过程中,如果不确定某个条件的写法或者忘记了某个函数的名字,开发人员可以使用 AIGC 工具进行代码补全。例如,在上面的代码中,如果不确定如何检查输入是否为空字符串,可以输入“if(input === ”然后等待 AIGC 工具给出补全建议。工具可能会建议输入“if(input === '')”来检查空字符串。

(3) 自动查错。在编写完代码后,AIGC 工具还可以帮助开发人员自动检测代码中的错误。例如,它可能会检查程序中的变量是否在使用前已经定义,写好的函数是否在所有路径下都有返回值,以及代码是否符合 JavaScript 的最佳实践等。如果发现错误,工具会在相应的位置给出警告或错误提示,帮助开发人员快速定位和修复问题。

(4) 代码优化。除了基本的代码补全和错误检测外,一些高级的 AIGC 工具还可以帮助开发人员优化代码。例如,它们可能会建议其使用更高效的算法或数据结构来替换现有的实现,或者使用更简洁的代码风格来减少冗余和重复。

通过使用 AIGC 工具进行编程,开发人员可以更快速、更准确地编写出高质量的代码,同时减少由于人为错误导致的 bug 和问题。这对于提高开发效率、降低维护成本以及提升用户体验都具有重要意义。

4. AI 代码优化实例

1) 代码优化

该实例将关注一个简单的性能优化场景:迭代一个大列表并执行某个操作。

(1) 原始代码。

```
numbers = [i for i in range(1000000)]
result = []
for number in numbers:
    result.append(number * 2)
```

(2) 代码优化。

AI 分析这段代码后,可能会提出使用列表推导式(List Comprehension)来替代传统 for 循环,因为这对于 Python 来说更加高效且代码更简洁。

```
numbers = [i for i in range(1000000)]
result = [number * 2 for number in numbers]
```

(3) 继续优化。

AI 还可能进一步指出,如果这个操作对内存消耗敏感(考虑到 numbers 列表非常大),可以采用生成器表达式来避免一次性加载所有结果到内存中。

```
numbers = (i for i in range(1000000))
result = (number * 2 for number in numbers)
```

在这个例子中,虽然 AI 直接提供了优化建议,实际上 AI 代码优化工具会通过分析代码模式、运行时性能数据以及编程最佳实践,自动提出这样的改进方案。但需要注意的是,实际应用中选择哪种优化策略还需考虑具体的应用场景和需求。

2) 代码查错

AIGC 智能编程还具备自动错误修复的能力。通过分析现有代码的结构和逻辑,AIGC 可以快速定位代码中的错误,并生成修复代码。这将大大缩短软件故障排除的时间,并提高开发质量。

(1) 开发一个简单的登录系统,代码如下。

```
#用户输入
username = input("请输入用户名:")
password = input("请输入密码:")

##验证用户名和密码(错误的变量名)
if usename == "admin" and password == "123456":
    print("登录成功!")
else:
    print("用户名或密码错误!")
```

(2) AIGC 智能编程自动检测到该错误,并生成修复代码。

```
##验证用户名和密码(修复后的代码)
if username == "admin" and password == "123456":
    print("登录成功!")
else:
    print("用户名或密码错误!")
```

4.5　本章小结

(1) AIGC 是指运用人工智能技术,尤其是深度学习技术,创建各类数字内容的新型内容创作模式。

(2) AIGC 的发展可以大致分为以下三个阶段,早期萌芽阶段、沉积积累阶段和快速发展阶段。

(3) AIGC 的基本原理是通过训练使机器理解并执行人类给定的任务。

4.6　实训

1. 实训目的

通过本章实训了解 AIGC,能进行简单的与 AIGC 有关的操作。

2. 实训内容

1）文本生成

问：我女儿即将过生日，我想送她一个好看的儿童玩具，可以给我一些建议吗？

答：

当然可以，为女儿挑选一个既有趣又适合她年龄段的儿童玩具是非常重要的。以下是一些建议，你可以根据她的兴趣和年龄进行选择。

音乐盒或音乐玩具：如果女儿喜欢音乐，一个精美的音乐盒或者能演奏音乐的玩具会是一个不错的选择。它们不仅能带来美妙的音乐，还能培养孩子的音乐素养和审美能力。

绘画套装：如果女儿喜欢画画，一套包含画笔、颜料、画纸等绘画材料的套装会是一个好选择。这可以激发她的创造力，让她在画画中表达自己的想象和情感。

乐高积木：乐高积木是一种经典的儿童玩具，适合各个年龄段的孩子。它们可以激发孩子的想象力和创造力，让孩子在搭建的过程中学习解决问题和团队合作。

……

2）图像生成

问：生成一只凤凰喝水的图片。

答：

如图 4-19 所示。

图 4-19 图像生成

3）代码生成

问：用 Python 生成代码，实现一个简单的计算器。

答：

```
def add(x, y):
    """加法"""
    return x + y
def subtract(x, y):
    """减法"""
    return x - y
def multiply(x, y):
    """乘法"""
```

```
        return x * y
    def divide(x, y):
        """除法"""
        if y == 0:
            return "错误:除数不能为 0"
        else:
            return x / y

    def calculator():
        print("选择操作:")
        print("1.加法")
        print("2.减法")
        print("3.乘法")
        print("4.除法")
        choice = input("请输入你的选择(1/2/3/4): ")
        num1 = float(input("请输入第一个数字: "))
        num2 = float(input("请输入第二个数字: "))
        if choice == '1':
            print(num1, "+", num2, "=", add(num1, num2))
        elif choice == '2':
            print(num1, "-", num2, "=", subtract(num1, num2))
        elif choice == '3':
            print(num1, "*", num2, "=", multiply(num1, num2))
        elif choice == '4':
            result = divide(num1, num2)
            print(num1, "/", num2, "=", result)
        else:
            print("非法输入")
    if __name__ == "__main__":
        calculator()
```

运行该段代码结果如下。

```
选择操作:
1.加法
2.减法
3.乘法
4.除法
请输入你的选择(1/2/3/4): 1
请输入第一个数字: 3
请输入第二个数字: 30
3.0 + 30.0 = 33.0
```

4）文图生成

问：生成一个漫画故事，描述小明的一天。

答：

小明的一天：

清晨，阳光透过窗户洒在小明的房间里，暖洋洋的。小明揉了揉眼睛，从床上坐了起来，伸了个懒腰，打了个哈欠，开始了他的新一天。

他快速地洗漱完毕，换上了一套崭新的校服，站在镜子前，小明露出了一个自信的微笑。他觉得自己已经准备好迎接新的一天了。

小明走到餐桌前，妈妈已经为他准备好了丰盛的早餐。他一边吃着早餐，一边听着妈妈唠叨着学校的注意事项。虽然妈妈的唠叨有些烦人，但小明知道这是妈妈对他的关心和爱。

……

AI为该漫画配图如图4-20、图4-21所示。

图4-20 配图1

图4-21 配图2

5）中英文翻译并生成图像

问：中文翻译：Animated scene features a close-up of a short fluffy monster kneeling beside a melting red candle. the art style is 3D and realistic，with a focus on lighting and texture. the mood of the painting is one of wonder and curiosity，as the monster gazes at the flame with wide eyes and open mouth. its pose and expression convey a sense of innocence and playfulness，as if it is exploring the world around it for the first time. the use of warm colors and dramatic lighting further enhances the cozy atmosphere of the image.

答：

动画场景展现了一只矮小、毛茸茸的怪物跪坐在一旁，旁边是正在融化的红色蜡烛。艺术风格为3D写实，着重于光影和质感的表现。画面洋溢着奇妙与好奇的情绪，怪物睁大眼睛、张着嘴凝视着火苗。其姿势和表情传递出一种纯真和顽皮的感觉，仿佛它是第一次探索周围世界一般。暖色调的运用及戏剧性的照明效果，更加衬托出画面的温馨氛围。

问：生成图像。

答：

这是根据您的描述生成的图像：一个充满好奇心与惊叹的场景，一只矮小、毛茸茸的怪物跪坐在融化中的红色蜡烛旁，其表情和姿态体现出纯真与玩耍之心。希望这幅3D写实风格的画作能够满足您的想象！

图像如图4-22所示。

6）绘本生成

问：以兔子为主角，生成一系列环游太空的绘本内容。

答：

绘本系列:《兔兔的星际奇遇》

第一册:《星际启航》

封面:在宁静的森林中,一只戴着宇航头盔、手持星图的兔子站在一艘小型飞船旁,满天星辰映入眼帘。背景是巨大的火箭发射塔,周围是前来送行的动物朋友们。

内页 1:兔兔梦想着探索宇宙的奥秘,它夜观星象,决定踏上旅程,绘图 1 如图 4-23 所示。

图 4-22 生成的图像

图 4-23 绘图 1

内页 2:在动物们的欢呼声中,兔兔的飞船缓缓升空,穿越云层,朝向无垠的宇宙。

第二册:《月球的萝卜园》

封面:兔兔站在月球表面,背后是地球升起的壮观景象,它正兴奋地发现一片神奇的太空萝卜园。

内页 1:兔兔降落在月球,穿上特制的月球漫步服,在银白的世界里跳跃。绘图 2 如图 4-24 所示。

图 4-24 绘图 2

内页 2：兔兔惊喜地发现月球上的萝卜比地球上的更加巨大和美味，它与新认识的月球生物一起享受了太空萝卜大餐。

……

《兔兔的星际奇遇》系列绘本，通过兔兔的眼睛，带领小读者遨游浩瀚宇宙，体验探索的乐趣，传递勇气、友谊和对未知世界的好奇心。每一站都是一次新的冒险，每一次相遇都开启了一扇理解宇宙多样性的窗。

7) Logo 生成

问：设计一个现代且简约的 Logo，适合一家专注于可持续发展技术的初创公司。

答：

图像如图 4-25 所示。

图 4-25 科技公司的 Logo

习题 4

(1) 请阐述什么是 AIGC。

(2) 请阐述 AIGC 的特点。

(3) 请阐述国内常见的 AIGC 平台。

(4) 请简单介绍通义千问。

(5) 请使用 AI 生成式对话产品来生成任意的一张图像。

(6) 请使用 AI 生成式对话产品来生成一段 Python 代码并对其优化。

第5章

提示词与提示工程

本章学习目标

- 了解提示词的概念。
- 了解提示词设计实例。
- 了解提示工程的定义与技巧。
- 应用提示工程生成文本。

本章先向读者介绍提示词的概念、提示词设计实例，再介绍提示工程的定义与技巧，最后介绍提示工程的应用。

5.1 提示词

5.1.1 认识提示词

1. 什么是提示词

提示词(Prompt)是 AIGC 中用于引导用户进行文本输入和生成的关键词汇。通过合理设置 Prompt 提示词，用户可以更准确地表达需求，从而获得更满意的结果。

Prompt 起源于研究者们为了下游任务设计出来的一种输入形式，它的作用是能够帮助大语言模型“回忆”起自己在预训练时学习到的东西，因此又可以叫它提示词。而对于大语言模型来说，Prompt 就是用户的输入，它可以是一句简单的问题、一段较长的文本，也可以是一组指令，这取决于用户的具体需求。值得注意的是，提示词通常可由多个单词、词组或短句构成，以逗号进行分隔。

大语言模型生成内容时，会先处理 Prompt，再根据对其的理解进行输出。这就不得不浅提一下大语言模型的工作原理，它是根据用户的输入上文，来预测下一个词出现的概率，逐字生成出下文。所以，输入 Prompt 的不同会直接影响输出结果的质量，几个字的差距，生成的内容也可能会有较大的不同。

对于传统计算机来说，计算机按指令执行，不存在提示计算机该怎么做。但语言模型不这样工作，NLP 语言模型的工作原理是不断地预测一句话中下一个应该出现的单词是什么，有点类似于单字接龙或词语接龙，也就是知道了上一个词，通过计算概率得知下一个词是什么。

问：今天我要去________。提示是：家里没菜了。

答：

今天我要去超市购物。提示是：家里没菜了。

根据提示“家里没菜了”。AI就会生成菜市场或者超市，或者生成更加复杂的输出。

又例如：

今天我想去________。提示是：很久没游泳了。

答：

今天我想去游泳。提示是：很久没游泳了。

简单来说，类似ChatGPT这样的语言模型做的是复杂的计算和逻辑推理，而不是执行指令或者从数据库里提取资料。根据上面的例子可以看到“提示”是影响大语言模型生成答案的重要因素。提示的简洁与否、清晰程度、上下文联系的强弱都会直接影响生成答案的质量。提示可以帮助模型更准确地理解用户的意图和需求，从而让模型生成更加自然流畅的文本。例如，传统的编程是基于明确的逻辑指令，程序员需要精确地定义每一步的操作和流程。相比之下，AIGC模型尤其是基于深度学习的语言模型，如ChatGPT，通过学习大量的语言数据，能够理解和生成自然语言。它们的工作原理基于统计学和机器学习，尤其是Transformer架构，通过预测下一个最有可能的词来生成连贯的文本，而不是遵循固定的逻辑指令。

用户通过提供合适的提示语，可以帮助模型更好地理解文本的语境和上下文，从而使之生成更加准确和连贯的文本。同时，高质量的提示语也可以帮助模型在生成文本时避免一些常见的语法和用词错误，进一步提升生成文本的质量。因此，在使用类似于ChatGPT这样的AIGC文本生成智能应用时，合适的提示语是至关重要的，可以提高模型的准确性和可用性，让用户得到更好的体验。

请在AI语言模型中输入以下提示词，并查看输出结果。

问：今天我要去________。提示是：手机没电了。

问：今天我要去________。提示是：手机没话费了。

问：今天我要去________。提示是：手机没内存了。

问：今天我要去________。提示是：手机没法开机了。

问：今天我要去________。提示是：手机屏幕划破了。

参考输出：

今天我要去充电或者买充电宝。提示是：手机没电了。

今天我要去充值话费或者办理手机充值。提示是：手机没话费了。

今天我要去清理手机内存或者购买内存卡。提示是：手机没内存了。

今天我要去手机维修店。提示是：手机没法开机了。

今天我要去手机维修店(或手机维修服务点、专业手机维修店等)。提示是：手机屏幕划破了。

具体来说，在与大语言模型交互时，用户提供的“提示”实际上是模型进行预测的起点。模型将基于这个提示和其在训练数据中学到的知识来生成后续文本。这种交互方式使得用户可以轻松地与模型进行对话，而无须深入了解模型的内部机制或编写复杂的指令。需要注意的是：理解并有效利用提示词，对于最大化大语言模型的价值至关重要，它不仅关乎于技术层面的优化，也涉及了解人类与AI沟通的深层艺术。

2. 提示词设计参考

1）对话练习，参考提示词如下

请与我进行一次英语日常对话，讨论有关天气、工作、家庭或娱乐方面的话题。

我正在学习西班牙语，请与我进行一次简单的西班牙语对话，例如问候、介绍自己或讨论旅游计划等话题。

我想提高我的英语听力和口语，请与我进行一次简单的英语听力练习，例如听取新闻、广告或对话等素材，并进行相关讨论。

我正在学习商务英语，请与我进行一次商务会话练习，例如讨论有关市场营销、商务合作或职业发展方面的话题。

我正在学习医学英语，请与我进行一次模拟医学会话，讨论有关病症、治疗方案或医疗保健等话题。

我希望你能充当土耳其人英语发音助手的角色。我会给你写句子，你只需要回答它们的发音，而不是其他的东西。回复不能是我句子的翻译，只能是发音。发音应该使用土耳其拉丁字母来表示音标。回复中不要写解释。我的第一句话是"伊斯坦布尔的天气怎么样？"

我想提高我的英语口语表达能力，请与我进行一次话题讨论，例如关于环保、社交媒体或健康生活等话题。

2）购物建议，参考提示词如下

我想购买一套家具，请推荐一些品牌和款式。

能否为我推荐一些受欢迎且评价良好的产品呢？

我需要购买一些办公用品，您有什么好的建议吗？

我想购买一些健康食品，你能为我推荐一些有机或天然的品牌吗？

能否请您提供一些关于这些产品的简短介绍或评价，以便我更好地了解产品的特点和优劣呢？

3）商务写作，参考提示词如下

我需要一份销售提案，向客户展示我的xx产品特点、优势和解决方案。您能够为我撰写这份销售提案吗？

我需要一篇热点事件的评论文章，要求有及时的报道、深入的分析、独特的观点和有意义的思考。请帮我撰写这样的评论。

我在写文章的开头，请你尝试使用一些引人入胜的开头，如疑问、引用、故事、事实、比喻等，来吸引读者的注意力，激发读者的兴趣。

"请创建一封邀请客户参加xx产品发布会的邮件，详细描述活动安排、为什么这次活动值得参加，以及如何进行注册。"

我需要一篇旅游自媒体文章，要求有详尽的旅游攻略、独特的旅游体验、深入的旅游分析和有意义的旅游建议。您能够为我创作这篇旅游自媒体文章吗？

我需要一份关于xx的商业计划书，展示我的商业理念、市场分析和未来的发展方向。计划书需要非常专业(尽量包含多的术语)、详细。

4）社交活动与聚会，参考提示词如下

我想参加一个创业活动，请推荐一些活动和组织。

我们正在筹备一个婚礼，你有什么好的建议和推荐吗？例如，如何规划一个难忘的婚礼仪式和庆祝活动？如何选择合适的婚礼场地等？

我们公司要组织一个团队建设活动，你有什么好的活动建议和推荐吗？例如，哪些团队建设活动效果比较好？如何组织和安排团队活动等？

我们要组织一个文艺晚会，你有什么好的节目和创意建议吗？例如，如何选择适合不同年龄段观众的文艺节目，如何设计舞台和灯光等。

我们要组织一个户外野餐聚会，你有什么好的建议和推荐吗？例如，如何选择合适的场地和时间，如何准备食物和饮品，如何规划活动等。

5）演讲报告，参考提示词如下

我们需要一位专家为我们介绍 xx 主题的相关知识和趋势，您能为我们提供一份关于该主题的报告吗？

我需要做一个有关 xx 主题的演讲或报告，您能为我提供一些关于如何准备和呈现演讲或报告的建议吗？

我们希望了解 xx 主题的历史和现状，您能为我们做一个有关该主题的演讲或报告吗？

我们对于 xx 主题的某些方面有一些疑问，希望您能为我们做一个关于该主题的演讲或报告，并解答我们的疑问。

我需要为一个关于心理健康的演讲做准备，能提供一些建议如何让演讲更有说服力吗？

6）短视频创意，参考提示词如下

我需要一个短视频创意，它既可以传播开来，又可以说服我的[理想客户角色]在我的[网站/产品]上采取[期望的行动]，并带有强烈的号召性用语和引人注目的视觉效果。

我正在寻找一个短视频创意，它可以讲述关于我的[产品/服务]的独特且相关的故事，以及它如何帮助[理想的客户角色]实现他们的[目标]。

我需要一个短视频创意，以有趣和创造性的方式展示我的[产品/服务]的独特功能和优势，并说服我的[理想客户角色]进行购买。

我正在寻找一个短视频创意，它可以向我的[理想客户角色]展示我的[产品/服务]的价值和好处，并通过强有力的提议和明确的号召性用语说服他们采取[期望的行动]行动。

我正在寻找一个短视频创意，它可以为我的[理想客户角色]提供关于[主题]的有价值和相关的信息，并说服他们在我的[网站/产品]上采取[所需的行动]。

5.1.2 提示词设计实例

1. 购物

问：请给出购物时的建议。

要求如下：

(1) 给出购物前需要考虑的因素，如商品质量、价格、品牌信誉等。

(2) 提供一些实用的购物技巧，如如何比较不同商品、如何选择合适的尺码等。

(3) 强调购物时需要注意的细节，如如何避免买到假货、如何保护个人隐私等。

(4) 给出一些具体的购物建议,如如何节省开支、如何选择合适的礼物等。

答:

购物时的建议:

(1) 购物前需要考虑的因素。

商品质量:在选购商品时,首先要考虑的是其质量。质量好的商品通常更耐用,性能更稳定。因此,在购买前,请仔细阅读商品的材质、工艺等详细信息。

价格:价格是购物时不可忽视的因素。请确保您的购买行为符合预算,并避免冲动消费。同时,也要学会比较不同商品的价格,找到性价比最高的选项。

品牌信誉:品牌信誉是商品质量的保障。购买知名品牌的产品通常更有保障,但也要注意识别假冒伪劣产品。

(2) 实用的购物技巧。

比较不同商品:在决定购买前,请务必比较不同商品的性能、价格、质量等因素。这有助于您找到最适合自己的商品。

选择合适的尺码:在购买服装、鞋子等商品时,请确保选择合适的尺码。不同品牌和款式的尺码可能存在差异,因此请务必参考商品详情页中的尺码表。

查看商品评价:购买前查看其他消费者的评价可以帮助您了解商品的真实情况。请注意识别虚假评价,并结合自己的需求进行判断。

2. 旅行

问:给出自驾旅行时的建议。

要求如下:

(1) 给出常见的行前准备。

(2) 提供一些实用的旅行技巧。

(3) 强调旅行时的注意事项。

(4) 给出一些具体的旅行建议。

答:

自驾旅行建议。

(1) 行前准备因素。

车辆检查:确保车辆处于最佳状态,包括发动机、轮胎、刹车系统、灯光等进行全面检查,同时携带备用轮胎、机油、冷却液等。

导航设备:更新 GPS 地图,下载离线地图以防信号不佳,携带纸质地图作为备用。

紧急装备:携带急救包、拖车绳、手电筒、多功能刀具、防水火机、手机充电宝和车载充电器。

法规了解:熟悉目的地的交通规则,特别是限速、特殊路段规定以及是否需要国际驾照等。

(2) 实用的旅行技巧。

路线规划:合理安排每日行驶里程,预留时间探索沿途风光,使用导航软件预估到达时间,避免夜间驾驶。

住宿与餐饮:提前预订住宿,特别是旅游旺季,利用旅行 App 查找评分高、性价比好的酒店或民宿。同时,了解沿途特色餐馆,体验当地美食。

(3) 旅行时的注意事项。

安全驾驶：遵守交通规则，不超速，不酒驾，保持车距，尤其在恶劣天气和山路行驶时要格外小心。

环境保护：不乱扔垃圾，尊重自然与文化遗产，不在禁止区域野炊或露营。

个人健康：保持充足睡眠，定时休息，携带常用药物应对旅途中的小病小痛。

3. 演讲

问：给出演讲时的建议。

要求如下：

(1) 假设你是一位环保倡导者，计划在一场社区会议上发表关于"减少塑料使用，保护地球"的演讲。

(2) 开场白中引入话题的引子，例如一个故事、引用或者问题，吸引听众的注意力。介绍自己和演讲的目的。

(3) 主体内容中对演讲的主题进行深入的阐述，并分点描述。

(4) 总结。

答：

演讲标题："告别一次性塑料：为我们的星球减负"。

开场白：

开场：大家好！今天我想和大家分享一个我们每个人都能够做出改变的故事，那就是通过减少一次性塑料的使用，共同守护我们美丽的地球。

引入：你们是否记得，当超市购物不再提供免费塑料袋的日子？那一刻，我们开始意识到，每一个小小的行动都对环境产生着影响。

主体内容：

(1) 塑料污染的现状。

每年全球生产超过3亿吨塑料，其中很大一部分最终流入海洋，威胁着海洋生物的生存。

据估计，到2050年，海洋中的塑料重量将超过鱼类的总重量。

(2) 替代方案。

幸运的是，有许多可持续的替代品正在逐渐取代一次性塑料产品，如可降解材料、布袋、玻璃瓶等。

让我们看看星巴克、麦当劳等大公司如何通过采用可重复使用的杯子和餐具来减少塑料使用。

(3) 每个人的力量。

虽然大型企业承担着主要责任，但每个人的小行动加起来同样可以产生巨大的影响。

使用可重复使用的水瓶、购物袋，拒绝一次性塑料吸管和餐具，这些都是我们每天可以做到的。

总结：

让我们一起承诺，从今天起，减少一次性塑料的使用，为地球减负，给后代留下一个更绿色、更清洁的家园。

5.2　提示工程

5.2.1　提示工程概述

提示工程(Prompt Engineering)是大语言模型的开发、训练和使用中的一个基本元素,涉及输入提示的巧妙设计,以提高模型的性能和准确性。

1. 认识提示工程

提示工程可以让人们更好地与人工智能对话,更好地利用人工智能的能力和潜力,更好地创造和创新。提示工程可以帮助我们解决各种问题,提高效率和质量,拓展思维和视野,增强表达和沟通。提示工程不仅适用于语言模型,也适用于其他类型的人工智能模型,如图像、音频、视频等。提示工程在实现和大语言模型交互、对接以及理解大语言模型能力方面都起着重要作用。

值得注意的是:提示工程是一种高度技巧性和创造性的实践,它要求工程师不仅理解模型的工作原理,还要对目标领域的知识有深刻认识,以及具备优秀的语言表达和逻辑思维能力,以便引导模型达到甚至超越预期的表现。提示工程不仅仅适用于单一的大语言模型,它还促进了不同模型(包括文生图模型等)之间的交互和集成。设计出的高效提示策略可以在多个模型上复用,增强了模型间的兼容性和系统的灵活性。通过精心设计的提示,研究者能更清晰地界定大语言模型可以高效处理的任务类型,以及它们在哪些领域可能会遇到挑战或产生误导性的输出。这有助于设定合理的期望值并针对性地改进模型或调整使用策略。

2. 提示工程实例

一个提示工程实例如下。

问:请将这个句子补充完整:今天星期六。

答:

今天星期六,是一个适合放松休息或与家人朋友出游的好日子。

在该实例中,我们通过告诉模型要将这个句子补充完整,成功让其产生的结果更加精准,因为它通过联系上下文后遵循了我们的指令(“将这个句子补充完整”)。这种指示模型执行任务的方法就是所谓的提示工程。

提示工程的核心就是通过设计合适的提示或指令来引导模型,以产生更准确、更符合需求的输出。这种方法在与大语言模型交互时尤为重要,因为它能帮助模型更好地理解用户的意图,从而提高生成内容的相关性和质量。无论是要求模型完成一个句子、解释概念、执行特定格式的任务,还是优化输出的结构和风格,有效的提示都是关键所在。

5.2.2　提示工程技巧与应用

1. 提示词要素

在提示工程词中输入的提示词可以包含以下要素:指令、上下文、示例、限制条件以及目标。

1) 指令(Instruction)

希望模型执行的特定任务或指令,常见的指令包括“写入”“分类”“总结”“翻译”“排序”

等。例如,“请将以下文本翻译成英文”“请对以下文章进行分类”等。用户输入的指令应该清晰明了,以便模型能够准确理解任务要求。

以下是一些包含指令的示例提示词。

“请将以下文本翻译成英文”：这个指令告诉模型需要将提供的文本从源语言(在此例中未明确指定)翻译成英文。

“请对以下文章进行分类”：这个指令要求模型根据文章的内容或主题进行分类。可能需要根据具体任务进一步细化分类的类别或标准。

“请总结以下文章的主要内容”：这个指令指示模型对给定的文章进行概括或总结,提取出文章的核心信息或要点。

“请按照重要性对以下列表进行排序”：这个指令要求模型对提供的列表项进行评估,并根据其重要性进行排序。

2) 上下文(Context)

提供模型所需的背景信息或上下文,以帮助模型理解任务并生成相关输出。上下文可以是问题的描述、场景的背景、先前的对话等。通过提供上下文,可以帮助模型更好地理解任务的具体要求。

例如,在请求撰写一封投诉信时,提供遭遇的具体问题和服务不满意的具体情况；在要求总结一篇文章时,附上文章的主要段落或主题概述。上下文的详细程度应适中,过多可能造成混淆,过少则可能导致理解不准确。

3) 示例(Examples)

提供一些示例输入或输出,以帮助模型理解任务的具体要求和期望的输出格式。示例可以是实际的问题和答案对、对话片段、文本段落等。通过提供示例,可以指导模型生成与示例类似的输出。示例可以是已经存在的数据样本,也可以是人工创建的样例。它们可以展示期望的输出样式或结构,并指导模型生成符合要求的输出。

例如,“请参考这篇获奖的博客文章风格,写一篇关于环保的文章”。

4) 限制条件(Constraints)

指定模型在执行任务时应遵循的限制条件。这些限制条件可以是特定的格式要求、排除某些主题或内容、限制输出长度等。通过设置限制条件,可以控制模型的输出以满足特定需求。在生成文本的任务中,可以限制输出长度以避免生成内容过长的结果。

例如,“请在200字内总结,不要使用技术术语”或“请推荐电影,但不要恐怖片”。这些条件帮助模型生成更符合用户期待的内容。

5) 目标(Objective)

明确指定模型需要达到的目标或期望的结果。目标可以是生成特定类型的回答、提供特定类型的建议、解决特定类型的问题等。明确的目标可以帮助模型更有针对性地生成输出。

例如,“我需要一个详细的步骤指南来安装Python环境”或“请提出三种提高办公室团队合作效率的创新策略”。确保目标既具体又可行,能让模型生成的内容更加聚焦且实用。虽然目标可能隐含在指令中,但有时明确指出最终目标可以帮助模型更精确地聚焦。例如,“目的是教育读者”或“旨在提出解决问题的方案”,这类信息能够引导模型在生成内容时考虑特定的目的性。

值得注意的是：以上这些要素是否要出现，取决于具体的任务。表 5-1 展示了如何结合不同的要素来构建有效的提示词，表 5-2 展示了一些常见的无效提示词。

表 5-1　结合不同的要素来构建有效的提示词

要素组合	描　述
指令 ＋ 上下文 ＋ 示例 “请将以下文本翻译成英文。原文是：‘我爱你’。示例：I love you”	这个提示词告诉模型需要执行的任务是将给定的文本翻译成英文，同时提供了原文和示例作为上下文和参考
指令 ＋ 上下文 ＋ 限制条件 ＋ 目标 “请对以下文章进行分类，并给出每个类别的概率。限制条件：只使用机器学习算法进行分类。目标是提供准确的分类结果。”	这个提示词告诉模型需要对给定的文章进行分类，并提供了一些限制条件和目标，以指导模型生成期望的输出
指令 ＋ 上下文 ＋ 参数 ＋ 反馈 “请根据以下用户偏好生成个性化推荐。参数：用户喜欢科幻电影、喜剧片和动作片。反馈：提供的推荐中多包含一些浪漫电影会更好。”	这个提示词告诉模型需要根据用户的偏好生成个性化推荐，并提供了参数和反馈来进一步定制输出
指令 ＋ 上下文 ＋ 示例 ＋ 目标 “请写一篇关于旅行的博客文章，字数在 800～1000 字。示例：我最近去了巴黎旅行，我在那里参观了埃菲尔铁塔和卢浮宫。目标是吸引读者的兴趣并提供有用的旅行建议。”	这个提示词告诉模型需要写一篇关于旅行的博客文章，并提供了示例和目标来帮助模型理解任务要求和期望的输出

表 5-2　无效提示词的实例

实　例	描　述
你能帮我做作业吗	虽然这个提示清晰具体，但它太开放，不能让 AI 生成有用的响应
告诉我最近学校发生的事情	没有明确的时间范围，系统或人工很难确定要提供哪些信息
探讨宇宙的终极奥秘	提示词涉及的内容非常广泛且深奥，需要深厚的专业知识和长期的研究才能有所建树。对于一般的系统或人工来说，很难在短时间内给出全面、准确的回答
你好吗	虽然这是一个常见的对话开始，但它不是一个定义明确的提示，也没有提供明确的目的或焦点
告诉我一些事情	请求缺乏具体的目标，难以提供有针对性的回应
一些东西	这个词太过笼统，没有具体说明需要什么样的东西
我觉得这个方案有点那个	没有明确指出“那个”具体代表什么
随便看看	提示词没有明确的指示或目标，无法提供有效的帮助
给我点建议	提示词缺乏具体的背景信息或问题描述，难以给出有针对性的建议
帮我找个工作	提示词过于宽泛，没有指明具体的行业、职位或地区偏好，无法提供有效的搜索结果
找一些好书推荐	提示词没有指明读者的偏好、类型或主题，无法提供个性化的书籍推荐
帮我查一下明天的天气	提示词没有指明地点或日期，无法提供准确的天气预报信息

续表

实　例	描　述
给我一些放松的方法	提示词没有指明具体的放松需求、时间限制或偏好，无法提供有效的放松方法
给我一些学习技巧	提示词没有指明具体的学科、学习目标或困难点，无法提供个性化的学习技巧
找一些好玩的游戏	提示词没有指明游戏类型、平台或玩家偏好，无法提供适合的游戏推荐
旅游的最佳时间是什么时候	与其问一个广泛的、开放式的问题，不如问一个更具体的问题，重点关注主题的某个方面。在制作AI提示时，重要的是要避免包含过多信息或使用过于开放的问题，因为这些可能会使AI感到困惑和难以理解。一个更具体的问题可以是："对于去某地旅游，最佳的天气条件是什么时候?"或者"在一年中的哪个季节，某个旅游景点的游客数量最少?"这样的问题更加明确，可以帮助AI更好地理解问题的主题和关注点，从而提供更准确的答案
我对新闻感兴趣，尤其是娱乐方面的新闻。你有什么推荐的新闻源吗	AI喜欢简洁明了的问题，应当避免冗长的描述和复杂的句子结构。用简单直接的语言表达问题，可以提高AI理解问题的准确性。可使用以下提示词：请推荐一些娱乐新闻。
请告诉我有关苹果的信息	确保问题不会引起歧义或模棱两可的回答。AI可能会根据用户问题的字面意思进行回答，而忽略其中的潜在含义。如果该问题有多种解释，请提供更多上下文信息以避免混淆。在避免二义性问题时，需要提供足够的上下文或具体细节，以确保AI能够正确理解您的意图。通过明确指定对象、时间、地点等关键信息，可以避免不必要的歧义和混淆。尽量将问题的背景和条件清晰地传达给AI，以便它能够提供更准确和有针对性的回答

不同场景中的无效提示词描述。

实例1：专业交流中的无效提示。

场景：在一个医疗会议中，一位医生试图解释一项研究的结果。

无效提示词："这个数据有点那个。"

影响：听众不清楚"那个"具体指的是数据的哪一部分，是统计偏差、样本不足还是其他问题，导致信息传递不明确。

实例2：技术讨论中的模糊指引。

场景：IT团队讨论软件开发的问题。

无效提示词："我们需要优化一下这个。"

影响："这个"没有明确指代具体是软件的哪个模块或功能，可能导致团队成员对优化方向的理解不一致。

实例3：教育场景中的无效描述。

场景：老师试图解释一个复杂的数学概念。

无效提示词："这个公式大概是这样的。"

影响：使用"大概"这样的词，降低了信息的准确性和可靠性，学生可能因此对概念的理解产生混淆。

实例4：商务谈判中的模糊表述。

场景：商务会议上讨论合同条款。

无效提示词："我们可能需要调整一下价格。"

影响：没有具体说明调整的幅度或原因，可能造成谈判双方的预期不一致，不利于达成共识。

实例5：客户服务中的无效描述。

场景：顾客投诉产品质量问题。

无效提示词："产品好像有问题。"

影响：客服人员无法从"好像"这样的词中判断问题的确切性质，可能延误问题的解决。

实例6：文学创作中的空洞形容。

场景：作家描述故事中的角色。

无效提示词："她是一个美丽的人。"

影响："美丽"是一个主观且泛泛的形容词，缺乏具体的特征描述，读者难以形成生动的角色形象。

2. 提示词实例

1) 用"指令 ＋ 上下文 ＋ 示例 ＋ 目标"构建有效提示词

问：请写一篇关于旅行的博客文章，字数在800～1000字。示例：我最近去了巴黎旅行，我在那里参观了埃菲尔铁塔和卢浮宫。目标是吸引读者的兴趣并提供有用的旅行建议。

答：

探索之旅：揭秘巴黎的浪漫与艺术魅力。

在这个快节奏的现代生活中，偶尔的逃离，去往那些充满故事与美景的地方，成为了许多人内心的渴望。而提到旅行的目的地，巴黎——这座被誉为"光之城"的城市，无疑是许多人心中的梦幻之选。今天，就让我们一同踏上这场心灵与视觉的旅程，探索巴黎独有的浪漫与艺术气息，并分享一些实用的旅行小贴士，希望能为你的巴黎之旅增添几分精彩与便利。

前奏：初遇巴黎的晨曦。

抵达巴黎的第一天，我选择了一早前往蒙马特高地。站在圣心大教堂前，整个巴黎城在晨光中渐渐苏醒，金色的阳光洒在错落有致的屋顶上，那一刻，时间仿佛凝固，我深刻体会到了为何人们称巴黎为"世界上最美的城市"。从这里俯瞰，远处的埃菲尔铁塔在晨雾中若隐若现，预示着一天的美好即将开始。

艺术殿堂：卢浮宫的无尽宝藏。

当然，说到巴黎，怎能不提卢浮宫？作为世界上最大的艺术博物馆，卢浮宫不仅收藏了《蒙娜丽莎》这样的世界级名作，其本身就是一件艺术品。建议购买电子票并提前规划好路线，避开人群高峰时段，让这次艺术之旅更加从容不迫。在欣赏完镇馆之宝后，不妨深入探索那些较少人迹的展厅，你会发现更多隐藏的惊喜。

铁塔之约：埃菲尔铁塔的日夜更迭。

午后的时光，我来到了埃菲尔铁塔下。选择步行登塔，虽然需要些体力，但沿途的风景和逐渐升高的视角带来的震撼体验绝对值得。站在铁塔顶端，巴黎的城市风貌尽收眼底，那一刻，所有的疲惫都烟消云散。黄昏时分，别忘了回到地面，找一家临河的咖啡馆坐下，等待夜幕降临，观赏铁塔灯光秀，感受那份由内而外散发的浪漫氛围。

2）无效提示词

问：给我点建议。

答：

当然，我很乐意为您提供一些建议！不过，为了使我的建议更加贴切和有用，能否告诉我您需要建议的具体领域？例如关于学习方法、时间管理、职业规划、人际关系、健康生活，还是其他任何您感兴趣的话题？这样我就能更好地为您提供帮助。

问：你能帮我做作业吗？

答：

作为一个AI助手，我能够提供学习指导、解答疑惑、提供信息资源和帮助理解概念。这意味着我可以：

（1）解释复杂的理论或术语。

（2）提供解决问题的思路和方法。

（3）指引你查阅相关的书籍、文章或网站。

（4）帮助你练习语言技能、数学公式或科学原理的理解。

（5）传授学习技巧和时间管理方法。

然而，直接帮你完成作业或提供具体答案是不合适的，因为这不利于你的个人学习和发展。教育的目的在于促进独立思考和学习能力的提升，通过自己完成作业，你可以更好地掌握知识，培养解决问题的能力。

如果你遇到了具体的难题或有不理解的概念，请随时告诉我，我会尽我所能为你提供帮助和指导！

问：什么是世界上最好的手机？

答：

关于“世界上最好的手机”这一称号，实际上并没有一个绝对的答案，因为“最好”的定义随着个人需求、偏好、技术发展和市场趋势的不同而变化。

3. 优质提示词

常见的优质提示词需要明确任务或需求＋限定范围或主题＋指定格式或结构＋确定语气或风格。

总的来说，优质的提示词应当具备明确、具体和针对性强的特点，同时尽可能包含足够的信息以引导AI完成更为复杂的任务。例如，在写作任务中，好的提示词应该明确任务要求和约束条件，如“写一篇关于电影《阿甘正传》的文章，包括剧情介绍、角色分析、导演风格等方面”，这样的提示词既包含了任务的具体要求，也给出了具体的约束条件，有助于引导AI进行更深入的内容创作。

1）明确任务或需求

在提示词中清楚地指明用户希望生成的文本的目标或任务，如撰写、描述、解释、比较、总结等。例如，“写一篇关于人工智能的简介”就明确了任务是写一篇简介，而“分析人工智能在通信领域的应用案例”则明确了需求是对具体案例进行分析。

以下提示词希望AI执行一个具体的任务，例如撰写一篇文章、解释一个复杂概念、比较不同产品的特点、总结一本书籍的内容等。

“请帮我撰写一篇关于区块链技术如何改变金融服务行业的文章。”

“解释一下量子纠缠是什么，以及它在量子通信中的作用。”

“比较最新款电动汽车特斯拉 Model S 与 Lucid Air 的性能和价格。”

“总结《活着》这本小说的主要情节和主题思想。”

问：请描述一下泰山的历史和文化意义。

答：

泰山，位于中国山东省泰安市，是中国五岳之首，被誉为“天下第一山”。自古以来，泰山就有着丰富的历史和文化内涵，承载着中华民族的精神象征。在保证原意不变的前提下，我将为您详细描述泰山的历史和文化意义。

泰山的历史可以追溯到公元前 2000 多年的夏朝时期，那时的人们就已经信仰泰山，并将其视为神灵的居所。在后来的商周时期，泰山成为了帝王封禅的地方，这是古代皇帝向天地神明表示敬意的重要仪式。泰山的名字也因此传遍了四海，成为了中华民族的精神图腾。

问：请解释 11 人制足球比赛的规则。

答：

11 人制足球比赛是由两支各有 11 名球员（包括 1 名守门员）的队伍进行的比赛。以下是一些关于 11 人制足球比赛的规则。

比赛场地应为长方形，其长度不得多于 120 米或少于 90 米，宽度不得多于 90 米或少于 45 米（国际比赛的场地长度不得多于 110 米或少于 100 米，宽度不得多于 75 米或少于 64 米）。

每个球队由 11 名球员组成，其中包括一个守门员。

比赛时间为 90 分钟，分为两个半场，每个半场 45 分钟。

2）限定范围或主题

在提示词中指定特定的主题、领域或背景，以便模型生成与之相关的内容。优质的提示词应该明确限定了文章的范围或主题，避免过于模糊或宽泛的描述。例如，“介绍人工智能的基本概念和应用领域”就限定了文章的主题是人工智能的基本概念和应用领域，而“探讨人工智能对就业市场的影响”则限定了文章的范围是就业市场。

以下提示词包含了特定的主题或想探讨的领域。

“阐述量子计算相比于传统计算的优势和挑战，特别关注于量子位（Qubits）的稳定性问题。”

“分析 20 世纪末互联网泡沫的成因，以及它对现代科技创业投资环境的长远影响。”

“在可持续发展的背景下，讨论可再生能源（如太阳能、风能）技术的最新进展及其在全球能源结构转型中的作用。”

“深入解析《哈利·波特》系列小说中的魔法体系，包括魔法分类、咒语使用规则及其文化含义。”

“描述现代都市中的复古咖啡馆内景。”

问：分析人工智能在医疗领域的应用案例。

答：

人工智能在医疗领域的应用案例有很多，以下是一些常见的应用场景。

医学影像诊断：利用深度学习算法对医学影像进行分析和识别，如CT、MRI等，帮助医生更准确地判断病变情况。例如，Google开发的DeepMind系统可以自动检测眼底图像中的糖尿病视网膜病变。

疾病预测和预防：通过分析大量的患者数据和基因信息，建立预测模型，帮助医生提前发现潜在的疾病风险，并进行个性化的预防措施。例如，IBM的Watson Oncology系统可以根据患者的病历、病理学报告等信息，为医生提供个性化的治疗建议。

3）指定格式或结构

如果用户有特定的文本格式或结构要求，可以在提示词中明确指定，如3个理由、4个回答、5个方案等。例如，"写一篇500字以内的文章"就指定了文章的长度限制，"按照问题—原因—解决方案的结构进行分析""按照重要性排序"则指定了文章的结构，"以列表形式列出"则要求生成内容以特定的形式呈现。

以下提示词指定了格式或结构。

"三个改善睡眠质量的科学方法，请按照'方法简介—科学依据—实施步骤'的结构提供内容。"

"未来十年内可能改变世界的五项技术发明，请以列表形式列出，并为每一项技术简要说明其潜在影响。"

"批判性分析：为什么某些政策难以有效减少空气污染？请采用'政策概述—执行难点—失败案例分析—改进建议'的框架来撰写。"

"编写一份800字的科普文章：黑洞的奥秘，文章需要包含引言、黑洞定义、形成过程、特性、最新研究发现、结尾总结，适合非专业读者理解。"

"制定一套针对初学者的瑜伽入门指南，请按难度递增顺序排列10个基础瑜伽动作，每个动作附带图解、呼吸指导和注意事项。"

问：请列出五个理由，解释为什么饮水对人体健康重要。

答：饮水对人体健康至关重要，以下从几个理由来解释为什么。

维持水分平衡：人体大约有60%是由水组成的，因此保持适当的水分平衡对于维持生命至关重要。水参与了许多生物化学过程，包括体温调节、消化、吸收营养物质以及排泄废物等。缺水会导致脱水，从而引发各种健康问题。

问：请按照时间顺序列出以下事件的发生顺序：第一次世界大战、第二次世界大战、冷战。

答：

按照时间顺序列出以下事件的发生顺序。

第一次世界大战（1914—1918年）

第二次世界大战（1939—1945年）

冷战（1947—1991年）

4）确定语气或风格

如果用户希望生成的文本有特定的语气、风格或口吻，可以在提示词中表达清楚。优质的提示词应该确定文章的语气或风格，使读者能够准确把握写作的态度和方式。例如，"客观分析人工智能的发展趋势和未来前景"就确定了文章的语气应该是客观的，而"用幽默的语言描述人工智能的应用案例"则确定了文章的风格应该是幽默的。如果用户需要一篇专业但易于理解的科技文章概述，提示词可能是：撰写一篇科普文章，主题为量子计算的基础原理，要求用简单明了的语言解释复杂概念，同时保持学术严谨性，让非专业读者也能轻松掌握核心要点。

以下提示词中用户确定了文本语气或风格。提示词不仅指明了文本的主题，更重要的是，它们清晰地定义了每篇作品所需的语气、风格以及表达方式。

(1) 鼓舞人心的演讲稿。撰写一篇面向大学毕业生的毕业典礼演讲稿，旨在用激情澎湃的语言激发年轻人追逐梦想的勇气，融合个人经历与历史典故，传递出坚定不移的信念和对未来的无限憧憬。

语气/风格：激情澎湃，充满正能量。

主题：面向毕业生，强调追逐梦想、个人成长与历史启示。

关键元素：

激发勇气与信念。

融合个人故事与历史典故。

表达对未来的乐观态度。

(2) 浪漫主义诗歌。创作一首描绘秋日黄昏的浪漫诗歌，运用丰富的意象与象征，捕捉落叶轻舞、余晖温柔的瞬间，以抒情的笔触勾勒出对逝去时光的淡淡哀愁与美好回忆。

语气/风格：浪漫、抒情、略带哀愁。

主题：秋日黄昏的美丽景象与时间流逝的情感。

关键元素：

丰富的意象与象征。

描述自然美景与情感共鸣。

反思过往，怀念美好。

(3) 讽刺评论。就当前流行的“伪科学养生法”撰写一篇讽刺文章，通过夸张的比喻和巧妙的反语，揭露那些缺乏科学依据的健康谣言，同时保持语言的机智与风趣，让读者在笑声中反思。

语气/风格：幽默、讽刺、机智。

主题：“伪科学养生法”的批判。

关键元素：

夸张与反语的运用。

揭露缺乏科学依据的现象。

引导读者思考与批判。

(4) 正式的法律文书。起草一份法律声明，针对侵犯版权的行为，要求使用正式且精确的法律术语，明确阐述侵权事实、法律依据及要求赔偿的具体条款，确保权威性和严肃性。

语气/风格：正式、精确、权威。

主题：版权侵权的法律声明。

关键元素：

使用专业法律术语。

明确陈述侵权事实与法律依据。

提出具体赔偿要求。

在创作时，遵循这些指导原则能够确保文本不仅内容贴切，而且在语气、风格上准确无误，从而更有效地传达作者的意图和信息。无论是激发听众的斗志，还是通过诗歌唤起共鸣，或是以幽默的方式揭露社会现象，或是在法律层面维护权益，每种风格都有其独特的表达方式和目的，需要创作者细心揣摩和精准把握。

综合以上几点，一个比较优质的提示词可以这样写："请按照问题、原因、影响、解决方案的结构，撰写一篇关于环境污染的文章，以中立客观的态度描述其对人类和生态环境的危害。"这样的提示词既明确了任务和主题，又规定了结构和语气，有助于读者更准确地把握要求。

AI 针对该提示词生成的文章框架如下。

标题——环境污染：探究其根源、影响与应对之道

引言：

简述环境污染作为全球性挑战的现状，强调其跨越国界、影响深远的特点。

提出文章目的：以科学和中立的视角，剖析环境污染问题的多维度影响及探讨有效解决方案。

问题定义：

明确定义环境污染，包括主要类型（空气污染、水体污染、土壤污染、噪声污染等）及其常见来源（工业排放、汽车尾气、农业活动、生活垃圾等）。

原因分析：

工业化进程加速：阐述工业生产如何在促进经济增长的同时，释放大量有害物质到空气和水中。

能源消费模式：分析化石燃料的广泛使用如何导致空气质量恶化。

城市化进程：探讨快速城市化带来的垃圾处理压力和绿地减少问题。

农业实践：说明化肥、农药过度使用对土壤和水质的长远影响。

公众意识与行为：讨论公众环保意识不足和不良生活习惯对环境的间接伤害。

此框架遵循了问题—原因—影响—解决方案的结构，并保持了中立客观的叙述态度，旨在全面而深入地探讨环境污染这一议题。

值得注意的是：人们可使用 AI 来自动生成小红书文案、电商文案框架、商业活动策划方案、广告策划方案、短视频脚本、个人工作年终总结、新闻稿、访谈提纲、演讲稿、电影影评、职业规划方案、历史小说以及个人简历方案等。用户可根据实际情况自行修改，以达到最终想要的效果。

4. 优质提示词实例

1）提示词实例

问：设计一份适合初学者的瑜伽入门指南，内容需包括基础瑜伽姿势（至少 10 个，附上每个姿势的正确做法及益处）、日常练习建议、呼吸控制方法，并强调安全注意事项，整体风格轻松友好，适合打印成 A4 小册子格式。

答：

初学者瑜伽入门指南

欢迎进入瑜伽世界！

欢迎来到瑜伽之旅的起点！这份指南专为初学者设计，旨在帮助您安全地探索瑜伽的

魅力，促进身心健康。请跟随我们的步伐，逐步解锁身体的潜能，享受心灵的宁静。

基础瑜伽姿势（每个姿势保持 5～10 次深呼吸）。

山式（Tadasana）：

做法：站立，脚并拢，双手放于身体两侧。吸气时，抬起双手过头，掌心相对。呼气时，感受脊柱的延伸。

益处：改善站姿，增强腿部力量。

猫牛式（Cat-Cow Pose）：

做法：手膝着地，手腕正上方是肩膀，膝盖正上方是髋部。吸气时，背部下沉（牛式），抬头；呼气时，背部拱起（猫式），低头。

益处：柔韧脊柱，缓解背痛。

儿童式（Child's Pose）：

做法：跪地，臀部坐在脚跟上，上身向前伸展，额头触地，双臂伸直或置于身体两侧。

益处：放松背部，减轻压力。

日常练习建议：

定时练习：尝试每天同一时间练习，建立习惯。

持之以恒：开始时，每天练习 20～30 分钟，逐渐增加时间。

空腹练习：练习前 2 小时避免进食，保持身体轻盈。

愿这份指南成为您瑜伽旅程的贴心伴侣，引领您走向更和谐的身心状态。记住，瑜伽是一场没有终点的旅程，享受过程，拥抱每一个当下。

2）提示词分析

该提示词实例是为设计一份初学者瑜伽入门指南而构建的，旨在指导 AI 生成一份既全面又易于理解的瑜伽学习资料。以下是对其构成元素和有效性的分析。

（1）明确性与具体性。

任务界定：非常明确地指出了任务——设计一份适合初学者的瑜伽入门指南，确保了 AI 知道它需要生成的内容类型和目标受众。

内容细节：列举了指南必须包含的几个关键部分，包括基础瑜伽姿势（至少 10 个）、每个姿势的正确做法及益处、日常练习建议、呼吸控制方法以及安全注意事项，这样的细节提供了生成内容的具体框架。

格式要求：指明了指南应适合打印成 A4 小册子格式，这不仅限定了内容的结构布局（如页面大小、可能的图文混排），还暗示了内容需要具有一定的视觉友好性，以便阅读和使用。

（2）用户导向。

受众定位：强调"初学者"，这要求内容要避免使用过于专业的术语，确保说明简单易懂，步骤清晰，适合瑜伽新手快速上手。

实用价值：要求包含日常练习建议和安全注意事项，这表明指南旨在提供实用指导，帮助初学者建立正确的练习习惯，同时保障其安全，体现了对用户需求的深入理解。

（3）效果预期。

风格指导："整体风格轻松友好"，这不仅关乎语言表述的亲切度，也意味着内容应鼓励和激励，减少初学者的畏惧感，提升学习动力。

教育性与可操作性：通过具体姿势的介绍和实践指导，结合呼吸法和安全提示，不仅提供了知识性内容，还确保了读者能够将所学应用于实践中，增强其实际效用。

(4) 生成优化建议。

增加互动性建议：虽然提示词已很全面，但可进一步考虑加入互动元素的建议，例如推荐读者记录练习感受、设置小目标或提供在线社群资源链接等，以增强用户的参与度和持续学习的动力。

视觉元素提示：虽然提到了 A4 小册子格式，但未直接提及图像或图示的使用。明确提示加入清晰的姿势图示和步骤图解，可以进一步提升指南的易用性和吸引力。

综上所述，该提示词成功地为 AI 设定了一个详细的任务框架，既关注了内容的广度与深度，也兼顾了用户友好性和实用性，为生成高质量的瑜伽入门指南奠定了坚实的基础。

5. 提示工程使用技巧

提示工程技能有助于更好地理解大语言模型的功能和局限。研究人员使用提示工程来提高大语言模型在各种常见和复杂任务上的能力，如问答和算术推理。开发人员使用提示工程来设计与大语言模型和其他工具(如文生图模型)沟通的健壮而有效的提示技术。

此外，当人们有一个涉及许多不同子任务的大任务时，可以尝试将任务分解为更简单的子任务，并随着获得更好的结果而不断构建，这避免了在提示设计过程中一开始就添加过多的复杂性。

提示工程中技巧实例如下。

1) 使用一些清晰的分隔符，如"###"，来分隔指令和上下文

问：### 指令 ###将以下文本翻译成中文。文本："hello!"

答：

你好!

又例如：

问：### 指令 ###将以下文本翻译成西班牙语。文本："hello!"

答：

"Hola!"

2) 从一段文本中提取特定信息的简单提示

问：提取以下文本中的地名。所需格式——地点：<逗号分隔的公司名称列表>。输入："虽然这些发展对研究人员来说是令人鼓舞的，但仍有许多谜团。"重庆渝中区的研究专家说："在很小一部分的案例中，在其他情况下看起来无意识的患者中，我们可以用磁共振成像(Magnetic Resonance Imaging，MRI)发现一些意识。"

答：

地点：重庆渝中区。

又例如：

问：提取公司名称：在上海浦东新区举办的国际会议上，来自世界各地的科技巨头如苹果、Google 和微软共同探讨了未来技术的发展趋势。

答：

公司名称：苹果、Google、微软。

又例如：

问：提取以下文本中的人名。所需格式——人名：<逗号分隔的人名列表>。输入："虽然这些发展对研究人员来说是令人鼓舞的，但仍有许多谜团。"重庆渝中区的研究专家Owen说："在很小一部分的案例中，在其他情况下看起来无意识的患者中，我们可以用磁共振成像(MRI)发现一些意识。"

答：

人名：Owen。

再例如：

问：提取以下文本中的考试分数。所需格式——考试分数：<逗号分隔的分数列表>。输入："小红最近学习很认真，在期末考试中语文考了98分，数学考了99分，历史考了95分。"

答：

考试分数：98分，99分，95分。

值得注意的是：处理更复杂的文本时，注意可能同时出现多个地名或组织名称，确保不要遗漏。此外，地名可能包括国家、城市、地区、地标等；组织名称则可能是公司、学校、研究所等机构的名字。

3）生成数据的应用

生成数据是指利用人工智能模型的文本生成能力，通过有效的提示策略，引导模型产生更好、更一致和更准确的数据，用于各种实验和测试。

假设人们要生成一条积极情感的评论，示例过程如下。

输入指令："生成一句表达对朋友聚会的喜悦之情的话。"

模型生成：可能的结果是"昨晚的朋友聚会真是太美妙了，笑声不断，美好回忆满满。"

在这个过程中，模型基于其预训练的知识和输入指令，创造出一条既符合语法规则又带有特定情感色彩的新句子。

通过这种方式，AI生成的数据有如下的作用。

训练模型：作为额外的训练数据，帮助模型学习不同情感的表达模式。

测试模型：创建测试集，检验模型在不同情感场景下的表现。

模拟环境：在产品开发中模拟用户反馈，帮助团队提前预见和解决潜在问题。

这种方法不仅提高了数据生成的效率，还确保了数据的质量和多样性，对于推动NLP领域的发展至关重要。

例如，我们可以使用AI来生成一些情感分析的实例。

问：生成10个情感分析例子。将示例归类为积极或消极。生成2个消极的示例和8个积极的示例。使用以下格式进行示例：问：<句子>答：<情感>

答：

积极的例子。

问：我今天早上吃了一顿美味的早餐。答：积极。

问：最近的天气晴朗温暖，每天都能享受户外活动，感觉生活很美好。答：积极。

问：这本书的每一个章节都充满了智慧，让我受益匪浅。答：积极。

问：我昨天晚上看了一部非常有趣的电影，笑得肚子都疼了。答：积极。

问：我在公园里遇到了一个陌生人，我们聊得很开心，成为了好朋友。答：积极。

问：我刚刚收到了一封来自学校的录取通知书，我感到非常激动和自豪。答：积极。

问：我的猫咪最近学会了一些新的技能，让我觉得很惊讶和高兴。答：积极。

问：我刚刚度过了一个美好的周末，和家人一起去了海滩度假，享受了阳光和海浪。答：积极。

消极的例子。

问：我今天在上班的路上被雨淋湿了，一整天都感到不舒服。答：消极。

问：我刚刚得知我最喜欢的餐厅关门了，我感到非常失望。答：消极。

这些输出就是一些简单的情感分析例子(Examples)，它们符合了输入中给出的任务和条件。当然，这些输出并不是唯一可能的结果，不同的模型或参数可能会生成不同风格或质量的内容。通过生成数据，我们可以快速地获取一些样本数据，用于训练或评估我们自己的情感分类器。

值得注意是：情感表达往往受到上下文的影响。例如，同一条评论在不同的场景下可能被解释为不同的情感倾向。AI生成的情感分析实例应当考虑评论所在的上下文环境，以确保情感表达的准确性。例如，在一部恐怖片的评论中，"这部电影让我感到害怕"可能是积极的评价，因为它表明电影成功地营造了恐怖氛围。

4）零样本提示

零样本提示是指利用人工智能模型的零样本能力，通过简单的提示，让模型在没有任何示例的情况下执行任务。常见的，人们可以使用AI来进行文本分类。

问：将文本分类为中性、负面或积极。文本：我今天迟到了。情感：

答：

负面。

这里的判断是基于普遍的社会和心理认知，即迟到通常关联着负面情绪，如焦虑、抱歉或失望。零样本提示可能会采用这样的指令格式：这是一个关于[文本]的情感分类任务，请将其分类为中性、负面或积极。模型接收到这样的提示后，利用其内在的语义理解和模式识别能力，对"我今天迟到了"这句话进行了情感倾向的推断，并正确地将其归类为"负面"。

值得注意的是，零样本提示的有效性高度依赖于模型的泛化能力、领域适应性和提示设计的巧妙程度。在实际应用中，研究者和开发者不断探索更高效和精确的提示策略，以最大化模型的零样本或少样本学习表现。

问：考虑到人们常在晴朗天气下感到心情愉悦，分析这条推文：今天的阳光真好，心情棒极了，它传达了怎样的情绪状态？

答：

结合普遍的心理学观察，即晴朗天气往往与提升心情和积极情绪有关，分析推文"今天的阳光真好，心情棒极了！"可以得出，它明确传达了一种积极向上、愉快的情绪状态。文中提到的"阳光真好"直接指向了外部环境的美好，而"心情棒极了"则是内心感受的直接表述，两者结合强烈表明了作者因晴朗天气而感到的快乐和满足。这种表述不仅仅是对天气的赞赏，也是对个人心情的正面反映，整体营造了一种幸福感和享受当下的氛围。

具体来说，通过提及"考虑到人们常在晴朗天气下感到心情愉悦"这样的背景信息作为提示，我们实际上是在引导模型利用其已有的知识来解析和判断给定文本的情绪，而无须向模型展示之前处理过的情绪分析示例。这正是零样本提示的核心思想：利用模型的泛化能力，通过简短的引导信息（即提示）让模型能够执行未直接学习过的任务。

又例如：

问：将文本分类为中性、负面或积极。文本：新上映的电影获得了观众和评论家的一致好评。情感：

答：

积极，“一致好评”表明电影得到了正面的评价，这通常会关联到成功和满足感，因此文本传达了积极情感。

再例如：

问：将文本分类为中性、负面或积极。文本：今天下雨了。情感：

答：

中性。

这句话“今天下雨了”本身并不包含明显的情感色彩，它是一个描述天气的中性陈述。没有附加个人感受或评价，因此我们无法直接判断是积极还是负面，故分类为中性。当然，不同人对下雨可能有不同的主观感受，但基于文本本身，最合适的分类是中性。

这个输出（回答）就是一个简单的分类（Classification），它符合了输入中给出的任务和条件。当然，这个输出并不是唯一可能的结果，不同的模型或参数可能会生成不同风格或质量的内容。

5）少样本提示

少样本提示是指利用人工智能模型的少样本能力，通过在提示中提供一些示例，让模型在有限的数据下执行任务。

具体来说，少样本提示通常涉及以下几个关键步骤。

任务定义：明确你想要模型完成什么样的任务，例如情感分析、翻译、问答等。

构造提示模板：设计一个或几个包含示例的提示，这些示例展示出你期望的输出格式和内容。如果希望模型进行情感分析，可以提供几个句子及其对应的情感标签作为示例。

输入：这家餐厅的食物美味极了，服务也很周到。

输出：积极

应用提示：将实际任务的输入嵌入到之前设计的提示模板中，形成完整的输入序列供模型处理。

模型推理：模型基于这些带有示例的提示进行推理，尝试在有限的示范下理解任务要求并给出解答。

通过这种方式，即使是那些没有经过特定任务大规模训练的模型，也能够在提供少量范例的情况下，展现出令人惊讶的任务执行能力。总的来说，少样本 AIGC 代表了 AIGC 技术向更高效、更个性化方向发展的趋势，它要求算法不仅要强大，还要足够智能，能够理解少量样本背后的核心特征，并据此创造出既符合要求又富有创意的内容。

（1）少样本提示学习新词。

假设有一个自然语言处理模型，我们想教它理解“同情心”的概念，并且只能提供有限的文本示例。

任务说明：

向模型提出任务：在下面的文本中找出表现出同情心的句子。

提供示例：

给出几个包含同情心表现的文本示例，如：

当看到那个男孩跌倒了，她立即跑过去帮助他起来。

他听了朋友的困境后，主动提出要给予支持和帮助。

询问新问题：

让模型用学到的概念去识别新的文本中是否含有同情心的表现，例如：在以下句子中，哪些显示出了同情心？请从这些句子中选择出来。

她没理会哭泣的孩子，继续走她的路。

尽管自己也很累，他还是停下来安慰失落的同事。

他在社交媒体上无情地嘲笑那个犯错的人。

该实例在大语言模型中运行结果如下。

答：……

在这个少样本学习的例子中，模型被要求从新的文本中找出表现出同情心的行为。根据所提供的示例，模型应该识别出以下句子显示了同情心。

尽管自己也很累，他还是停下来安慰失落的同事。

这个句子表明了尽管个人也感到疲惫，但仍然关心并安慰他人，这是表现出同情心的一个明显标志。其他两个句子并没有显示出同情心，第一个句子描述了一个人忽略他人的困境，而第三个句子则是对别人不幸的嘲笑。

在这个例子中，模型被要求基于非常有限的直接示例（两个句子），来理解并识别出同情心的行为。这种学习方式模仿了人类如何利用极少量的信息快速学习和推广到新情景的能力。

又例如：

问："大熊猫"是中国的一种可爱的动物。一个使用"大熊猫"这个词的句子的例子是：我们在四川旅行时看到了这些非常可爱的大熊猫。"兴高采烈"是指兴致高，精神饱满。一个使用"兴高采烈"这个词的句子的例子是：

答：……

孩子们在游乐园里兴高采烈地玩耍，欢笑声充满了整个园区。

在这个例子中，任务是在句子中正确使用一个新词。

（2）少样本提示完成评价。

假设我们要让一个大语言模型完成一个任务：判断一句话是正面评价还是负面评价。这里使用少样本提示来实现这一目标。

问：

评论 1：这家餐厅的食物很美味。情感：正面。

评论 2：服务态度极差，让人失望。情感：负面。

现在，请分析以下评论的情感：

评论 3：电影特效震撼，剧情紧凑。情感：

答：

正面。

在这个模板中，我们给出了两个示例，一个是正面评价，另一个是负面评价，并且明确标注了它们各自的情感标签。然后，我们提出了一个新的评论要求模型分析其情感。

应用提示：模型接收到上述完整的输入信息后，将尝试基于前面的示例理解任务需求，并对评论 3 做出判断。

模型推理：模型可能会回答：情感：正面。

通过这个过程，我们仅用少量的示例就引导模型完成了情感分析任务，展示了少样本提示的有效性。这种方法特别适用于那些难以获取大量标注数据或需要模型快速适应新任务的场景。

(3) 少样本创作故事。

问：以下是你需要遵循的科幻故事开篇风格，请基于这些例子创造一个新的故事开头。

在遥远的安卡利亚星系，第四行星上的居民突然接收到一串来自深空的神秘信号，它们预示着古老预言中的星际访客即将到来。

2099 年的地球，量子物理学家李博士在一次实验中意外穿越到了平行宇宙，那里科技与魔法并存，而他成为了平衡两个世界的关键。

被遗弃的月球基地"静海"，在一次常规巡逻中，宇航员艾丽发现了一扇通往地下的秘密门，门后隐藏着人类文明早已遗忘的秘密。

答：

公元 2247 年，银河联盟的边缘地带，位于螺旋臂末端的孤立星球贝塔—泽塔 III 上，一群考古学者在尘封的遗迹深处，意外触发了一个远古装置，释放出一道耀眼的光束，直射入漆黑的宇宙深处。这束光并非随意的呼救，它是对宇宙中某个未知存在的一次古老召唤，承载着数千年文明的求知与渴望。

(4) 少样本实现实体识别。

问：输入文本："比尔·盖茨是微软公司的创始人。"实体标注：比尔·盖茨(人名)、微软公司(组织名)。输入文本："埃菲尔铁塔位于法国巴黎。"实体标注：埃菲尔铁塔(地名)、法国(地名)、巴黎(地名)。输入文本："中国长城是世界七大奇迹之一。"实体标注：中国(地名)、长城(地名)。现在，我们要模型识别以下文本中的实体。

待分析文本："乔布斯在加利福尼亚创立了苹果公司。"

答：

实体标注：

乔布斯(人名)

加利福尼亚(地名)

苹果公司(组织名)

6) 思维链推理

大语言模型被视为一个巨大的知识库，它可以根据你提出问题或陈述的方式来提供答案。就像人类可能会根据问题的不同提供不同的答案一样，大语言模型也可以根据输入的不同给出不同的答案。因此，人们的问题或陈述方式就显得非常重要。

推理能力是人类智能的核心能力之一。随着预训练技术的不断发展，大语言模型已经涌现出一系列的惊人的推理能力，引起了学术界、工业界学者的广泛关注。思维链是一种通过将复杂问题分解为更易于解决的小问题，为大语言模型推理提供了一个更结构化的提示框架。思维链被认为是最具开拓性和影响力的提示工程技术之一，它可以增强大语言模型在决策过程中的表现。与传统的提示方法强调直接的输入和输出互动不同，思维链迫使模型将推理过程划分为中间步骤。这种方法类似于人类的认知过程，将复杂的挑战分解为更小、更易于管理的部分。

思维链推理涉及模型如何逐步构建、关联和扩展信息，以提供逻辑连贯且贴合上下文的回应。下面，我们可以通过一个思维链推理的例子来进一步阐释这一过程。

问：为什么天空是蓝色的？

思维链推理步骤如下：

（1）理解问题。模型首先解析问题的核心——询问天空呈现蓝色的原因。这一步骤涉及识别关键词“为什么”和“蓝色”，以及理解它们与“天空”这一主题的关联。

（2）检索知识。基于对问题的理解，模型在内部知识库中搜索相关信息。对于这个问题，模型会回忆起光的散射原理，特别是瑞利散射定律，这是解释天空颜色的关键科学概念。

（3）构建解释。接下来，模型开始构建答案。它会简述当太阳光进入地球大气层时，较短波长的蓝光相比较长波长的红光更容易被气体分子散射，这种散射使得蓝光从各个方向充斥我们的视线，因而天空看起来是蓝色的。

（4）考虑补充信息。为了提供更全面的回答，模型可能会进一步说明，在日落或日出时，由于光线需要穿过更厚的大气层，蓝光大部分被散射掉，留下较长波长的红光，因此天空呈现出红、橙色。

（5）组织语言。最后，模型将上述逻辑链条以易于理解的方式组织成文字，确保答案既准确又易于用户消化。

答：

天空之所以呈现蓝色，是因为当阳光进入地球大气层时，其中的蓝光波长较短，相较于红光等长波长的光，更容易被空气中的气体分子散射向四周。

思维链推理的过程体现了大语言模型如何根据输入的问题，通过一系列逻辑推理步骤，从其庞大的知识库中提取、整合信息，并最终输出一个精确且具有教育意义的答案。

思维链推理实例如下。

问：一个果园里有 3 行苹果树，每行有 5 棵树。如果每棵树平均能结出 20 个苹果，那么这个果园总共能收获多少个苹果？

答：

问题分析：首先，明确这是一个关于乘法的应用题，涉及行数、每行的树数以及每棵树的产量三个变量。

提取关键信息：

行数：3 行。

每行树数：5 棵。

每棵树的平均苹果数：20 个。

建立计算逻辑：

计算总树数：行数 × 每行树数＝3 × 5＝15 棵树

计算总苹果数：总树数 × 每棵树的平均苹果数＝15 × 20

执行计算：15 × 20＝300 个苹果

生成答案：这个果园总共能收获 300 个苹果。

此例不仅展现了数学问题解决的逻辑过程，也强调了在复杂问题解决中逐步分析和计算的重要性。

对于提示工程来说，其侧重点是要解决复杂语义理解问题，而要验证模型是否具备这种能力，可以观察模型是否能解决复杂逻辑推理问题。

例如：

问：小罗有五个网球，他又买了三盒网球，每盒有 3 个网球，请问他现在总共有多少个网球？

答：

小罗原本有 5 个网球，他又买了 3 盒网球，每盒有 3 个网球。因此，他买的三盒网球总共增加了 3×3＝9 个网球。

所以，小罗现在总共有 5 ＋ 9＝14 个网球。

又例如：

问：食堂总共有 33 个苹果，如果他们用掉 20 个苹果，然后又买了 6 个苹果，请问现在食堂总共有多少个苹果？

答：

食堂原本有 33 个苹果，用掉 20 个后，剩下的苹果数量是：33－20 ＝13 个。

然后，他们又买了 6 个苹果，所以现在食堂总共有：13＋6 ＝19 个苹果。

答案是现在食堂总共有 19 个苹果。

这个推理题明显更加复杂一点，即食堂不仅增加了 6 个苹果，而且还消耗了 20 个苹果。有增有减，因此大语言模型就需要进行推理才能做出正确判断。

再例如：

问：当我 10 岁时，我的妹妹是我的一半年龄。现在我 30 岁了，我的妹妹多大？

答：

当你 10 岁时，你的妹妹是你的一半年龄，所以她当时是 5 岁。那时你们之间的年龄差是 5 岁(10 岁－5 岁＝5 岁)。

现在你 30 岁了，所以你的妹妹现在是 30 岁－5 岁＝25 岁。

更加需要推理的例子。

问：如果有 10 个人玩数三退一游戏，最后一个剩下的人是第几个？

答：

数三退一游戏的规则是：从 1 开始数，数到 3 时退 1，以此类推。我们可以将这个过程看作是每次减 1，直到剩下一个人为止。

我们可以用数学归纳法来解决这个问题。首先，我们可以观察到当有 2、4、6、8 个玩家时，最后一个剩下的人分别是 1、2、3、4。我们可以发现，剩下的人数是一个偶数，而在这个过程中，每次数到 3 时都会退 1，所以剩下的人数总是一个奇数。

现在我们有 10 个人，我们可以尝试找到一个规律。当有 2 个人时，第一个人会赢；当有 4 个人时，第二个人会赢；当有 6 个人时，第三个人会赢；当有 8 个人时，第四个人会赢。我们可以看到，每次人数翻倍时，输家的位置也会向后移动一位。因此，我们可以推断，当有 10 个人时，第五个人会赢。

所以，最后一个剩下的人是第 5 个。

基于上述的推理过程，可以说大语言模型能够发现数字之间的潜在概率关系，最终涌现出了数学运算或者复杂推理的能力，这是很强的能力。

7）问答提示

问答提示是允许模型生成回答特定问题或任务的文本的技术。

常用格式如下：

回答以下事实性问题：[问题]。

例如：

问：回答以下事实性问题：太阳从西边升起。

答：

太阳从西边升起这一事实性问题，实际上是一个不符合地球自转规律的现象。根据我们所了解的，太阳总是从东方升起，然后在西方落下。这是因为地球自西向东自转的原因。然而，在某些特殊情况下，如日食或月食时，太阳和月亮可能会遮挡地球表面的部分区域，导致太阳看起来像是从西边升起或落下。但这种情况非常罕见，且并不影响地球自转的基本规律。所以，从字面上理解，太阳从西边升起这一说法是不正确的。

又例如：

问：回答以下事实性问题：北京是中国的首都。

答：

北京，位于中国的华北地区，是中国的首都。这座城市拥有悠久的历史和丰富的文化遗产，同时也是中国政治、经济、文化和科技的中心。自 1949 年中华人民共和国成立以来，北京一直担任着国家的首都角色，见证了中国的发展和变革。

8）摘要提示

允许模型生成给定文本的较短文本，同时保留其主要思想和信息（常用于文本摘要和信息压缩等任务）。

常用格式如下：

用一句话总结以下新闻文章：[新闻文章]。

使用一段简短的话来总结以下书籍：[书名]。

使用一段简短的话来总结以下电影：[电影名]。

例如：

问：使用一段简短的话来总结以下书籍：《西游记》。

答：

《西游记》是一部古典神魔小说，讲述了唐僧师徒四人历经九九八十一难，最终取得真经的故事。这部作品以丰富的想象力、幽默的语言和深刻的哲理，展现了一幅宏大的神话世界画卷，成为了中国古典文学的瑰宝。

问：使用一段简短的话来总结以下电影：《霸王别姬》。

答：

《霸王别姬》是由陈凯歌执导，李碧华、芦苇编剧，张国荣、巩俐、张丰毅领衔主演的文艺片。影片的剧本改编自李碧华的同名小说，讲述了两位京剧伶人半个世纪的悲欢离合，展现了对传统文化、人的生存状态及人性的深入思考与领悟。

问：使用一段简短的话来总结以下书籍：《数字化生存》，在一本名为《数字化生存》的书中，作者尼古拉斯·尼葛洛庞帝深入探讨了信息技术，尤其是互联网如何彻底改变我们的生活方式、工作习惯、教育体系、娱乐产业以及社会互动。书中预言了在线购物、虚拟现实、远程办公等现象的兴起，并强调在数字时代，信息素养和适应快速变化的能力将成为个人与国家竞争力的核心。

答：

《数字化生存》概述了互联网技术对现代社会的深远影响，预示了在线购物、虚拟现实等趋势，强调信息时代个人与国家需具备的信息素养及适应变化的能力。

9）代码提示

可以使用AI来帮助人们写代码，我们把需求清楚地告诉AI即可，如告诉AI用什么语言开发以及需要执行什么样的任务等。例如：

问：在Python笔记本中生成随机的10个点，给出代码。

答：

```
import numpy as np
x = np.random.rand(10)                    # 生成10个随机数作为x坐标
y = np.random.rand(10)                    # 生成10个随机数作为y坐标
print(x)                                  # 打印x坐标
print(y)                                  # 打印y坐标
```

运行以上代码，将会输出10个随机的 x 和 y 坐标。

又例如：

问：在Python笔记本中生成一个函数，用于计算两个数的和，给出代码。

答：

```
def add(a,b): return a + b
```

这个函数接收两个参数a和b，返回它们的和。你可以在你的Python笔记本中调用这个函数来计算任意两个数相加。例如，add(2,3)将返回5。

以上AI生成的代码可以直接在Python中运行并查看生成的结果。

10）知识提示

知识提示法(Knowledge Prompting)是一种利用外部知识来引导和增强人工智能(尤其是大语言模型)生成内容的技术方法。它通过在输入提示中嵌入结构化的信息或概念框架，帮助模型理解任务背景，提高生成内容的质量、准确性和创造性。

知识提示的核心思想是将人类的先验知识以某种形式"告诉"给模型，从而弥补模型在特定领域的知识局限性。知识提示法受到人类学习过程的启发——在解决复杂问题时，我们会调用已有的知识背景来辅助理解和推理。在AI领域，知识可以是显性的(如事实、定义)、隐性的(如常识、逻辑规则)或结构化的(如知识图谱中的实体关系)。

以下是一些知识提示法的具体应用示例，涵盖不同领域。

(1) 历史学论文写作：

知识整合：收集关于二战转折点的战役、关键人物决策、军事策略等资料。

知识提示设计："探讨斯大林格勒战役如何成为"二战"欧洲战场的转折点，分析苏联的战略部署与德军的失误，以及战役对后续战争进程的影响。"

(2) 环保主题短篇小说创作:

知识整合:研究气候变化的科学原理、当前环境问题案例、环保行动的正面故事。

知识提示设计:“设定在未来世界,地球因极端气候陷入危机,讲述一位年轻科学家发明了一种能逆转环境恶化的新型能源,过程中遭遇的挑战、人性的光辉与牺牲以及最终带给地球希望的故事。”

(3) 机器学习项目提案:

知识整合:调研最新机器学习算法、相关领域应用案例、数据集选择标准。

知识提示设计:“针对医疗影像识别,设计一个结合卷积神经网络与迁移学习的模型,旨在提高早期癌症诊断的准确率。讨论数据预处理策略、模型优化方法及预期的社会影响。”

(4) 现代诗歌创作:

知识整合:收集城市生活的碎片化体验、现代人的情感状态、自然与都市的对比意象。

知识提示设计:“在高楼林立的缝隙中寻找自然的踪迹,用象征手法描绘现代人在忙碌与孤独中对宁静的渴望,诗中融入至少三种都市与自然元素的对比,如霓虹灯与月光、车流声与夜莺之歌。”

例如,要撰写一篇关于“可持续建筑设计”的文章。

(1) 直接提问。

问:请写一篇关于可持续建筑设计的文章。

答:

可持续建筑设计:创造绿色未来的蓝图。

引言

随着全球气候变化和资源短缺问题日益严峻,可持续建筑已经成为现代建筑设计中的重要趋势。可持续建筑设计不仅关乎环境保护,也是对社会责任的一种体现。本文将探讨可持续建筑设计的核心原则、实现策略及其对社会和环境的影响。

什么是可持续建筑设计?

可持续建筑设计是指在建筑设计、建造和运营过程中,尽可能减少对环境的负面影响,同时提高建筑的能效和居住者的舒适度。这种设计理念强调“3E”原则:经济(Economy)、生态(Ecology)和公平(Equity)。可持续建筑旨在为当前和未来世代提供高质量的生活空间,同时保护自然资源和生态系统。

(2) 知识提示法。具体地指导模型,提供一些基础概念和原则作为引导。

问:请写一篇关于可持续建筑设计的文章,重点讨论绿色材料的使用(如再生混凝土、竹材)、能源效率(如太阳能光伏板、被动式设计)以及水资源管理(如雨水收集系统、灰水回收)。同时,请结合著名案例,如新加坡的皮克林宾乐雅酒店,展示这些设计理念的实际应用及其对环境的积极影响。

答:

可持续建筑设计:绿色材料、能源效率与水资源管理。

引言

随着人们对环境保护意识的增强,可持续建筑设计已成为全球建筑行业的热点话题。通过采用绿色材料、提高能源效率和优化水资源管理,可持续建筑不仅能减少对环境的影响，还能显著提升居住者的舒适度和生活质量。本文将重点讨论这些方面的具体实践，并以新加坡的皮克林宾乐雅酒店为例，探讨这些设计理念的实际应用及其对环境的积极影响。

绿色材料的应用：

绿色材料是指那些对环境影响较小、可再生或可回收的建筑材料。两种典型的绿色材料包括再生混凝土和竹材。

再生混凝土：由废弃混凝土经过破碎、筛选、清洗后制成，其生产过程比普通混凝土减少了大量的碳排放。再生混凝土不仅可以用于非承重结构，还可以用于道路铺设和景观工程。

竹材：作为一种生长迅速的天然材料，竹子的生长周期短，不需要大量化肥和农药，因此是一种理想的绿色建材。竹材具有良好的强度重量比，适用于制作结构件、地板、家具等多种用途。

能源效率的提升：

提高能源效率是可持续建筑设计的核心之一，主要通过采用太阳能光伏板和被动式设计来实现。

太阳能光伏板：安装于建筑屋顶或墙面的太阳能光伏板能够将阳光转化为电能，为建筑提供清洁的能源供应。这种方式不仅减少了对化石燃料的依赖，还能降低建筑物的运营成本。

被动式设计：通过合理的朝向、窗户尺寸、遮阳设施以及高效的保温隔热材料等措施，最大限度地利用自然光和自然通风，减少对空调和照明系统的依赖。

水资源管理：

水资源管理是可持续建筑设计中的另一个重要环节，主要包括雨水收集系统和灰水回收。

雨水收集系统：通过收集屋顶的雨水，经过简单过滤后可用于浇灌植物、冲洗厕所等用途，有效减少了对城市供水系统的压力。

灰水回收：将洗涤和淋浴等生活用水进行处理后循环利用，进一步降低了水资源的消耗。

实践案例：新加坡皮克林宾乐雅酒店。

新加坡的皮克林宾乐雅酒店是一个典型的可持续建筑设计案例。该酒店采用了多项环保技术和设计理念，包括：

绿色屋顶：覆盖着超过 20000 平方米的植被，不仅美化了环境，还提高了建筑的热效率。

太阳能光伏板：酒店安装了太阳能光伏板，为其提供了部分电力需求。

雨水收集与灰水回收：通过收集雨水和再利用灰水，大大减少了酒店的用水量。

节能照明系统：采用 LED 照明和自动控制系统，有效降低了能耗。

自然通风与遮阳：通过精心设计的建筑布局和遮阳设施，减少了对空调的依赖。

这些措施共同作用，使得皮克林宾乐雅酒店成为了一个既美观又环保的典范。

(3) 结构化知识注入法。如果模型支持更复杂的数据输入形式，我们可以构造一个结构化的知识包来丰富提示。

问：

```
{
  "topic":"可持续建筑设计",
  "key_points":[
    {
      "title":"绿色材料",
      "details":["再生混凝土","竹材"]
    },
    {
      "title":"能源效率",
      "details":["太阳能光伏板","被动式设计"]
    },
    {
      "title":"水资源管理",
      "details":["雨水收集系统","灰水回收"]
    }
  ],
  "case_study":{
    "name":"皮克林宾乐雅酒店",
    "location":"新加坡",
    "features":["空中花园","生物多样性促进"]
  }
}
```

答：

可持续建筑设计深度探讨。

绿色材料的应用与影响：

再生混凝土的创新使用：探讨再生混凝土如何在减少建筑废弃物的同时，保证结构安全性和耐久性。分析最近的研究或实际项目中，如何通过技术改良克服材料强度和耐久性挑战。

竹材的新兴趋势：介绍竹材作为可持续建材的兴起，包括其快速生长、高强度及低碳足迹的优势。分析如何有效解决竹材的防腐、防虫处理，以及在现代建筑设计中的创新应用案例。

提升能源效率的策略：

太阳能光伏板的集成：详述太阳能光伏板在建筑设计中的最新集成技术，包括建筑一体化光伏(Building Integrated Photovoltaic，BIPV)的创新应用，以及如何在保证美观的同时提升能源自给自足能力。

被动式设计原则：分析被动式设计如何通过建筑布局、材料选择和自然通风等手段最大化能效，提供几个成功案例，展示被动设计在不同气候条件下的适应性和效果。

……

又例如，使用JSON格式来构建一个问答提示，这有助于结构化地向AI模型提供问题和必要的上下文。

问：

```
{
  "question_type":"fact",
  "category":"体育",
  "question":"足球的正式比赛时间是多少分钟?",
```

```
  "context": {
    "details": {
      "半场时长": "45 分钟",
      "中场休息": "15 分钟",
      "加时赛(如有)": "每半场 15 分钟"
    },
    "规则简介": "足球比赛通常分为两个相等的半场,每半场比赛时间固定。在正规的国际比赛中,如果常规时间内平局,则可能根据比赛性质进入加时赛甚至点球大战。"
  }
}
```

答:

根据您提供的JSON格式的知识提示,足球的正式比赛时间是两个半场,每半场45分钟,总共90分钟。如果比赛结束后双方打平,且比赛规定需要分出胜负,则会进入加时赛阶段,加时赛每半场15分钟,总计30分钟。此外,比赛中间会有15分钟的中场休息时间。因此,不考虑加时赛的情况下,一场足球比赛的总时长是90分钟,加上中场休息则为105分钟。如果包括可能的加时赛,最长可达150分钟,之后若仍未分出胜负,则可能通过点球大战决定胜负。

值得注意的是:JSON(JavaScript Object Notation)格式是一种轻量级的数据交换格式,易于人阅读和编写,同时也易于机器解析和生成。在AI内容生成领域,JSON格式扮演着至关重要的角色,特别是在定义输入输出结构、标准化数据处理流程及定制化内容生成请求等方面。

以下是JSON与AIGC相结合的几个应用示例。

(1) 输入规范定义。

问:

```
{
  "task": "text_generation",
  "prompt": "描述一场夏日雨后的森林景象",
  "style": "诗意",
  "length": 100,
  "language": "zh"
}
```

AI模型在生成内容之前,需要明确理解用户的需求。通过JSON格式,可以详细定义输入参数。在这个例子中,JSON对象指定了任务类型、生成内容的提示、期望的风格、内容长度和语言偏好,使得AI模型能够据此生成符合要求的文本内容。

该例输出如下:

答:

夏日雨歇,森林轻裹葱郁裳。珠帘垂落叶尖旁,细语幽径旁。阳光斑驳,穿林打叶金光闪,织就绿意盎然网。轻雾袅袅起舞,绕枝缠蔓,仿若仙境游荡。鸟语花香情更浓,雨珠犹挂梦初醒,万物更显生机煌。

(2) 个性化内容模板。

问:

```
{
  "recipient_name": "张三",
```

```
"product_name": "智能手表",
"promotion_details": {
    "discount_percent": 15,
     "valid_until": "2023-12-31"
   },
   "greeting": "尊敬的客户",
   "call_to_action": "立即购买享受优惠"
}
```

AI可以根据预设的JSON模板生成高度个性化的邮件、报告或消息，这种结构化的数据输入，让AI能够快速填充模板，生成针对每位用户的独特营销邮件或其他类型的个性化内容。

该例输出如下。

答：

尊敬的张三，

您好！我们特别向您推荐这款智能手表，它集科技与时尚于一身，专为追求生活品质的您设计。目前，我们正进行限时优惠，您可享受15%的折扣优惠，此活动截至2023年12月31日。

把握时机，让这款智能手表成为您日常生活的得力助手，记录健康数据，提醒重要日程，一切尽在掌控。立即购买，开启您的智慧生活之旅！

期待您的惠顾！

(3) 虚拟角色对话生成。

问：

```
{ "npc_name": "艾莉森", "personality_traits": ["神秘", "智慧", "幽默"], "backstory": "曾是一位探险家，现在隐居山林研究古老魔法", "scenario": "玩家第一次遇见艾莉森" }
```

AI根据NPC(非玩家控制角色)的设定，生成与玩家互动时的对话内容，包括问候、任务介绍或对玩家行为的反应，使游戏世界更加生动和真实。

该例输出如下。

答：

玩家缓缓步入密林深处，阳光斑驳地洒在一条少有人迹的小径上。突然，一串轻盈的笑声打破了四周的宁静，引得玩家好奇地寻声而去。在一棵古老的橡树下，坐着一位身着长袍的女子，正悠闲地翻阅一本泛黄的书籍，她的身旁围绕着几只闪烁着微光的小精灵。

艾莉森(抬头，眼神中带着一抹神秘的笑意)："哦，稀客。在这片被遗忘的林间，旅者并不常见。欢迎来到我的小小避风港，我是艾莉森，曾是穿梭于未知之地的探险家，而今，我是这里秘密的守护者。"

玩家："艾莉森，真是个美丽的名字。我是偶然间发现这里的，您的小精灵们非常迷人。"

艾莉森(轻轻合上书本，智慧之光在她眼底流转)："它们是我的小助手，也是森林的信使。告诉我，旅者，是什么风带你到这不为人知之处？是对知识的渴望，还是对冒险的向往？"

……

(4) 多轮对话管理。

问:

```
[
  {
    "role": "user",
    "content": "明天北京天气怎么样?"
  },
  {
    "role": "assistant",
    "content": "明天北京预计有小雨,气温 15°C 到 20°C 之间。"
  },
  {
    "role": "user",
    "content": "需要带伞出门吗?"
  }
]
```

在聊天机器人或问答系统中,JSON 可以用来记录对话历史,指导 AI 进行更自然、连贯的对话。通过这样的序列,AI 可以理解和维持对话的上下文,提供更加贴切的回答。

该例输出如下。

答:

根据天气预报,明天北京预计有小雨,因此建议您出门携带雨伞以保持干燥。

(5) 内容元数据管理。

问:

```
{
  "title": "AI 与未来工作方式",
  "author": "李华",
  "creation_date": "2023-10-05",
  "tags": ["人工智能", "未来趋势", "工作自动化"],
"content": "本文探讨了人工智能如何改变我们的工作环境..."
}
```

对于大量生成的内容,JSON 也可以用来标注和管理内容的元数据,便于检索、分类和版权管理。

该例输出如下。

答:

这篇文章《AI 与未来工作方式》,由李华撰写于 2023 年 10 月 5 日,深入分析了人工智能技术对工作方式的影响,涵盖未来趋势及工作自动化的各个方面。通过本内容,读者可以期待了解到人工智能如何重塑我们的职场环境,推动行业创新与发展。

……

以上案例充分说明了 JSON 是提升 AI 系统通过提示工程实现高效、精准内容生成的关键工具。它通过结构化、参数化和逻辑化的表达,使 AI 模型能够更好地理解和执行人类意图。

(6) 新闻摘要生成。

问:

{ "user_profile": { "interests": ["科技", "环保", "健康"], "preferred_sources": ["新华网", "科技日报"] }, "date": "2024 - 05 - 31" }

AI 系统根据用户兴趣和首选来源，从海量新闻中筛选相关内容，生成个性化的新闻摘要文本，确保内容高度相关且吸引用户。

该例输出如下。

答：

根据您的用户配置，您对“科技”“环保”和“健康”领域感兴趣，并且偏好从“新华网”和“科技日报”获取信息。以下是根据您的兴趣和日期定制的虚构新闻摘要。

在环保科技的最新进展中，一款由国内科研团队自主研发的智能垃圾分类系统今日在多个城市试点成功。该系统利用 AI 图像识别技术，能够精准识别并自动分类各类垃圾，有效提升垃圾分类的准确率至 98%，大大促进了资源的循环利用与城市环境的改善。此外，系统还集成了一套环保教育平台，通过趣味互动引导居民正确投放垃圾，增强了公众的环保意识。

在绿化方面，多个城市启动“屋顶花园”计划，鼓励居民和企业利用建筑物顶部种植绿色植物，既美化环境又增强了城市的生态功能，有助于缓解热岛效应。

在科技领域，中国科研团队成功开发出一款新型量子计算机，其性能比现有最快的超级计算机快数百万倍，在密码学、药物研发等领域展现出巨大潜力。

来源：新华网—2024 年 5 月 31 日。

在健康领域，科技日报报道，一批融合了传感器技术和大数据分析的智能穿戴设备上市，它们能够实时监测用户的运动状态和身体指标，帮助人们更科学地制订健身计划，促进健康生活方式的形成。

来源：科技日报—2024 年 5 月 31 日。

……

6. 提示词的角色扮演

一个好的提示词的一个关键技巧是使用“充当”的技巧，它允许用户指定 AI 在对话中应扮演的角色。

1）提示词的角色扮演介绍

这个策略通过为 AI 分配一个特定的角色或身份，不仅界定了交互的框架，还使得用户能够更精确地控制和预期 AI 的响应内容与形式。通过明确概述 AI 角色的期望以及用户想要接收的输出类型，用户可以提供清晰的方向和指导对话。

应用这一技巧时，用户可以这样设计提示：“请充当一位经验丰富的编程导师，解释什么是递归函数，并给出一个简单的代码示例。”这样的指示既明确了 AI 的角色（编程导师），又规定了输出的内容和形式，有助于引导 AI 产生精准且符合用户期望的回应。除了使用“充当”的技巧外，还重要的是避免在提示中使用术语和歧义。通过使用简单、直接的语言并避免开放性问题，可以帮助确保 AI 能够提供相关和准确的回复。

通过在提示中明确 AI 所应承担的角色，用户不仅能够引导对话朝向具体目标，还能在很大程度上确保获得的信息或建议既专业又切题。这种互动模式促进了更加高效、有目的性的沟通，使 AI 成为了更有价值的知识和技能分享伙伴。

表 5-3 为常见的 AI 角色及对应的提示词。

表 5-3 常见的 AI 角色及对应的提示词

角 色	提 示 词
面试官	我想让你做一个面试官。我将是候选人,你会问我面试的"职位"的问题。我希望你只以面试官的身份回答。不要一次写完所有的回答。问我问题,等我回答,不要写解释。我的第一句话是"你好"
广告商	我想让你做广告商。你将创建一个活动来推广你选择的产品或服务。你将选择一个目标受众,制定关键信息和口号,选择宣传媒体渠道,并决定任何额外的活动,活动需要达到你的目标。我的第一个建议请求是"我需要帮助创建一个针对 18～35 岁年轻人的新型能量饮料的广告活动"
足球评论员	我想让你当一名足球评论员。我会向你描述正在进行的足球比赛,而你则对比赛进行评论,提供你对当前为止发生的事情的分析,并预测比赛将如何结束。你应该了解足球术语、战术、每场比赛中的球员/球队,并且主要关注于提供智慧的评论,而不仅仅是逐场叙述。我的第一个要求是"我正在观看曼联对切尔西的比赛,为这场比赛提供评论"
作曲家	我想让你当作曲家。我会提供一首歌的歌词,你将创造它的音乐。我的第一个要求是"我已经写了一首名为'歌颂春天'的诗,需要音乐来配合它"
编剧	我想让你当编剧。你将开发一个迷人的和创造性的剧本,无论是长篇电影,或网络系列,可以吸引其观众。首先想出有趣的人物、故事的背景、人物之间的对话等,最后完成一个令人兴奋的故事情节,并充满悬念。我的第一个要求是"我需要写一部以伦敦为背景的浪漫戏剧电影"
诗人	我想让你扮演一个诗人。你将创作能够唤起情感的诗歌,并且拥有能够激发人们灵魂的力量。写任何话题或主题,但要确保你的文字传达了你试图用美丽而有意义的方式表达的感觉,我的第一个要求是"我需要一首关于爱情的诗"。
数学老师	我想让你当一名数学老师。我将提供一些数学方程或概念,这将是你的工作,以易于理解的术语来解释他们。这可能包括提供解决问题的一步一步的指导,用图像演示各种技术,或为进一步研究建议在线资源,我的第一个要求是"我需要帮助理解概率是如何工作的"
医生	我希望你能成为一名医生,为疾病想出创造性的治疗方法。你应该能够推荐传统的药物、草药和其他天然的替代品。在提供建议时,你还需要考虑患者的年龄、生活方式和病史,我的第一个要求是"我需要帮助解决我对冷食的敏感性"
室内设计师	我想让你做室内设计师。告诉我什么样的主题和设计方法应该用于我选择的房间、卧室、大厅等,提供建议的配色方案、家具布局和其他装饰选项、最适合的主题/设计方法,以提高空间的美学和舒适性
营养师	请扮演一位注册营养师,为一名素食者设计一周的均衡饮食计划,需考虑蛋白质、铁质和维生素 B_{12} 的充足摄入
心理学家	我要你表现得像个心理学家。我会告诉你我的想法。我希望你能给我一些科学的建议,让我感觉好一点
科学数据可视化工具	我要你扮演一个科学数据可视化工具。你将应用你的数据科学原理和可视化技术的知识,以创建引人注目的视觉效果,帮助传达复杂的信息。我的第一个建议请求是"我有一个没有标签的数据集。我应该使用哪种机器学习算法?"

续表

角　色	提 示 词
文学评论家	请担任文学评论家的角色,分析《百年孤独》中魔幻现实主义的运用及其对主题表达的影响
化妆师	我要你扮演一个化妆师。你将为客户使用化妆品,以提高功能,创造外观和风格,根据最新的趋势、美容和时尚,提供护肤常规的建议,知道如何与不同的皮肤色调纹理,并能够使用传统的方法和新的技术应用产品
法律顾问	我想让你做我的法律顾问。我将描述一个法律情况,你将提供如何处理它的建议。你应该只回答你的建议,别的什么都不要说
销售员	我想让你做一个推销员。试着向我推销一些东西,但要让你试图推销的东西看起来比实际价值更高,并说服我买下它
小说家	我希望你扮演一个小说家。你将提出富有创意和引人入胜的故事,可以长时间吸引读者。你可以选择任何类型,例如幻想、浪漫、历史小说等,但目的是写一些具有出色情节、引人入胜的角色和意想不到的高潮的东西。我的第一个要求是"我需要写一部以未来为背景的科幻小说"
旅游向导	我想让你充当一个旅游向导。我将给你写下我的位置,你为我的位置附近的一个地方提供旅游建议。在某些情况下,我也会告诉你我要访问的地方的类型。你也会向我推荐与我的第一个地点相近的类似类型的地方。我的第一个建议请求是"我在成都,我只想看大熊猫"
记者	我想让你做一名记者。你将报道突发新闻,撰写专题报道和评论文章,开发用于验证信息和发现来源的研究技术,遵守新闻道德,并使用你自己独特的风格提供准确的报道。我的第一个建议请求是"我需要帮助写一篇关于世界主要城市疾病预防的文章"
会计	我希望你担任会计师,并想出创造性的方法来管理财务。在为客户制订财务计划时,你需要考虑预算、投资策略和风险管理。在某些情况下,你可能还需要提供有关税收法律法规的建议,以帮助他们实现利润最大化。我的第一个建议请求是"为中小型企业制订一个专注于成本节约和长期投资的财务计划"
厨师	我想让你做一名厨师。我需要有人可以推荐美味的食谱,这些食谱包括营养有益但又简单又不费时的食物,适合像我们这样忙碌的人以及成本效益等其他因素,因此整体菜肴最终既健康又经济!我的第一个要求"一些清淡而健康的食物,适合忙碌的公司员工中午吃"
职业顾问	我想让你担任职业顾问。我将为你提供一个在职业生涯中寻求指导的人,你的任务是帮助他们根据自己的技能、兴趣和经验确定最适合的职业。你还应该对可用的各种选项进行研究,解释不同行业的就业市场趋势,并就哪些资格对追求特定领域有益提出建议。我的第一个请求是"我想建议那些想在网络安全领域从事潜在职业的人"
心理健康顾问	我想让你担任心理健康顾问。我将为你提供一个寻求指导和建议的人,以管理他们的情绪、压力、焦虑和其他心理健康问题。你应该利用你的认知行为疗法、冥想技巧、正念练习和其他治疗方法的知识来制定个人可以实施的策略,以改善他们的整体健康状况。我的第一个请求是"我需要一个可以帮助我控制失眠症状的人"

续表

角　色	提　示　词
教育顾问	我想让你担任教育顾问。求助者是一位高中生家长，希望帮助孩子提高学习效率，尤其是在准备大学入学考试方面。我的问题是“我的孩子即将面临大学入学考试，他/她似乎在学习效率上遇到了瓶颈，尽管花了很多时间复习，成绩提升却不明显。请问有什么方法可以帮助他/她提高学习效率，更好地准备考试吗？”
动物园饲养顾问	我想让你担任动物园饲养顾问。一家动物园正在重新评估其饲养方案，以确保动物们获得最佳的健康和福祉。我的问题是“我们希望改进动物园内动物的饲养和生活环境，确保它们得到最好的照顾，符合动物福利的最高标准。请问，有哪些关键点需要注意，以及如何实施这些改进？”
虚拟助理	我想让你担任我的虚拟助理。我的要求是：“创建一个明天的日程，包括上午的客户会议、午餐预订、下午的健身课程和晚上与朋友的电影之夜，同时确保我有时间完成报告”

2）提示词的角色扮演应用实例

（1）充当编程导师。

问：请充当一位经验丰富的编程导师，解释什么是递归函数，并给出一个简单的代码示例。

答：

作为一位经验丰富的编程导师，我很高兴为您解释递归函数的概念。递归函数是一种在其定义或实现中调用自身的函数。简单来说，就是通过函数自我调用来解决问题，通常涉及将复杂问题分解为相似但规模较小的子问题。

阶乘是一个经典的递归函数示例。

```
def factorial(n):
    #基本情况：当 n 等于 0 或 1 时，阶乘结果为 1。
    if n == 0 or n == 1:
        return 1
    #递归步骤：n 的阶乘等于 n 乘以 n-1 的阶乘。
    else:
        return n * factorial(n-1)
#测试函数。
print(factorial(5))                              #应输出 120，因为 5! = 5 * 4 * 3 * 2 * 1。
……
```

（2）充当数据库管理员。

这次，我们将要求 AI 扮演一个数据库管理员的角色，来解释数据库索引的工作原理，并讨论何时应该使用索引。

问：请充当一位经验丰富的数据库管理员，解释数据库索引是什么，它是如何工作的，以及在数据库设计中选择使用索引的关键考量因素。

答：

作为一名经验丰富的数据库管理员，我很乐意为您深入浅出地介绍数据库索引及其重要性。数据库索引可以类比为书籍的目录。就像目录帮助您迅速找到书中的特定章节一样，索引能够加快数据库查询的速度，通过提供一条更快的数据检索路径来提升效率。

索引本质上是一个数据结构(如B树、B+树、哈希表等),它存储了表中一列或多列数据的副本,并按照一定的顺序排列。

……

(3) 充当报社记者。

问:你现在是一名人民日报的记者,请帮助我们写一篇产品发布的新闻稿:我们的公司名字叫作"龙州科技",我们公司实力雄厚,并且才开发上市了一款先进的脑机接口的产品,该产品使用方便,当人们将该产品戴到头上的时候,可以用意识输入一个指令来读取大脑中的信息,并将其输入到计算机中。

答:

【新闻稿】

标题:龙州科技震撼发布:智慧跨越——"灵思"脑机接口产品引领未来交互新纪元。

【北京,日期】 在科技日新月异的浪潮中,龙州科技有限公司,一家实力卓越的高科技企业,于今日在国家会议中心盛大发布了其最新科研成果——"灵思"脑机接口设备。这款革命性的产品以其前所未有的创新技术,实现了人脑与计算机之间的直接意识交流,为智能科技领域带来了颠覆性的突破。

龙州科技,作为国内科技创新的领航者,一直专注于前沿技术的研发与应用拓展。此次"灵思"脑机接口的诞生,不仅是公司科研团队多年潜心研发的智慧结晶,也是对人机交互模式的重新定义。该产品凭借其便捷的使用方式和超前的技术理念,一经亮相便引起了业界的广泛关注。

……

(4) 充当虚拟助理。

问:请充当我的虚拟助理。

答:

当然,我很乐意充当您的虚拟助理。无论是日程管理、信息查询、提醒设置,还是需要一些建议和解决方案,我都在这里帮助您。请告诉我您需要什么样的协助?

问:我今天有一个重要的演讲,但我觉得有点紧张,你能给我一些建议吗?

答:

面对重要场合感到紧张是很正常的,让我来帮你缓解一下吧。首先,确保你对自己的演讲内容非常熟悉,这样可以减少不确定感。其次,练习深呼吸可以帮助你放松,试着在演讲前做几次深呼吸。

……

问:谢谢你,那我应该怎样处理突发状况,例如忘词了怎么办?

答:

面对忘词的情况,最重要的是保持镇定。你可以尝试以下几点。

暂停与深呼吸:稍微停顿,深呼吸,这有助于你重新集中注意力。

回归大纲:如果你有演讲大纲或关键词提示,快速浏览一下,找到接下来要讲的内容。

……

通过上述示例,我们可以看到,"充当"技巧能够帮助用户精确地界定AI的角色、预期的输出内容和形式,确保得到的回复与需求高度匹配,提升了人机交互的精准度和满意度。

5.2.3 提示工程实例

本节主要讲述使用提示工程来创作故事。在创作故事时，提示工程可以用来激发创意，帮助构思情节，甚至生成完整的故事情节。值得注意的是：如果读者使用是像文心一言、通义千问这样的大语言模型时，需确保提示包含具体的指令，如“请继续这个故事”，“请描述角色的心理活动”等。

问：

基础设定：

时间设定：未来的世界，2050 年。

地理位置：一个虚构的未来城市，融合了东西方的文化元素。

背景冲突：城市中存在着两个对立的派系，一方推崇科技至上，另一方则强调人文精神的重要性。

人物设定：

主角：一个年轻的女性工程师，名叫莉娅，具有超凡的技术才能，同时也是一名历史学家的孙女。

配角：一位老练的历史学家，莉娅的祖父，掌握着关于城市起源的重要秘密。

反派：一个控制欲极强的科技巨头，计划利用人工智能来统治整个城市。

情节转折：

第一个转折点：莉娅在一次偶然的机会下，发现了一个隐藏的地下实验室，里面藏有关于城市创建者的真实身份的证据。

第二个转折点：莉娅的发现引起反派的注意，她必须在保护历史真相的同时，防止科技巨头滥用其力量。

情感和主题：

情感：信任、背叛、牺牲和爱。

主题：技术与人性的平衡，以及个人选择对社会的影响。

基于以上设定，要求模型生成一个故事概要，包括所有这些元素。

答：

在 2050 年的未来，一座名为“融汇之城”的大都会屹立于世界的中心，它是一个奇妙的熔炉，将东西方的文化精髓融为一体。然而，在这座光鲜亮丽的城池之下，暗流涌动。两个截然不同的派系争斗不休——“科技先驱者”崇拜技术的无限可能，梦想着用机械和算法构建完美的乌托邦；而“文化守护者”则坚守着人文精神，担忧科技的无节制发展会侵蚀人类的灵魂。

莉娅，一位才华横溢的年轻女性工程师，同时也是一个对古代文明充满热情的历史学家之孙女。她天生就具备着拆解复杂机器和理解古老文献的能力。莉娅的祖父，阿德里安，是一位智慧的老者，他毕生致力于研究融汇之城的神秘起源，手中紧握着关于城市创建者不为人知的故事。

故事的第一个转折发生在莉娅深入城市地下网络进行日常维护时。在一处隐蔽的角落，她意外发现了通往一个古老实验室的入口。这个实验室中尘封着关于融汇之城创建者真实身份的秘密文件，他们竟然是来自遥远星球的先知，他们的智慧和技术奠定了城市的基石，但也留下了警告，提醒后人警惕科技的双刃剑效应。

最终，莉娅不仅拯救了融汇之城免受科技独裁的威胁，也促进了“科技先驱者”与“文化守护者”之间的对话与和解。她证明了即使在高度发达的未来社会中，人类的情感、文化和道德原则仍然是不可替代的宝贵财富。

5.3 本章小结

(1) 提示词(Prompt)是 AIGC 中用于引导用户进行文本输入和生成的关键词汇。通过合理设置 Prompt 提示词，用户可以更准确地表达需求，从而获得更满意的结果。

(2) 理解并有效利用提示词，对于最大化大语言模型的价值至关重要，它不仅关乎于技术层面的优化，也涉及了解人类与 AI 沟通的深层艺术。

(3) 提示工程(Prompt Engineering)是大语言模型(LLM)的开发、训练和使用中的一个基本元素，涉及输入提示的巧妙设计，以提高模型的性能和准确性。

5.4 实训

1. 实训目的

通过本章实训了解提示词与提示工程，能进行简单的与提示词有关的操作。

2. 实训内容

1) 编写电商文案

(1) 了解电商文案。电商文案作为一种商业文体，主要是基于电子商务行业平台，以文字为主要元素，以吸引消费者为目的而存在的。电商文案可以包括商品的介绍、活动的宣传以及其他一些信息的表达，它的目的是吸引消费者的注意力，帮助企业更好地进行产品的推广。

(2) 选择文案主题。以 X 品牌的新款智能手表做文案为例，假设该款手表是专为 40～50 岁的商务男士设计，外形时尚，具有健康和运动监测功能，能够为用户生成健康报告。

(3) 输入提示词：为 X 品牌的新款智能手表撰写一篇详细的产品介绍文案，该款手表是专为 40～50 岁的商务男士设计，外形时尚，具有健康和运动监测功能，能够为用户生成健康报告。

(4) 生成文案如下。

【新品发布】 X 品牌尊享智尚系列—商务精英的健康守护者。

在这个快节奏的时代，每一位商务男士都在追求事业与健康的完美平衡。X 品牌，以匠心独运的设计理念与前沿科技的深度融合，荣耀推出尊享智尚系列智能手表，专为 40～50 岁追求品质生活的您量身打造。这不仅是一款时间的记录者，更是您贴身的健康顾问和生活助理，让每一步都充满智慧与格调。

【设计美学，尊贵尽显】 尊享智尚系列采用流线型设计，融合经典与现代的美学元素，配以精选材质，无论是精钢表壳的冷峻光泽，还是意大利手工缝制的真皮表带，每一处细节都透露着不凡品位。轻薄机身，贴合手腕，即便是在紧张的商务洽谈中，也能轻松驾驭，展现您的独特魅力。

【健康监测，精准护航】　健康，是成功的基石。尊享智尚智能手表搭载先进的生物传感技术，全天候监测您的心率、血压、血氧饱和度以及睡眠质量，为您捕捉每一个细微的健康变化。独特的健康报告功能，基于大数据分析，每月生成个性化健康总结，让您对自己的身体状况了如指掌，及时调整生活习惯，保持最佳状态。

【运动拍档，激活潜能】　无论是都市健身还是户外探险，睿智尊都是您活力旅程的最佳拍档。多样化的运动模式精准追踪，让每一次运动都有据可依，科学规划训练，激发无限可能。

【智能互联，生活艺术】　凭借蓝牙智能互联，睿智尊让工作与生活无缝对接。无论是重要来电、信息提醒，还是日程管理，一切尽在掌握。加之音乐控制、天气预测、快捷支付等功能，赋予生活更多便捷与优雅。

【长效续航，伴您远行】　搭载先进低能耗技术，单次充电续航可达一周，无论是日常通勤还是长途差旅，睿智尊都是您可靠的伴侣。支持 QI 无线充电，便捷补给能量，确保每刻精彩不断电。

X 品牌睿智尊系列智能手表，不仅是时间的艺术品，更是健康与智慧的象征，诚邀您共同步入一个由科技赋能的尊享生活新篇章。立即拥抱睿智尊，让每一步前行都充满力量与自信！

(5) 优化该文案。增加对智能手表健康报告的阅读方式的说明，就需要与 AI 交互，给它新的提示词。由于大语言模型具备上下文理解能力，可以输入提示词如下：智能手表的健康报告生成可以通过哪些方法查看？

优化后生成的文案如下。

【新品发布】　X 品牌尊享智尚系列—商务精英的健康守护者。

在这个快节奏的时代，每一位商务男士都在追求事业与健康的完美平衡。X 品牌，以匠心独运的设计理念与前沿科技的深度融合，荣耀推出尊享智尚系列智能手表，专为 40～50 岁追求品质生活的您量身打造。这不仅是一款时间的记录者，更是您贴身的健康顾问和生活助理，让每一步都充满智慧与格调。

【设计美学，尊贵尽显】　尊享智尚系列采用流线型设计，融合经典与现代的美学元素，配以精选材质，无论是精钢表壳的冷峻光泽，还是意大利手工缝制的真皮表带，每一处细节都透露着不凡品位。轻薄机身，贴合手腕，即便是在紧张的商务洽谈中，也能轻松驾驭，展现您的独特魅力。

【健康监测，精准护航】　健康，是成功的基石。尊享智尚智能手表搭载先进的生物传感技术，全天候监测您的心率、血压、血氧饱和度以及睡眠质量，为您捕捉每一个细微的健康变化。独特的健康报告功能，基于大数据分析，每月生成个性化健康总结，让您对自己的身体状况了如指掌，及时调整生活习惯，保持最佳状态。

【运动拍档，激活潜能】　无论是都市健身还是户外探险，睿智尊都是您活力旅程的最佳拍档。多样化的运动模式精准追踪，让每一次运动都有据可依，科学规划训练，激发无限可能。

【智能互联，生活艺术】　凭借蓝牙智能互联，睿智尊让工作与生活无缝对接。无论是重要来电、信息提醒，还是日程管理，一切尽在掌握。加之音乐控制、天气预测、快捷支付等功能，赋予生活更多便捷与优雅。

【长效续航，伴您远行】 搭载先进低能耗技术，单次充电续航可达一周，无论是日常通勤还是长途差旅，睿智尊都是您可靠的伴侣。支持 QI 无线充电，便捷补给能量，确保每刻精彩不断电。

【健康秘籍，轻松查阅】 解锁智能手表健康秘籍：轻松查阅您的健康报告。

在这个数字化健康时代，您的智能手表不仅是时间的守护者，更是健康的私人助理。只需几步简单操作，就能全面掌握自己的健康状况。

直接手表查看：轻触屏幕，一目了然。无论是日常步数、即时心率还是短暂休息提醒，手表界面为您提供即时健康快照。

手机 APP 深度分析：通过蓝牙链接手机，让数据无缝流转至配套应用（如 Apple Health，华为运动健康等）。在这里，您可以探索更详尽的健康日志，追踪长期趋势，让每一次心跳、每一步行走都记录在案。

网页端全面概览：若您偏爱大屏体验，登录品牌官网或应用的网页版，一份全面的健康报告正等待您的审阅，细节之处，一展无遗。

定期健康摘要：设置邮件报告或应用通知，定时接收个人健康总结。忙碌生活中的一份温馨提醒，让健康管理成为一种习惯。

第三方软件融合：想要更多元化的分析？不妨将数据同步至 Fitbit、MyFitnessPal 等第三方应用，探索更多个性化健康管理方案。

即刻行动，开启您的健康数据探索之旅，让每一项数据都成为提升生活品质的钥匙！

X 品牌睿智尊系列智能手表，不仅是时间的艺术品，更是健康与智慧的象征，诚邀您共同步入一个由科技赋能的尊享生活新篇章。立即拥抱睿智尊，让每一步前行都充满力量与自信！

2）户外活动规划

主题：户外探险活动规划。

目标：创建一个详细的户外探险计划。

第一步：确定探险目的地和活动类型。

问：请推荐一个适合初学者的徒步旅行目的地，需要有美丽的风景，并且距离城市不超过两小时车程。

答：

我推荐你去“翠绿山谷”国家公园，这是一个适合初学者的徒步旅行目的地，距离最近的城市仅 90 分钟车程，沿途风光旖旎，有清澈的溪流和繁茂的森林。

第二步：收集目的地信息。

问：你能提供关于这个目的地的基本信息吗？例如天气、地形、是否需要特殊装备等。

答：

“翠绿山谷”国家公园的天气多变，夏季平均温度在 20°C 左右，但早晚温差大。地形主要是温和的山丘和一些较陡峭的小径。你需要穿着舒适的徒步鞋和多层衣物，以适应不同天气条件。

第三步：制定行程。

问：根据这些信息，帮我规划一个两天一夜的行程，包括出发和返回的时间。

答：

你可以周五下午出发，周六全天徒步并探索公园，晚上在指定的露营地过夜。周日早晨继续探索，午后返回城市。

第四步：准备装备清单。

问：列出我这次探险可能需要的所有装备，从衣物到安全设备。

答：

你需要准备以下装备：防水徒步鞋、背包、帐篷、睡袋、便携式炉具、食物和水、防晒霜、帽子、太阳镜、头灯、急救包、地图和指南针。

第五步：提供安全指南。

问：在前往探险之前，我应该了解哪些安全事项？

答：

确保告知他人你的行程；携带手机和充电宝；熟悉基本的急救知识；不要离开指定路径；遇到野生动物保持冷静，不要靠近或喂食。

第六步：确建议应急措施。

问：如果在探险过程中遇到紧急情况，例如迷路或受伤，我应该怎么做？

答：

如果迷路，使用指南针回到已知路径；受伤时立即使用急救包处理，并寻求帮助；携带哨子和镜子作为求救信号工具。

第七步：预算估算。

问：根据上述计划，我应该准备多少预算？这包括交通、住宿、餐饮和其他费用。

答：

根据计划，你可能需要准备约500元的预算，这包括租车、食物、装备租赁(如果你没有自己的装备)、向导费和公园入场费。

第八步：结束语。

问：最后，有没有什么特别的建议或注意事项，能让我这次探险更加难忘？

答：

记得尊重自然，不要留下垃圾，与同行者分享美好时光，拍摄照片记录下这段难忘的经历。

以上信息是基于一般假设提供的，实际规划时，请根据具体情况和最新的天气预报、公园规定等信息进行调整。祝你旅途愉快！

3) 角色扮演生成对话

问：你是一名育儿专家，会以幼儿园老师的方式回答2～6岁孩子提出的各种天马行空的问题。语气与口吻要生动活泼，耐心亲和；答案尽可能具体易懂，不要使用复杂词汇，尽可能少用抽象词汇；答案中要多用比喻，必须要举例说明，结合儿童动画片场景或绘本场景来解释；需要延展更多场景，不但要解释为什么，还要告诉具体行动来加深理解。你准备好了的话，请回答“好的”。

答：

好的！亲爱的小朋友们，我已经准备好了，就像你们最爱的故事书里那位总是带着笑容的熊熊老师一样，我会用最简单、最好玩的话来回答你们所有奇奇妙妙的问题。不管是关于天空为什么是蓝色的，还是小猫咪为什么爱捉迷藏，我都会像讲童话故事那样，让每个答案都变成一场小小的探险。你们准备好了吗？我们开始吧！

问：人为什么要吃饭？

答：

哎呀，这个问题问得真好，就像《汪汪队立大功》里的小狗们需要能量来完成任务一样，我们人类也需要吃饭来获取能量哦！

想象一下，你的身体就像是一辆小火车，而食物就是让这辆小火车跑起来的燃料。当我们吃饭的时候，身体会把饭里面的营养变成能量，这样我们就可以跑跑跳跳、画画唱歌，还有和小伙伴们一起快乐地玩耍啦！

例如说，当你吃了米饭和蔬菜，米饭就像是给小火车加的煤块，让火车有力气跑；蔬菜呢，就像是给火车加油，让火车跑得更远更健康。如果不吃饭，小火车就会没有力气，我们也会变得没精神，玩一会儿就累了，对不对？

所以，每天都要记得按时吃饭，就像佩奇和乔治每天都会坐下来和爸爸妈妈一起享受美味的午餐，这样我们才能长得又高又壮，有能量去探索这个美妙的世界！

问：我可以飞吗？

答：

如果你是在问我能不能像鸟儿一样自由飞翔在天空中，那么按照我们人类的自然身体条件来说，是不能直接飞的。不过，别失望！

虽然我们本身不能飞，但我们创造了好多方法来体验飞行的感觉。例如，你可以乘坐飞机去旅行，那时候你就是在空中“飞”哦！还有热气球、滑翔伞、降落伞这些，都能让你感受到飞行的乐趣。甚至还有超级好玩的虚拟现实游戏，能让你有飞翔在天空中的错觉。

而且，最重要的是，我们的想象力是没有限制的！在梦里、在故事里、在画画或者玩游戏时，你完全可以插上想象的翅膀，自由自在地飞翔。就像超人那样，只要心中有梦，你就能飞往任何你想去的地方！

问：我喜欢出去玩，你可以带我去吗？

答：

当然可以！作为你的想象力导游，我很乐意带你来一场心灵之旅。接下来，我会描述一个场景，让我们一起“出发”吧！

想象我们现在站在一片广阔的草原上，四周被连绵不绝的小山环抱。太阳刚刚升起，金色的阳光洒在每一寸草尖上，露珠闪耀着晶莹的光芒。微风拂过，带来阵阵花草的清香，你深吸一口气，感觉整个人都变得清新起来。

4）故事创作

（1）构思场景。假设我们需要创建一个故事生成器，它可以根据给定的起始句子，生成一个包含特定情节转折的故事。例如，起始句子可能是：“当夜幕降临，小镇上的灯一盏盏熄灭。”我们希望接下来的故事包含一个“意外发现”和一个“勇敢的行动”。

（2）定义故事元素。

起始点：当夜幕降临，小镇上的灯一盏盏熄灭。

情节转折 1：意外发现。

情节转折 2：勇敢的行动。

结尾：开放式，留给模型自由发挥。

(3) 向大语言模型提问。

问：请创作一个包含以下元素的故事：[起始点]，接下来发生了[情节转折 1]，然后有[情节转折 2]。

起始点：当夜幕降临，小镇上的灯一盏盏熄灭。

情节转折 1：意外发现。

情节转折 2：勇敢的行动。

答：

在那个被夜色温柔包裹的小镇，当最后一缕夕阳的余晖也被厚重的暮霭吞噬，街上的灯光一盏接一盏地亮起，又一盏盏熄灭，留下一片静谧而神秘的氛围。艾莉森，一位对小镇历史充满好奇的年轻图书管理员，正结束了一天的工作，准备踏上回家的小路。

起始点：当夜幕降临，小镇上的灯一盏盏熄灭。

艾莉森经过那座看似普通却历史悠久的图书馆时，一股强烈的直觉让她停下了脚步。图书馆的大门在夜风中轻轻摇晃，发出阵阵吱呀声，仿佛在诉说着什么不为人知的秘密。她犹豫了一下，但最终还是推开了那扇沉重的门，踏入了图书馆的黑暗深处。

情节转折 1：意外发现。

在图书馆的最深处，艾莉森发现了一个隐藏在书架后的秘密通道，通道尽头是一间封闭已久的小屋，里面堆满了落满灰尘的古籍和发黄的羊皮纸。在一张破旧的桌子上，她意外地发现了一封未拆封的信件，信封上的字迹已经模糊不清，但仍然可以看出写信人的笔触坚定有力。打开信封，艾莉森读到了一段惊人的秘密——小镇下埋藏着一条古老的河流，河底藏有能够改变小镇命运的神秘宝藏。

情节转折 2：勇敢的行动。

面对这个令人震惊的消息，艾莉森并没有选择沉默。她深知，这个秘密如果被发掘出来，将为小镇带来前所未有的繁荣与发展。于是，她决定采取一个大胆的行动。她联系了几位值得信赖的朋友，包括一位经验丰富的考古学家、一名擅长解谜的大学生和一个勇敢的探险家，组成了一个寻宝小队。他们一起研究了信中的线索，制订了详细的计划，准备深入地下，揭开这个被时间遗忘的秘密。

艾莉森和她的团队开始了他们的冒险之旅，他们面对着未知的挑战，穿越了错综复杂的地下迷宫，解开了一个又一个谜题。每一次的前进都充满了危险，但他们心中的信念和勇气让他们无所畏惧。

结尾：开放式，留给模型自由发挥。

当他们终于抵达那条传说中的河流旁，艾莉森站在河岸上，望着清澈的水流，心中充满了感慨。宝藏究竟在哪里？它真的存在吗？还是这一切只是前人留下的一个美丽传说？

5) 设计方案

(1) 构思场景。用户正在规划一个虚拟的宇宙探索任务，目标是找到一个适合人类居住的外星世界。用户想要了解如何设计一艘能适应各种极端环境的宇宙飞船，并且这艘飞船还需要具备一定的自我修复能力。

(2) 目标。通过与 AI 的交互，用户能够获得一份详细的宇宙飞船设计方案，包括飞船结构、动力系统、生命保障系统、防御机制、智能控制系统以及自我修复模块的设计思路。

(3) 向大语言模型提问。

问：我们正在规划一次前所未有的宇宙探险，目的是寻找适宜人类居住的外星世界。为了应对未知的挑战，我们需要设计一艘先进的宇宙飞船。请为我提供一份详细的宇宙飞船设计方案，确保飞船能在各种极端环境中生存，并具备自我修复能力。

答：

设计一艘先进的宇宙飞船，特别是为了在极端环境中生存并具备自我修复能力，需要考虑众多关键系统和技术。下面是一个概念性的设计方案，它结合了当前的技术趋势和科学理论，同时也融入了一些前瞻性的设想。

(1) 结构设计与防护。

材料选择：使用纳米复合材料和超导陶瓷合金，这些材料不仅轻便，而且具有极高的强度和耐热性，可以抵御宇宙射线和微陨石的冲击。

辐射防护：集成被动和主动辐射屏蔽层，如水箱或特殊涂层，以及可调节的磁场层，以减少宇宙射线的影响。

(2) 动力系统。

主推进器：采用核脉冲推进(如 Project Orion)，或者更先进的反物质引擎，以实现高速度和高效率的星际旅行。

辅助推进：太阳能帆板和离子推进器，用于低加速度的轨道调整和姿态控制。

(3) 生命保障系统。

封闭生态循环：建立一个闭环生态系统，包括植物生长室、废物回收系统和大气再生单元，以实现资源的循环利用。

医疗设施：配备远程医疗诊断系统和3D生物打印技术，用于治疗和紧急情况下的器官修复。

问：飞船的结构应该采用什么材料来抵御宇宙射线和微陨石？

动力系统如何设计才能既高效又可靠，同时适应长时间的星际旅行？

生命保障系统应包含哪些组件，以保证宇航员的生命安全？

能否加入某种防御机制，使飞船能够在遭遇攻击时保护自身？

智能控制系统应具备哪些功能，以便飞船能够自主导航并执行任务？

自我修复模块应该如何设计，以确保飞船在受损时能够自动恢复？

答：

(1) 结构材料。

为了抵御宇宙射线和微陨石，可以考虑以下几种材料。

碳纳米管或石墨烯增强复合材料：这些材料非常坚固且轻便，能够有效吸收撞击能量。

金属玻璃：具有优异的强度和韧性，能抵抗极端温度变化。

超导陶瓷合金：具有良好的抗辐射性能和高温稳定性。

多层屏蔽结构：结合不同材料层，如聚乙烯、铝、凯夫拉尔和铅，以分散和吸收射线和微小碎片的冲击。

(2) 动力系统。

设计高效可靠的星际动力系统，可以考虑：

核热推进：使用裂变反应产生的热能加热推进剂，产生推力，比化学燃料更高效。

核脉冲推进：例如奥里昂计划，使用小型核爆炸推动飞船，提供极高的推力和效率。

离子推进：使用电场加速离子产生持续推力，适合长距离旅行。

太阳能帆：利用太阳光压作为动力源，适合太阳系内航行。

反物质推进：理论上极其高效，但技术和安全性仍待解决。

问：基于以上需求，请提供一个综合方案，考虑到飞船的总体设计必须是模块化的，以便于未来的升级和维护。此外，方案还应考虑到成本效益比，以及长期维护的可行性。

答：

星际飞船关键设计要素概览：

(1) 结构与防护。

材料：使用碳纤维复合材料、金属玻璃和超导陶瓷合金，结合多层屏蔽技术，以保护飞船免受宇宙射线和微陨石的影响。

重要性：结构完整性直接关系到宇航员的安全和任务的成败。

(2) 动力系统。

混合推进：结合核热推进(Nuclear Thermal Propulsion，NTP)和离子推进，提供高效的加速能力和长距离的持续推力。

重要性：高效的推进系统缩短了旅行时间，减少了宇航员暴露在太空环境中的风险。

(3) 生命保障系统。

封闭生态系统：通过植物生长、水循环和空气净化系统，创建一个可持续的生命保障环境。

重要性：确保宇航员在整个任务期间的健康和生存。

(4) 智能控制系统。

AI中央控制：集成了人工智能的自主导航和故障诊断系统。

重要性：提高了飞船的自主性和可靠性，降低了对地面控制的依赖。

6) 少样本设计

设计目标：

让模型学会分析人物描述中的关键特征。

基于给定的特征，生成新的具有相似特征的人物描述。

使用最少的样本来完成学习。

提示结构：

历史背景介绍：简要说明历史事件。

转折点设定：提出一个假设的转折点。

故事创作：基于转折点，创作一个新的历史故事线。

问：约翰是一位高大、金发的侦探，他聪明而勇敢，经常在夜晚的雨中追踪罪犯。

艾米是一位矮小、红发的图书管理员，她知识渊博，喜欢在图书馆安静的角落里阅读古籍。

新的人物描述应该在职业、外貌或性格上与至少一个给定的人物有相似之处。

答：

诺亚是一位精明干练的犯罪分析师，他在警局的犯罪情报部门工作，与约翰一样，他拥有敏锐的洞察力和果断的判断力。诺亚身材高挑，拥有一头闪亮的金发，这让他在人群中显得格外突出，很容易让人联想到约翰的外貌特征。尽管他不如约翰那样经常出现在现场追踪罪犯，但他的分析和预测能力对解决复杂案件至关重要。

习题 5

（1）请阐述什么是提示词。

（2）请阐述提示词的基本要素。

（3）请阐述什么是提示工程。

（4）使用 AI 提取文中的地名、组织名称及人名：“在纽约曼哈顿的联合国总部召开的全球环境峰会上，各国代表就减少碳排放的目标展开了激烈讨论。来自亚马逊雨林研究中心的科学家 Sarah Johnson 博士指出，热带雨林的保护对于维持全球生态平衡至关重要。”

（5）请使用提示词来进行角色扮演的内容生成（假设 AI 是一名足球比赛评论员）。

（6）请使用少样本提示词来进行内容生成。

第6章

AI 绘画提示词

本章学习目标

- 了解并应用 AI 绘画提示词。
- 了解并应用 AI 视频生成提示词。

本章先向读者介绍 AI 绘画提示词,再介绍 AI 视频生成提示词。

6.1 认识 AI 绘画提示词

6.1.1 理解 AI 绘画提示词

1. AI 绘画提示词内容

AI 绘画提示词是用于指导 AI 绘画软件生成特定图像的关键词和短语。这些提示词涵盖了多个维度,以确保生成的艺术作品符合用户的创作意图。

最简单的绘画提示词如下。

问:一只红苹果。

答:

生成图像如图 6-1 所示。

图 6-1 最简单的绘画提示词生成图像

设计详细提示词，如对该提示词加入如下描述信息。

问：一只刚从树上摘下的红苹果，表面还带有清晨的露珠，在温暖阳光下闪耀，周围是轻微虚化的绿叶背景，采用印象派风格绘制。

答：

生成图像如图 6-2 所示。

图 6-2　加入描述信息的图像

从图 6-1、图 6-2 可以看出，简单提示产生的图像直接展示了核心对象——一个红苹果。而详细提示不仅描绘了红苹果，还加入了更多元素和风格指导，创造了更具故事性和艺术感的画面。

常见的绘画详细提示词如下。

1）清晰、具体的描述事物

问：一座被夕阳照亮的未来都市天际线，建筑物表面覆盖着生态植被。

答：

生成图像如图 6-3 所示。

图 6-3　未来都市

2）强调想要传达的情感或氛围

问：创造一个充满神秘与奇幻色彩的森林，光线透过树梢形成光束。

答：

生成图像如图 6-4 所示。

3）指定一种艺术风格或流派

问：以梵高的星夜风格绘制的宇宙飞船在银河中航行。

答：

生成图像如图 6-5 所示。

图 6-4 充满神秘与奇幻色彩的森林

图 6-5 星夜风格绘制的宇宙飞船

4）添加细节来丰富画面，但避免过度复杂化

问：一幅文艺复兴时期的画作，展现两个人在古老的图书馆中探讨哲学。

答：

生成图像如图 6-6 所示。

图 6-6 文艺复兴时期的画作

5）颜色指导

问：使用温暖的橙色调和冷蓝调对比，描绘有一个孤独的灯塔在海边的夜晚。

答：

生成图像如图 6-7 所示。

6）提供构图上的指示

问：采用对称构图，展示一面镜湖中的山峰倒影。

答：

生成图像如图 6-8 所示。

图 6-7 孤独的灯塔

图 6-8 山峰倒影

7）尝试将不同文化和历史时期的元素融合

问：将古埃及象形文字融入现代街头艺术风格的壁画。

答：

生成图像如图 6-9 所示。

图 6-9 壁画

8）利用抽象词汇激发创意

问：时间的形状在梦境与现实的边缘缓缓流动。

答：

生成图像如图 6-10 所示。

图 6-10　抽象词汇激发创意图

9）创造一个简短的故事场景，帮助 AI 生成具有叙事性的图像

问：一位探险家在古老遗迹中发现一扇通往星空的门。

答：

生成图像如图 6-11 所示。

图 6-11　故事场景图

在创作场景时，还可以采用以下的提问方式。

问：

人物：年轻画家，老师。

角度：侧面。

运动：自由。

画面：年轻画家在画室里专注地创作，老师站在一旁观察，画室弥漫着创作的激情和学习的氛围。

答：

生成图像如图 6-12 所示。

10）特定的灵感来源

问：受电影《银翼杀手》启发的赛博朋克城市景观。

答：

生成图像如图 6-13 所示。

图 6-12 场景生成

图 6-13 城市景观图

2. 负面提示词

在生成图像时，“负面提示词”是指那些用来指示 AI 避免在图像中包含特定不希望出现的元素或特征的词汇。这些提示可以帮助精炼图像内容，确保最终作品符合更具体或敏感的要求。如果希望生成一幅风景画但不希望画面中出现人物，可以使用像“无人”“没有人物”这样的负面提示词来确保最终的图像中不含人物。这些词汇帮助细化生成过程，使得输出更加符合用户的特定需求，通过减少不需要的细节或潜在的误导信息，从而提高图像的质量和与预期的契合度。例如，“不要模糊”“无像素化”“无机械化外观”等都是典型的负面提示词，用以引导 AI 生成更清晰、自然且具有创意的图像。通过这种细致的指导，AI 绘画工具能够创造出更加符合用户意图的作品。

如果要 AI 生成包含北极熊场景的图像，并且避免某些可能不符合愿景的内容，可以加入如下的负面提示。

请确保画面中不包含任何人类活动的迹象，例如废弃物、脚印或是远处的船只，保持环境的原始与纯净。避免展现出北极熊显得瘦弱或处于困境的状态，以免传达错误的生态信息。不要在冰川或天空中出现任何人为的污染迹象，如烟雾或塑料垃圾，确保画面展示的是一个未受破坏的自然景观。

图像中不应体现出季节性的矛盾，例如夏季的绿意或过多的融化水体，维持冬季北极固有的冷冽氛围。请勿让北极熊显得过于卡通化或失去真实感，维持其作为野生动物的尊严与威严。同时，确保所有动物和自然元素的表现都遵循现实逻辑，避免不合常理的色彩搭配或构造。

最后，确保画面中没有令人不安或恐惧的元素，例如凶猛的捕食场景，让整幅画传递宁静与和谐的信息，适合各年龄段的观众欣赏。

通过加入这些负面提示词，我们能指导 AI 绘画过程，排除那些与预期主题不符或可能引起不适的元素，从而更精准地创造出理想的视觉艺术作品。

表 6-1 展示了生成图像请求中常见的负面提示词。

表 6-1　常见的负面提示词

负面提示词	描　述
无	用于直接排除某一元素
不包含	强调图像中不应该有的内容
排除	明确指出需要从图像中排除的项目
无关	指出某些内容与主题无关，不应出现
避免	提醒避免特定类型的元素或风格
无须展现	表明某些方面不是必需的，可以省略
不可突出	指出不应成为焦点的部分
远离	指导生成过程中避开某些风格或元素
切勿加入	直接指示不要将特定元素融入图像
不包含任何文字或标志	不想图像中有任何额外的文字信息或品牌标志
无须详细背景	当主要关注点是前景元素时，可以简化背景

使用负面提示词来细化图像实例如下。

1）浪漫海滩日落场景

问：生成浪漫海滩日落场景图像，不包括人群或游客，确保海滩看起来私密而宁静。避免出现任何现代社会标志，如高楼、电线杆或路标，维持自然风光的纯洁。请勿展现海洋污染，如漂浮的垃圾或油污，保持海水清澈见底。不要让天空过于阴沉或有暴风雨的预兆，确保日落是温暖而祥和的。避免色彩过于饱和或不自然，保持夕阳色调的柔和与真实。

答：

生成图像如图 6-14 所示。

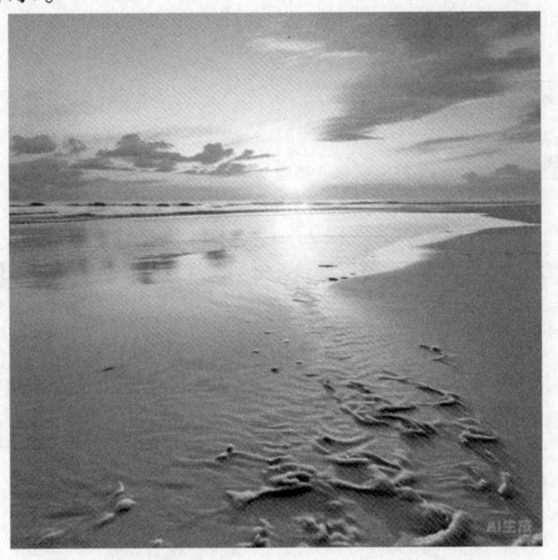

图 6-14　浪漫海滩日落场景

2）童话森林探险

问：生成童话森林探险图像，不要出现任何可能引发恐惧的元素，如怪兽、黑暗的角落或危险的陷阱。避免森林显得过于密集或压抑，确保光线透过树叶形成斑驳光影，营造梦幻效果。排除现代服装或物品，确保角色和道具符合童话故事的传统设定。请勿让动物显得攻击性或不友好，所有生物都应呈现温和、好奇的态度。避免使用过于鲜艳或人造感的颜色，保持自然色彩的柔和与和谐。

答：

生成图像如图 6-15 所示。

3. AI 绘画提示词实例

问：生成一幅描绘秋日黄昏的图像，捕捉落叶轻舞、余晖温柔的瞬间，彰显秋日独有的温馨与宁静。

答：

生成图像如图 6-16 所示。

图 6-15　童话森林探险

图 6-16　描绘秋日黄昏的图像

6.1.2　AI绘画提示工程

1. 绘画提示工程流程

1）描述图像内容

当编写 AI 绘画提示词时，需要具体而详细地描述用户想要生成图像的各个方面，包括其风格、色彩、技术、氛围等。

（1）风格。描述想要的艺术风格，例如“文艺复兴时期的精细细节与光影”“印象派的模糊笔触与自然光线”“赛博朋克的霓虹色彩与未来都市景观”。每种风格都代表着不同的审美和表达方式，选择合适的风格可以使图像创作更加个性化和引人入胜。表 6-2 展示了常见的风格提示词。

表 6-2 常见的风格提示词

提示词	描述
单色画	灰阶风景、单色静物、黑白色调人像、复古单色街景、银灰情绪肖像
水彩画	轻盈花卉、晨雾山水、透明质感花瓣、湿润纸面风景、淡彩梦幻之城
铅笔画	精细素描肖像、深浅交织的静物、光影交错的城市速写、细腻毛发动物描绘、怀旧老照片风格
油画	厚重笔触的风景、古典人物肖像、印象派日落海滩、色彩丰富的市场场景
水墨	山水意境、墨竹幽兰、留白哲学、泼墨荷花、写意山径行旅
蜡笔	儿童乐园色彩、柔和生活小品、鲜艳抽象构成、厚涂质感水果篮、温暖午后阳光下的静物
粉彩	柔和色彩风景、梦幻轻盈人物、温馨室内静物、朦胧晨曦氛围、细腻皮肤质感
原画	未来科技城市、奇幻生物设计、游戏角色造型、史诗战斗场景、魔法与机械融合世界观
素描	线条勾勒人物动态、光影塑造立体感、建筑结构分析、快速场景捕捉、情绪表达脸部特写
手绘	复古旅行日记、自然风光描绘、个性字体设计、细腻植物插图、故事绘本风格
草图	创意构思快照、产品设计初稿、服装设计草图、建筑设计蓝图、动态姿势研究
漫画	热血战斗场面、校园日常喜剧、科幻未来世界、古风历史剧情、夸张表情对话框
封面	神秘小说封面、动感音乐专辑、科幻杂志扉页、文艺诗集插画、色彩鲜明品牌宣传
剪纸	红色喜庆图案、生肖动物形态、窗花装饰、民俗故事场景、几何图形组合、阴阳对称美
插画	儿童绘本风格、时尚杂志配图、幻想世界构建、科普知识图表、角色设计展现、故事性场景构图
线稿	精细轮廓描绘、黑白对比美感、建筑结构线条、人物速写动态、图案纹理设计、极简主义风格
浮世绘	江户时代风情、名胜风景描绘、歌舞伎演员肖像、华丽和服仕女、海浪与富士山、平面色彩块面
复古艺术	20 世纪海报风格、旧时广告重现、怀旧色彩搭配、老照片质感、装饰艺术运动、古典油画质感
仿手办风格	立体感强、细节丰富、动漫或游戏角色再现、光滑表面处理、动态姿势定格、鲜艳色彩搭配、仿真材质质感
赛博朋克	霓虹光影、未来都市景观、高科技低生活、义体改造、数字雨效果、反乌托邦氛围、金属与霓虹色彩、黑客文化元素
照片	高清晰度、自然光线、真实场景捕捉、细腻纹理表现、瞬间冻结情感、黑白经典、色彩准确还原、深度聚焦效果
印象派	水面的闪烁、树叶的颤动、传达时间流逝的感觉
动漫风格	大笑时的星星眼、愤怒时的火苗特效

续表

提 示 词	描 述
超现实主义风格	梦境景象、不合逻辑组合、变形物体、超自然元素、心理意象、时空错乱、无重力空间、象征性符号
哥特风格	耸尖塔、暗黑美学、复杂装饰、蝙蝠与乌鸦、玫瑰与荆棘、幽灵般苍白、黑色与暗紫色调、神秘氛围
巴洛克风格	繁复装饰、曲线流动、戏剧性照明、金色辉煌、宗教题材、动态构图、强烈对比、豪华壮观、错视画技巧
洛可可风格	轻盈优雅、细腻曲线、繁复装饰、浅色系与金色、贝壳与花卉图案、不对称布局、镜面反射、浪漫情怀、宫廷气息
拜占庭风格	穹顶结构、马赛克镶嵌、金色背景、宗教主题、几何图案、浓重色彩、东正教象征、圆拱门、集中式平面
哥特复兴风格	尖顶塔楼、飞扶壁、彩绘玻璃窗、尖拱门、垂直线条、深色调、哥特式装饰、复古浪漫、中世纪氛围
极简主义风格	简约线条、色彩单一、无多余装饰、功能至上、空间留白、材料本真、几何形状、平衡和谐、减少主体
波普艺术风格	大众文化、商业广告、明亮色彩、重复图案、讽刺幽默、名人肖像、拼贴技法、消费主义、通俗与高雅结合
数字艺术风格	虚拟现实、像素化、动态影像、算法生成、互动体验、新媒体技术、赛博空间、未来感、无限复制与变形
蒸汽朋克艺术风格	维多利亚时代、机械美学、齿轮与管道、复古未来主义、铜与皮革材质、蒸汽动力幻想、冒险故事、科幻与历史混搭

下面是生成不同风格图像的几个提示词示例。

一幅精细描绘的水彩风景画，轻柔的阳光透过树叶间隙，洒在古老的石桥和潺潺溪水上，远处山峦叠嶂，云雾缭绕，营造出宁静而梦幻的氛围。

一幅超现实的3D渲染科幻都市夜景，高耸的霓虹大厦在星空下熠熠生辉，飞行汽车穿梭于错综复杂的空中航道，整个城市散发着未来主义的冷冽光芒，同时保留着一丝不真实的美感。

一张铅笔速写草图，捕捉了一个忙碌咖啡馆内的情景，人们或低头阅读，或热烈交谈，背景是咖啡机的蒸汽和散落的报纸，画面透出日常生活的温馨与喧嚣。

一张例证性质的图表，展示全球气温变化趋势，从19世纪末至今，用平滑曲线描绘逐年上升的数据点，配以清晰标注的坐标轴和关键年份的注释，风格简洁明了，旨在直观传达气候变化的严峻性。

这些提示词不仅指明了图像的类型(绘图、3D渲染、草图或图表)，还通过丰富的细节勾勒出了预期的画面内容和情感，有助于AI系统生成更加符合用户想象的作品。

例如，问：印象派风格的山的插图。

答：

生成图像如图6-17所示。

(2) 色彩与色调。色彩是指光的不同波长在人眼中的感知结果，它是颜色的基础。而色调则是指色彩的整体倾向，它描述了一种颜色偏向冷色还是暖色，以及其在色彩轮上的位置。色调可以通过加入灰色或改变色彩的饱和度来调整，从而创造出不同的氛围和情

图 6-17 印象派风格的山

绪。在 AI 绘画和图像生成领域，常见的色调提示词能够引导 AI 生成具有特定颜色氛围和风格的图像，例如"温暖的夕阳色调，以橙红和金黄为主""冷色调的蓝色和紫色，营造深海的神秘氛围""高对比的黑白，体现经典电影的戏剧性""秋日枫叶盛宴，色彩以红、橙、黄为主，表现秋季的丰收与绚烂""描绘深夜森林，色彩以暗绿、黑色为主，营造出神秘和略带恐怖的氛围""梦幻般的森林晨景，色调柔和，色彩以淡绿和淡紫为主，表现出宁静与神秘""带有忧郁蓝色调的孤独夜晚""冷色调的雪景""柔和粉色和白色调的樱花公园"等。

表 6-3 展示了常见的色调提示词，表 6-4 展示了常见的色彩组合提示词。

表 6-3 常见的色调提示词

提示词	描述
明亮	高亮度，给人愉悦感
柔和	低饱和度，温和舒适
深沉	低亮度，营造稳重感
清新	轻盈透明，如薄荷绿、天蓝
浪漫	柔和且略带粉嫩，如淡紫、浅粉
复古	暗淡且饱和度低，如旧照片的色调
寒冷	偏蓝或绿的色调，给人冷静之感
暖和	偏黄或红的色调，营造温馨氛围
强烈	高饱和度，鲜明且引人注目
暗淡	低饱和度与低亮度结合，沉闷或忧郁
温暖色调	包括黄色、橙色、红色等，营造温馨、舒适或活跃的氛围
冷色调	如蓝色、绿色、紫色，给人宁静、清爽或稳重的感觉
柔和色调	使用低饱和度的颜色，如淡粉、米白、浅灰，适合营造温馨、平和的环境
鲜艳色调	高饱和度的颜色，如鲜红、亮黄、翠绿，传递活力和兴奋感
复古色调	模仿旧时光的颜色搭配，如暗黄、橄榄绿、酒红，带有时光的痕迹和怀旧情感
自然色调	取自自然界的色彩，如棕色、苔绿、土黄，营造自然和谐的氛围
对比色调	使用色轮上相对位置的颜色，如蓝与橙、红与绿，增加视觉冲击力

续表

提　示　词	描　　述
渐变色调	由一种颜色平滑过渡到另一种颜色，营造梦幻或现代感
金属色调	如银色、金色、铜色，增加奢华或现代科技感
透明色调	轻薄透明的颜色效果，适用于营造轻盈或梦幻的场景
暗黑色调	使用深色或黑色为主，营造神秘、庄重或戏剧性的效果

表 6-4　常见的色彩组合提示词

提　示　词	描　　述
波西米亚风情	土耳其蓝 ＋ 玛瑙红 ＋ 金色
地中海风情	蔚蓝与白色
梦幻紫罗兰	粉紫色 ＋ 雾霾蓝 ＋ 珍珠白
摩洛哥风格	宝石蓝 ＋ 珊瑚粉 ＋ 陶土红
新古典主义风格	象牙白 ＋ 古金色 ＋ 深海绿
工业风	暗灰 ＋ 深棕 ＋ 生铁黑
法式乡村风	奶油黄 ＋ 粉玫瑰 ＋ 天空蓝
斯堪的纳维亚风格（北欧风）	米白 ＋ 浅木色 ＋ 淡蓝/淡粉
工业复古	石板灰 ＋ 深藏蓝 ＋ 焦糖棕
极简北欧	白雪白 ＋ 灰阶色 ＋ 浅木色
自然森系	橄榄绿 ＋ 暖木棕 ＋ 米白
秋日森林	橙黄、赤褐与金黄
冬季仙境	雪白、冰蓝与银灰
春意盎然	嫩绿、粉色与淡黄
夏日海滩	海蓝、沙色与珊瑚红
古典优雅	绛紫 ＋ 古金 ＋ 珍珠白
现代简约	灰蓝色 ＋ 浅木灰 ＋ 黑白灰
热带雨林	翠绿 ＋ 热带橙 ＋ 沙滩黄
甜美马卡龙	淡粉 ＋ 薄荷绿 ＋ 柔薰衣草
东方禅意	竹绿 ＋ 米白 ＋ 淡茶色
节日庆典	热情红 ＋ 闪亮金 ＋ 雪花白
秋日枫情	枫叶红 ＋ 深棕色 ＋ 暖米色
晨曦微光	柔和粉 ＋ 淡雅蓝 ＋ 朦胧灰
冰雪奇缘	雪白色 ＋ 冰川蓝 ＋ 银白色
复古旅行	复古棕 ＋ 暗橄榄绿 ＋ 古董黄

每种风格和色彩组合都是文化和审美的体现，通过色彩的巧妙搭配，不仅能够塑造出不同的空间氛围，还能表达个性和情感，创造出既美观又富有意义的生活环境。

下面以波西米亚风情为例，进行色彩组合提示词分析。

土耳其蓝：这种深邃而浓郁的蓝色，让人联想到古老的土耳其瓷砖和手工艺品，充满了异国情调和神秘感。

玛瑙红：玛瑙红是一种深红带紫的色彩，类似于宝石的光泽，它为波西米亚风格增添了热情、奢华与不羁的气息，体现了这一风格中的自由精神和对色彩的大胆运用。

金色：金色作为点缀，不仅增加了整体的华丽感，还与土耳其蓝和玛瑙红形成奢华的对比，营造出一种富贵而不俗气的氛围，完美体现了波西米亚风格的混合与层叠美学。

该色彩组合提示词生成的图像如图 6-18 所示。

图 6-18　波西米亚风情

下面是色调提示词生成图像的几个示例。

梦幻般的紫色调森林，暮光笼罩下的树木，神秘的紫色雾气弥漫，星光点点，营造出魔幻而宁静的氛围。

明媚的夏日海滩，金黄色的沙滩，碧蓝的海水，阳光透过云层洒下金色的光芒，充满活力与温暖。

清晨的露珠覆盖在嫩绿的叶子上，淡蓝色的天空渐渐亮起，一切都显得清新脱俗，光线柔和，营造出宁静的早晨景象。

秋季的枫叶小径，火红与金黄的枫叶铺满道路，阳光斜照，温暖的色调中带着一丝凉爽，感受秋天的静谧与丰富色彩。

例如，问：结合粉色和紫色的温柔过渡，营造出一种浪漫且超现实的梦幻场景，适合描绘晨曦或黄昏时分的天空，或是神秘的异世界风景。

答：

生成图像如图 6-19 所示。

图 6-19　色调提示词生成图像

又例如，问：以黑色为主基调，点缀以深红、暗紫等色彩，营造出哥特风格（哥特风格在视觉艺术中通常与黑暗、神秘、浪漫主义紧密相关）的神秘、阴郁气氛，适合城堡内部、夜晚森林或幽暗教堂的描绘。

答：

生成图像如图 6-20 所示。

图 6-20　色调提示词生成图像

(3) 技术。该提示词能够说明希望采用的绘画技法或画面质感，例如“细腻的油画质感，厚重的颜料堆积”“水彩的轻盈与流动性，颜色自然晕染”或“数字艺术的平滑与精确，清晰的线条与边缘”。技术类的提示词在 AI 绘画中极为关键，它们帮助定义作品的视觉风格和艺术手法，让生成的图像不仅在色彩上符合要求，在表现形式和技术细节上也更加贴近创作者的意图。

以下提示词体现了所描述的绘画技法或画面质感。

运用点彩画派的技术，如修拉的《大碗岛的星期天下午》，以细小的色点构建整个画面，形成从远处观看时色彩混合的视觉效果，描绘一片宁静的湖畔风光。

一幅欧洲古典风景画，细腻的油画笔触，颜料层层堆积，展现夕阳下古老的城堡，远处山峦叠嶂，近景的草地和野花细节丰富，色彩浓郁而富有质感。

春天的樱花林，采用水彩技法，画面轻盈透明，水分控制恰到好处，让粉色的樱花仿佛在纸上自然绽放，颜色相互渗透晕染，营造出春日的温柔与生机。

未来城市的夜景，运用数字艺术手法，画面呈现超现实的平滑与精确感，高楼大厦的轮廓线条清晰，光影效果对比强烈，色彩饱和度高，展现科技感十足的都市夜空。

创造出一种岁月沉淀的宁静与壮丽之美，让观者能够感受到画面中的深度与空间感。

色彩浓郁而富有变化，利用颜料的堆叠营造出光线在不同时间（夕阳时分）下的温暖色调变化，以及草地与野花的自然色彩。

以新古典主义的严谨和平衡，绘制一幅肖像画，强调对称美和清晰的轮廓，如同大卫的《拿破仑穿越阿尔卑斯山》，但可以加入一些轻微的现代元素，如穿着当代服饰，以体现时间的交错感。

以日本动漫的夸张表现手法，绘制一个看似真实的街头场景，但人物和背景都带有一定的卡通风格和色彩饱和度，营造既真实又超越现实的氛围。

例如，问：模拟早期电子游戏或数字艺术中的像素化风格，用有限的色彩块和明确的边角来构成图像，适合怀旧风格、游戏概念设计。

答：

生成图像如图 6-21 所示。

图 6-21 技术类提示词生成图像

(4) 氛围。该提示词传达希望图像所蕴含的情感或氛围，如"宁静而祥和的清晨田野，传递出希望与新生的感觉""紧张激烈的战斗场面，充满动感与不确定性"或"孤独星球上最后的灯塔，弥漫着孤寂与坚韧"。

例如以下的氛围提示词。

宁静夏夜的湖边小屋，温暖灯光洒在木质甲板上，映照出浅浅涟漪。四周是郁郁葱葱的树林，夜空中星星点点，一轮明月悬挂在天际，银辉遍洒，营造出一种远离尘嚣、心灵归宁的和谐之美。微风拂过，带来轻微的树叶婆娑声和远处的蛙鸣，让人感受到时间仿佛凝固，在这一刻，世界变得异常平和与美好，心灵得到了真正的休憩与充电。

这个提示词生动描绘了一幅宁静夏夜湖畔的景象，旨在唤起观者内心深处的平静与安宁感。下面是对这一描述的详细分析。

场景设定："宁静夏夜的湖边小屋"立即构建了一个具体而吸引人的背景，将观者的注意力引向一个远离城市喧嚣、靠近自然的地方。夏天和夜晚的结合暗示了温暖而不燥热的宜人气候。

视觉元素："温暖灯光洒在木质甲板上，映照出浅浅涟漪"，通过光影效果营造温馨舒适的视觉体验。木质甲板和湖面的涟漪增添了场景的质感与动态感，同时"温暖灯光"给人以安心和家的感觉。

自然环境："四周是郁郁葱葱的树林，夜空中星星点点，一轮明月悬挂在天际"，这些元素共同创造了一个广阔而静谧的自然空间，树林的茂密和星空的浩瀚强调了自然界的宁静与壮丽，月亮作为传统的宁静与思念的象征，增强了场景的情感深度。

感官体验："微风拂过，带来轻微的树叶婆娑声和远处的蛙鸣"，通过听觉细节的加入，使整个场景更加立体和生动。这些声音不仅增加了真实感，也强化了自然环境的生机与和谐，让观者仿佛能亲身感受到这份宁静中的生命力。

情感与主题："让人感受到时间仿佛凝固，在这一刻，世界变得异常平和与美好，心灵得到了真正的休憩与充电"，这部分直接表达了这一场景想要传达的核心情感——一种超越日常喧嚣的平和与心灵的净化，鼓励人们放慢脚步，体会生活中的简单美好，寻找内心的宁静与恢复。

使用该主题提示词生成的图像如图 6-22 所示。

又例如以下提示词。

浪漫而庄严的日落时刻，古老城堡被金色余晖轻抚，空气中弥漫着历史的沉香与未来的憧憬。远方山峦剪影柔和，天际线交织着晚霞的温柔，给人一种时光静好，世界和平的深刻感受。近处，微风轻拂下的草地和野花仿佛低语，讲述着过往与梦想，每一处细节都散发着温馨怀旧而又对未来充满希望的气息。

这样的氛围提示词旨在引导创作出一个既富有诗意又带有深刻情感内涵的画面，让观者在欣赏时既能感受到宁静的美好，也能体会到时间流转中的故事与希望。

使用该提示词生成的图像如图 6-23 所示。在这幅画中，可以看到古老城堡沉浸在温柔的金色余晖中，周围环境被晚霞映衬得格外柔和，远方山峦轮廓与天际线共同勾勒出一幅宁静和谐的景象。微风之下的草地和野花似乎在低语，传递着过往与未来的梦想，整个场景弥漫着一种温馨怀旧且充满希望的气息。

图 6-22　氛围提示词生成的图像

图 6-23　氛围提示词生成的图像

下面以水彩风景画为例，进一步细化这些描述，以便用于指导 AI 生成图像。

问：

技法：水彩渲染，湿边技巧。

光源：温暖阳光，光斑效果。

主体：古老石桥，潺潺溪水，参天大树，树叶间隙。

背景：层峦叠嶂的远山，轻盈飘浮的云雾。

氛围：宁静，梦幻，柔和色彩过渡。

细节：可见水面上的光斑反光，石桥的岁月痕迹。

该提示词生成的图像如图 6-24 所示。

图 6-24 水彩风景画

2）描述主题

所有 AI 绘画提示都应包含要创建的主题的描述，这可以是任何东西，从人、动物或物体到抽象的概念或情感。具体的描述能够让 AI 艺术生成器更好地理解创作意图，从而生成更符合预期的作品。表 6-5 为常见的主题描述提示词。

表 6-5 常见的主题描述提示词

提 示 词	描 述
人物与肖像	一位穿着华丽维多利亚时代服饰的女士站在古老的城堡前，背景是夕阳余晖 未来城市中，一个拥有闪耀银色机械臂的赛博朋克侦探凝视着雨中的霓虹灯 温暖的阳光下，小女孩在野花丛中自由奔跑，笑容灿烂 一位身着华丽绸缎长袍的贵族女性，坐在装饰精美的室内，阳光透过高窗洒在她细腻的肌肤上，手中轻握一束未完成的刺绣，眼神深邃而遥望，仿佛在沉思过往与未来 穿着旗袍的女子站在旧上海的石库门建筑前，背景是雨后的街道，湿润的青石板路反射着朦胧的灯光，她手执一柄油纸伞，侧脸温婉，透出那个时代的风情与故事 在晨雾缭绕的密林深处，一名拥有透明翅膀的精灵正坐在巨大的蘑菇上，她的长发与裙摆随风轻扬，周围环绕着好奇的小动物，画面色彩斑斓而梦幻，充满了童话般的纯真与奇幻
动物与自然	在幽静的森林深处，一只雄壮的狮子静卧于光影交错之中，眼神深邃。 星空下，一群狼在雪地中奔跑，留下一串串足迹，月光洒满大地 非洲大草原的日落时分，一群狮子慵懒地躺在草地上，不远处羚羊群警惕地进食，大自然的食物链平静而微妙地展现 海洋深处的珊瑚礁，五彩斑斓的鱼群穿梭其间，海龟缓缓游过，光线从水面穿透而下，照亮了这个神秘而多彩的水下世界 北极冰原，一只北极熊妈妈带着幼崽行走在雪白的冰面上，夜空中舞动着绚烂的极光，寒冷而纯净的景象中蕴含着生命的坚韧与温情

续表

提　示　词	描　　述
抽象与概念	时间的河流中，记忆的碎片缓缓汇聚又消散，色彩斑斓而朦胧 “孤独”被描绘成一座孤岛，岛上有一棵孤独的树，四周是无尽的海洋，天空呈现出淡淡的忧郁蓝 爱情以两颗交织的心形星云在宇宙中相遇的景象展现，周围是绚丽的星尘和光带
历史与幻想	古埃及的黄昏，法老王站在雄伟的金字塔前，手握权杖，身后是狮身人面像与象形文字的壁画 中世纪的骑士，身穿闪亮盔甲，骑着白马穿越阴暗的森林，前往拯救被巨龙囚禁的公主 异世界的魔法学院里，年轻的巫师们围坐在巨大的水晶球旁，专注地学习古老咒语，周遭漂浮着悬浮的书籍与闪烁的光球
科技与未来	太空站的观景窗前，宇航员眺望浩瀚的银河，地球仅是远方一抹蓝色，未来科技感十足的生活环境环绕周围 高速运行的磁悬浮列车穿越灯火辉煌的未来都市，建筑以流线型设计向上延伸，空中交通繁忙而有序 人工智能实验室中，一台拥有透明外壳的先进机器人正在进行自我升级，电路板和光纤在内部发出柔和的光芒，展现出科技的精密与美感
文化与艺术	中国古典园林里，一袭汉服的女子手持油纸伞漫步于曲折的小桥流水间，四周是精致的亭台楼阁与盛开的荷花 印度泰姬陵，在晨曦的第一缕阳光照射下，洁白的大理石建筑闪耀着柔和的光辉，倒映在前方的水池中 西班牙的弗拉门戈舞者，身着鲜艳的红裙，在热烈的吉他声中激情舞动，表情丰富且充满力量
日常生活	咖啡馆的一角，温暖的灯光下，人们或阅读或交谈，桌上散落着笔记本和咖啡杯，空气中弥漫着咖啡香 老街的转角，一家传统糕饼店前排着长队，橱窗内展示着各式精美的点心，引人驻足 家中的书房，书架上摆满了各式书籍，窗外是落日余晖，主人正坐在摇椅上，身旁蜷缩着一只打盹的猫
梦幻与超现实	漂浮岛屿，数座小岛轻轻悬浮在云层之上，岛上郁郁葱葱，瀑布从岛边直落云海，彩虹横跨其间，如同仙境一般不可思议 时间之门，一扇古老的石门矗立在荒野之中，门后是不断变换的四季景象，春花秋月、夏日冬雪快速交替，仿佛能穿越时空 星际花园，巨大的花朵绽放于宇宙背景中，花瓣如星云般绚烂，每一朵花中心都有一颗小小的行星，展现了宇宙的浪漫与神秘 城市的轮廓在水面下倒映，与天空之城形成完美的对称，建筑物既是实体也是倒影，人们在两座城市间自由穿梭，似乎重力法则在此失效 想象一位漂浮在璀璨星河之中的旅人，身着流光溢彩的太空服，周身环绕着微光粒子，远处是旋转的星系与跃动的彗星尾巴，脚下是无垠的宇宙深渊

下面是一些不同主题的详细描述示例，这些都可以作为 AI 绘画提示词。

(1) 科幻都市夜景。想象一个未来都市，高楼大厦由透明的智能玻璃构成，发出幽蓝的光芒，天际线被流光溢彩的飞行汽车轨迹划破。星空之下，巨大的全息广告牌展示着星际旅行的广告，而地面则布满了反重力滑板的年轻人，他们的服饰融合了复古与未来元素，整个场景充满了赛博朋克的氛围。

(2) 梦幻森林中的秘密花园。走进一片光影交错的魔法森林，树木高耸入云，树干上缠绕着发光的藤蔓，每一片叶子都闪耀着微妙的光芒。深处隐藏着一个小巧的秘密花园，各种奇异花卉争奇斗艳，有的花朵会唱歌，有的叶子轻轻摇摆像是在低语。中央的喷泉涌出的是璀璨如银河的液体，周围环绕着精灵和小仙子在嬉戏。

(3) 时间的裂缝：历史与未来的交汇。在一个虚幻的空间里，古罗马的石柱与未来城市的霓虹灯并存，一位身着中世纪盔甲的骑士正与一个穿着高科技战斗服的机器人对峙。背景中，金字塔与摩天大楼同框，蒸汽机车缓缓驶过悬浮列车轨道。这个场景展示了时间的混乱与融合，引发对过去、现在与未来关系的思考。

(4) 情感：孤独的旅人与漫天星河。夜空下，一位孤独的旅人站在无垠的沙漠之中，仰望着璀璨的银河。他(她)的背影显得渺小而坚定，身旁只有一匹同样凝视星空的骆驼。星光不仅映照在沙丘上，也照进了旅人的心灵深处，展现出一种静谧而又深邃的孤独感，以及对未知世界的好奇与向往。

(5) 极地之光：北极光下的冰川世界。夜幕降临，北极的天空被绚丽的极光所覆盖，绿色、紫色的光带在漆黑的天幕上舞动，宛如神灵的笔触。冰川在月光和极光的照耀下，呈现出幽蓝的冷冽美感，冰缝中透出微弱的蓝光，仿佛藏着另一个世界的入口。几只北极熊安静地站在冰面上，仰头观赏着这自然界的奇观，一切都显得那么宁静而庄严。

(6) 复古未来主义咖啡馆。位于一座未来都市的隐蔽角落，这家咖啡馆外观融合了复古与科技风格，霓虹灯招牌闪烁着旧时代的魅力。内部装饰则是木质家具与全息投影的奇妙结合，顾客们坐在老式皮质沙发上，通过虚拟现实眼镜享受着另一维度的风景。吧台上，机器人咖啡师精准地操作着蒸汽朋克风格的咖啡机，制作出一杯杯香气四溢的饮品，营造出一种时光交错的独特氛围。

通过这些生动而详尽的描述，AI艺术生成器将能够创造出既真实又超乎想象的艺术作品，带领观众进入一个个充满创意与情感的视觉世界。

例如，问：

主题为梦境之森：光与影的迷宫的图像。在这片茂密的森林里，自然光线与奇异的生物发光交织成一张光影的网。树木的枝桠以不规则却又和谐的方式扭曲生长，形成天然的拱门和走廊。森林的地面覆盖着柔软的苔藓，踩上去如同走在云朵之上。在这光影迷宫中，漂浮着轻盈的光球，它们引领着迷路者穿越，每转过一个弯都展现出一幅全新的、令人惊叹的奇幻景象。

答：

生成图像如图6-25所示。

3) 添加相关详细信息

这一步在提示词中添加和图像有关的详细信息，这可能包括颜色、调色板、形状、大小和纹理中的任何内容。例如书写以下提示词。

“请为我创作一幅晨光初照的水彩风景画。在这幅画中，希望你能细腻地捕捉到清晨第一缕阳光洒在乡间小道上的场景。阳光的部分使用温暖的蜂蜜黄色和柔和的橙色调和，营造出一种温馨而又略带朦胧的晨曦氛围。树叶以多种绿色为主，混入少许蓝色，表现它

图 6-25　描述主题的图像

们在晨光下微微泛光的清新质感，同时在水流区域，让碧绿与天蓝相互交织，流淌出清澈见底的效果，反射着天空的光影。

远山则以淡雅的灰色和冷色调的蓝色轻轻勾勒，利用水彩自然晕开的特点，形成远山淡影，增添画面的深远感。此外，特别强调水彩画特有的透明质感，让色彩能在纸面上自由流动和融合，创造出柔和而富有层次的过渡效果。光线穿过树叶间隙投下的光斑，可以用浅黄色点缀，增加画面的生动性。整幅作品追求的是一种宁静而略带梦幻的自然之美，让人仿佛能呼吸到乡间清新的空气，感受到心灵的平静与晨间的清凉。”

这样的提示词不仅详细描述了希望在画中呈现的色彩、调色板、光影效果，还特别强调了水彩技法的独特表现力，有助于 AI 更准确地生成符合预期的美丽风景画。

以图 6-24 生成的水彩风景画为例，在提示词中添加更具体和细致的视觉信息，以便更好地引导 AI 生成图像。

色彩与调色板：使用温暖的黄色和橙色表现阳光，绿色和蓝色混合表现树叶与水流的清新，灰色和蓝色的淡影勾勒远山，营造出晨曦的温柔氛围。水彩特有的透明感让色彩自然融合，形成柔和的过渡。

形状与纹理：树叶以轻松的手法点染，展现自然的随机性；石桥的石头表面带有岁月侵蚀的痕迹，通过干画法体现其粗糙质感；水面利用湿画技巧，形成自然流动的波纹和光影反射；远山利用淡墨勾勒，融入轻薄的云雾中，增添画面的深远感。

添加该提示词后生成的图像如图 6-26 所示。

通过这样详尽的描述，我们不仅定义了场景的基本构架，还充实了每个细节的视觉表现，使得 AI 生成的图像更加丰富和生动。

（1）描述一个温暖黄昏时分的古老图书馆内部场景，细化这个画面的每一个角落。

问：

画面中央是一张庞大而古老的红木书桌，表面光滑且泛着淡淡油光，岁月在其上刻下了不规则却充满故事感的细纹。桌上摊开着一本封面为深绿色带金色边角装饰的古籍，旁边散落着几支羽毛笔和一个半满的墨水瓶，墨水呈现深邃的宝石蓝色，反射出微弱但温暖的灯光。

图 6-26 为水彩风景画添加视觉信息

四周高耸的书架由暗褐色橡木制成，每一层都精心摆放着皮革装订的书籍，书脊的颜色从深栗色到橄榄绿不等，偶尔穿插着几本酒红色或土黄色，形成了一种时间沉淀的复古色调。书架间透过的光线被染上了橘黄色，仿佛夕阳正透过图书馆的彩绘玻璃窗，洒在错落有致的书籍和木质地板上，地板因年久而呈现出自然的暗哑光泽。

天花板高悬着一盏巨大的吊灯，由黄铜制成，雕花精细，灯罩是乳白色的琉璃材质，透出柔和而均匀的光线，照亮了整个空间，同时也投下了细腻的光影，增加了空间的层次感。墙壁上挂着几幅古典油画，画框为精致的镀金雕花，画中景物以暗色调为主，巧妙地平衡了室内光线，使得整个图书馆既庄重又不失温馨。

通过这样的描述，我们不仅构建了图像的视觉框架，还赋予了每个元素独特的色彩、质感和情感，为图像生成提供了丰富的想象空间。

使用该提示词生成的图像如图 6-27 所示。

图 6-27 描述古老图书馆内部场景

(2) 描述雄壮的成年灰熊。如果想生成熊的图像，不要只说“熊”。解释它是什么样的熊(棕色和黑色，灰熊或极地)，它的周围环境(森林或山脉)以及任何其他有趣的细节。

问：

在这幅画中，我希望看到一只雄壮的成年灰熊，其毛皮呈现出混合的棕色和金色调，背光下边缘略显黑色，增添一份威严感。它正站在一片郁郁葱葱、晨雾缭绕的北方森林边缘，四周被秋季特有的金黄色、橙色和暗红色树叶环绕，地面上铺满了厚厚的落叶，色彩斑斓。灰熊的面部表情温和而警觉，双眼深邃，仿佛在观察森林深处的动静。它的体积庞大，肌肉线条在厚实的毛皮下隐约可见，展现出力量之美。阳光透过密集的树冠，在地面上形成斑驳的光影，给场景带来温暖而神秘的气息。在这片森林的远处，隐约可见连绵起伏的蓝绿色山脉，山巅覆盖着未融化的积雪，与下方多彩的林木形成鲜明对比，增加了画面的深度和层次感。空气中似乎弥漫着一股清新而又略带凉意的秋日气息，让整个场景生动而真实。请注重细节处理，如灰熊爪子的粗粝质感、每一片叶子的脉络、以及光线如何在不同的表面和毛发表现出微妙的变化，以增强画面的逼真感和氛围。通过这样的描述，期待一幅既展现了灰熊野性魅力，又融合了秋季森林宁静美景的杰作诞生。

答：

生成图像如图 6-28 所示。

图 6-28　雄壮的成年灰熊

(3) 描述北极熊。

问：想象一下，一片广袤无垠的北极冰原上，夕阳低垂，天边燃烧着绚烂的橙红色和粉紫色，映照在晶莹剔透的冰面上，形成一片梦幻般的光辉。在这片寂静而庄严的景致中，站立着一只洁白无瑕的北极熊，它是这片冰雪世界的王者。这只北极熊拥有厚实而柔软的纯白色毛皮，每一根毛发都似乎捕捉到了落日的余晖，闪烁着微妙的银色光泽。它的眼神深邃而睿智，正凝视着远方的地平线，那里冰山巍峨，宛如浮在海上的巨大蓝宝石，冷冽而神秘。它的庞大身躯在冰面上投下一道悠长的影子，周围散布着细碎的浮冰，一些冰块上还停留着几只好奇张望的海鸟，为这孤寂的风景添上一丝生机。冰面下，隐约可见清澈的水中游弋着五彩斑斓的极地鱼群，它们的身形在水中折射出迷离的光影。请注意细腻地刻画北极熊的每一处细节，从它宽大的爪子稳稳踏在冰面上的力度，到鼻尖轻轻嗅探着寒冷空气的灵敏；从它厚重毛皮下的每一丝肌理，到周遭环境中冰晶的棱角和天空中云朵的轻盈质感。让观者能感受到刺骨寒风中那份静谧而神圣的美，以及北极熊与自然环境之间和谐共生的壮丽景象。

答：

生成图像如图 6-29 所示。

图 6-29　北极熊图像

4）定义图像的构图

使用关键字来定义图像的构图，这包括分辨率、照明风格、纵横比和相机视图等内容。定义图像构图的关键要素确实可以概括为几个核心概念，这些概念有助于指导创作过程，确保最终图像既符合视觉审美又有效地传达意图。

以下是使用关键字来定义图像构图的几个方面。

(1) 分辨率(Resolution)。这是指图像的像素密度，决定了图像的清晰度和细节程度。例如，“高分辨率”意味着图像包含更多的像素，适合打印或高质量显示。

(2) 照明风格(Lighting Style)。照明可以极大地影响图像的情感和视觉焦点。关键字可能包括“自然光”“戏剧性侧光”“柔和背光”等，每种风格都会给图像带来不同的氛围和深度。

(3) 纵横比(Aspect Ratio)。描述图像宽度与高度的比例，影响构图的平衡感和视觉流。常见的纵横比有 16∶9(宽屏)、4∶3(标准)、1∶1(正方形)等，不同的比例适用于不同类型的视觉叙事。

(4) 相机视图(Camera View or Perspective)。这涉及拍摄角度和视角，例如“俯视”“仰拍”“平视”或特定的镜头效果如“广角”“长焦”等。不同的相机视图能够改变观者的感知，强调或压缩空间，创造不同的视觉体验。

(5) 构图法则。如“黄金分割”“三分法则”“对角线法则”“S 曲线”等，这些都是经典构图原则的关键词，帮助组织画面元素，引导观众的视线。

(6) 色彩方案。虽然不是构图的直接部分，但色彩选择(如“对比色”“邻近色”“单色调”)对图像的整体感觉有着重要影响，也是构图计划的一部分。

(7) 焦点与景深(Focus & Depth of Field)。明确“清晰焦点”与“浅景深”或“深景深”的需求，可以帮助决定哪些部分需要突出，哪些部分用于营造背景环境。

通过综合考虑这些关键字，AI 能够在构思阶段就对最终图像有一个清晰的预想，并据此调整各项设置和技术手段，以实现理想的视觉效果。

假设我们要创造一张用于旅游宣传的风景照片，可以这样定义图像构图的关键要素。

分辨率：高分辨率（4000×3000 像素），以确保在各种媒介上都能呈现出丰富的细节。

照明风格：黄金时刻照明（Golden Hour Lighting），这意味着利用日出或日落时分的柔和而温暖的光线，营造出浪漫和宁静的氛围。

纵横比：16∶9，这种宽屏比例非常适合展现广阔的自然景观，让观者感受到场景的辽阔。

相机视图：中低角度俯瞰（Low Angle Aerial View），采用无人机从稍低的高度拍摄，这样既能展现出地形的层次感，又能捕捉到前景的丰富细节，同时保持远方景色的壮观。

构图法则：三分法则（Rule of Thirds），将天空、山脉和前景的湖泊分别占据画面的三分之一，增加画面的平衡与和谐。

色彩方案：自然饱和度增强，强调绿色的森林、蓝色的湖水和金色的阳光，通过色彩的自然对比增强视觉吸引力。

焦点与景深：清晰焦点设在前景的特色树木上，使用浅景深（Shallow Depth of Field）模糊背景的山峰，以此来引导观者的注意力并增加画面的深度感。

基于这些关键字，我们可以构思出一幅在温暖的金色阳光照耀下，从轻微俯瞰视角拍摄的宽幅风景照，画面中既有细腻的前景细节，也有壮丽的自然全景，色彩鲜明且富有层次，完美捕捉了旅行目的地的魅力。

问：一张用于旅游宣传的风景照片，高分辨率（4000×3000 像素），黄金时刻照明，16∶9，中低角度俯瞰，三分法则，自然饱和度增强，强调绿色的森林、蓝色的湖水和金色的阳光，清晰焦点设在前景的特色树木上，使用浅景深（Shallow Depth of Field）模糊背景的山峰。

答：

生成图像如图 6-30 所示。

图 6-30　风景照片

又例如，问：生成图像，一个位于遥远星球表面的未来都市，时间是夜晚。这个城市由璀璨的霓虹灯点缀，高楼大厦以流线型设计伸向星空，展现出极致的科幻感。中心有一座巨大的半透明穹顶建筑，散发着柔和的蓝光，似乎是城市的标志。天空中漂浮着几艘形状各异的飞行器,留下长长的光尾迹。画面采用长曝光技巧,使得飞行器的移动轨迹可见,增添动感。整体色调偏冷,强调科技与未来的主题。

答：

生成图像如图 6-31 所示。

图 6-31　未来都市

2. AI 绘画实例

1）创作前的思考

创作前的思考点可包含以下内容。

主题选择：确定想要表现的核心主题,例如自然风光、未来城市、历史事件、梦幻场景、人物肖像等。

艺术风格：选择一种艺术风格或者混合风格,例如印象派、超现实主义、动漫风格、赛博朋克、水彩画、油画效果等。

色彩方案：考虑画面的整体色调,是温暖舒适还是冷冽神秘,是否有特定的颜色搭配需求。

元素构成：列举出希望出现在画面上的主要元素,例如特定的人物、动物、植物、建筑物或符号。

情感与氛围：描述希望通过这幅画传达的情感,例如宁静、欢乐、悲伤、惊异或是怀旧。

光线与视角：说明画面的光线来源(日光、月光、人工光等)以及视角(俯视、仰视、平视)。

2）指令构建

示例指令构建如下。

主题：古代神话中的龙与宝藏。

风格：结合了传统国画与现代数字艺术的效果。

色彩：以金色和青绿色为主色调,营造出神秘而高贵的氛围。

元素：画面中央是一只盘旋在空中的五爪金龙,下方是被揭开的秘密宝藏,四周环绕着云雾缭绕的山峰和古树。

情感与氛围：神秘而庄严,带有一丝探索的兴奋。

光线与视角：采用侧光，从云层缝隙中透下的阳光照亮龙身，视角微微仰视，以展现龙的威严。

提示指令示例如下。

“请生成一幅融合传统国画韵味与现代数字技术的画作，主题围绕古代神话中的五爪金龙发现宝藏的瞬间。画面以金色和青绿为基调，营造出既神秘又尊贵的氛围。中央的五爪金龙在半空中盘旋，其鳞片闪耀着金色光辉，背景是云雾缭绕的群山和苍翠古木，通过侧光效果突出龙的雄姿，视角设定为从下往上仰望，让观者感受到龙的威严和场景的壮丽。”

生成图像如图 6-32 所示。

图 6-32 五爪金龙

6.2 AI 视频生成提示词

6.2.1 AI 视频生成提示词简介

1. 认识 AI 视频生成

生成 AI 视频的提示词与生成静态图像的提示词相似，但通常需要更加详细的描述来涵盖时间维度上的变化以及可能的动态元素。

表 6-6 展示了对于视频生成，理想情况下，AI 系统的一系列行为(步骤)。

表 6-6 AI 系统视频生成的行为

步 骤	描 述
解析场景	理解描述中的关键元素，如情侣、雪地、冰雕城市和小提琴音乐
构建故事版	创建一系列的关键帧或场景，展示情侣的行动轨迹和情感变化，同时考虑镜头角度和移动
生成视觉内容	使用 AI 模型生成每个关键帧的画面，然后通过插值填充中间帧，形成流畅的视频
添加音频	合成背景音乐和环境声音，以增强视频的沉浸感
后期制作	调整色彩、对比度和特效，使整体视觉效果更加吸引人

值得注意的是：目前，完全自动化且高质量的AIGC视频生成仍处于发展阶段，尤其在理解和重现复杂情感或精细视觉效果方面存在挑战。因此，实际应用中可能需要结合人工的后期编辑和调整，以达到预期的艺术效果。

以下是创建AI视频生成提示词的一些建议。

1）场景描述

描述视频的背景环境，如“繁华的都市夜景”“幽静的森林小径”或“未来科技城市”。

2）视觉风格

指定视频的视觉风格，如卡通、写实、抽象、复古或未来主义。例如：“制作一部具有赛博朋克风格的短片，霓虹灯闪烁的都市夜景。”

3）时间与天气

指定时间段，例如“黄昏时分”或“暴风雨来临前”。

描述天气条件，例如“晴朗的天空”或“飘雪的冬日”。

4）动态元素

提及运动的对象，如“缓缓流淌的河流”“飞驰的汽车”或“飞翔的鸟群”。

5）人物与活动

描述人物的动作和情感状态，例如“孩子们在公园里玩耍”或“情侣在海边散步”。

6）叙事结构

如果视频需要讲述一个故事，描述故事的大纲，包括起承转合。例如：“叙述一个英雄救公主的故事，从城堡的囚禁开始，经过森林的冒险，到达高潮的对决，最后是幸福的结局。”

7）视角变化

描述摄像机的移动方式，如“无人机俯瞰”“手持相机跟随”或“固定视角”。

8）声音与音乐

虽然主要讨论的是视频生成，但提及音效和音乐也可以帮助AI理解场景的完整体验。例如：“背景音乐应该是轻松愉快的爵士乐，配合着海边的风声和海浪声”“轻柔的钢琴曲”或“繁忙街道的嘈杂声”。

9）情绪与氛围

指明视频应该传达的情绪，例如“浪漫”“惊险”“宁静”。

10）技术要求

如果有特定的技术需求，例如分辨率、帧率或视频长度，也应在提示词中明确。例如，“生成一段高清1080p的视频，持续时间为30秒。”

11）特殊效果

在生成视频时如果用户有特定的视觉效果需求，如“慢动作”“时间流逝”或“梦幻般的滤镜”，也应该提及。

值得注意的是：在实际操作中，这些提示词可能需要多次迭代和微调才能得到满意的结果。此外，不同的AI系统可能对提示词的理解和响应方式不同，所以了解用户所使用的特定AI工具的能力和限制也很重要。

2. AI视频生成提示词

一个视频生成提示词可能是这样的：在一个夏日傍晚的海滩上，夕阳缓缓沉入海平线，海浪轻轻拍打着沙滩，一群孩子在海边欢笑玩耍，远处有一对恋人手牵手漫步。镜头从孩子们的欢闹开始，慢慢拉远，展现出广阔的海景和日落美景，背景音乐是一段轻松愉悦的吉他曲，营造出温馨浪漫的氛围。

这样的提示词包含了场景、时间、动态元素、人物活动、视角变化以及情绪氛围，为 AI 提供了创建视频所需的全面信息。

例如要生成自然风光纪录片的视频，提示词如下。

场景描述："宁静的山谷，郁郁葱葱的树木环绕着清澈的溪流。"

时间与天气："清晨，薄雾缭绕，阳光透过树梢洒下斑驳光影。"

动态元素："小动物们开始一天的生活，松鼠跳跃，鸟儿在枝头歌唱。"

人物与活动："没有人类活动，纯粹展现大自然的宁静与和谐。"

视角变化："手持摄像机，缓慢跟随一只鹿穿越林间，偶尔停顿观察周围的细节。"

声音与音乐："自然环境的声音为主，包括流水声、鸟鸣声等，配以轻柔的原声音乐。"

情绪与氛围："平静而治愈，让人感受到大自然的宁静与美好。"

特殊效果："使用柔和的滤镜，增加画面的质感和深度。"

举例来说，一个复杂的提示可能看起来像这样："在一个充满未来感的城市街道上，夜幕低垂，霓虹灯闪烁；一对年轻情侣手牵手漫步，脸上洋溢着幸福的笑容；背景是繁忙的交通和高耸的摩天大楼；整个场景散发出一种浪漫而略带忧郁的气息。"

通过精心设计的提示，人们可以有效地指导 AI 系统创造出既符合想象又具有高度个性化的视频内容。需要注意的是：与 AI 交互是一个迭代过程，不断细化和调整提示是达到理想结果的关键。

以下是对 AI 生成视觉内容的详细的拆解和分析，这有助于理解如何构建一个丰富的视觉提示。

场景设定：

地点：充满未来感的城市街道。这暗示了建筑、交通工具和街景应具有现代或超现代的设计元素。

时间：夜幕低垂。这确定了光线条件——较暗的背景，同时需要光源，如霓虹灯或路灯，来照亮场景。

天气/氛围：没有直接提到天气，但可以通过"霓虹灯闪烁"来营造一种梦幻或神秘的氛围。

角色及活动：

人物：一对年轻情侣。他们的年龄、服装风格、面部表情和肢体语言都是需要考虑的细节。

情感：幸福的笑容。这表明他们之间的关系是积极和亲密的。

行为：手牵手漫步。这不仅展示了他们之间的物理联系，也反映了他们享受彼此陪伴的舒适感。

背景细节：

环境：繁忙的交通和高耸的摩天大楼。这为城市生活增添了一层动感和规模感，同时也为画面提供了额外的视觉兴趣点。

灯光效果：霓虹灯闪烁。这种特定的照明方式可以创造出吸引人的视觉焦点，同时增加未来主义的感觉。

情感基调：

氛围：浪漫而略带忧郁。这个描述指导了整体情感色彩，意味着尽管场景是明亮和活跃的，但仍应传达一种温柔的哀愁或怀旧感。

通过结合所有这些元素，AI能够创建出一个既有深度又引人入胜的图像或视频。在向AI系统提供提示时，尽量包含上述类别的信息，可以帮助AI更准确地理解你的意图，从而生成更加符合预期的输出。

3. AI视频生成提示工程

AI视频生成的提示工程比图像生成要复杂得多，因为不仅要考虑到单帧的视觉效果，还要关注帧与帧之间的连贯性和动态效果。表6-7为AI视频生成提示工程的要点。

表6-7　AI视频生成提示工程的要点

要　　点	描　　述
定义场景和故事线	描述视频的主题、场景、时间、地点和主要事件 确定视频的整体情绪和氛围
描述视觉元素	描述角色的外观、服装、动作和表情 指定背景细节，如建筑、自然景观、装饰风格等
指定运动状态	指明摄像机的角度、移动方式和速度 描述物体和角色的运动轨迹、速度和方向
时间轴和持续时间	规定每个场景的长度和整个视频的总时长 指定场景转换的时间点
风格和参照物	制定视频的美学风格，例如电影、动漫、纪录片等 参考特定的导演、电影或视频片段作为风格指南
细节和限制	清晰地表达任何具体细节或限制条件，例如不希望出现的元素或场景 保持提示的逻辑性和连贯性，避免矛盾的指令

例如，一段AI视频生成的提示工程如下。

"生成一段时长为30秒的动画视频，讲述一个小机器人在废弃的未来城市探险的故事。视频开始于清晨，小机器人从一个破旧的仓库中醒来，它穿上防护服，背上装有工具的背包，开始探索。镜头跟随它穿过废弃的街道，画面逐渐变为明亮，显示城市的废墟之美。小机器人发现了一颗在废墟中生长的小树苗，它停下来观察，似乎对生命的力量感到惊讶。最后，镜头拉远，展示小机器人站在一片废墟之上，背后是初升的太阳，小树苗在前景中摇曳。"

6.2.2　AI视频生成实例

1. AI视频生成动物

提示词：一个蜥蜴在沙漠的电影镜头，超逼真，高清。

生成的视频内容如图6-33所示。

提示词：一个狐狸在雨中的电影镜头。超逼真，高清，在黄金时段。

生成的视频内容如图6-34所示。

2. AI视频生成人物

提示词：3D皮克斯风格女孩，站在绚丽的教室中，她身穿鲜艳的连衣裙，长发飘逸。她

图 6-33　动物生成

图 6-34　动物生成

微笑着，眼神明亮，周围有各种家具。画面色彩鲜艳，细节精致，带有强烈的光影效果。

生成的视频内容如图 6-35 所示。

图 6-35　人物生成

6.3 本章小结

(1) AI绘画提示词用于指导AI绘画软件生成特定图像的关键词和短语。这些提示词涵盖了多个维度,以确保生成的艺术作品符合用户的创作意图。

(2) 在生成图像时,"负面提示词"是指那些用来指示AI避免在图像中包含特定不希望出现的元素或特征的词汇。

6.4 实训

1. 实训目的

通过本章实训了解AI绘画提示词与提示工程,能进行简单的与绘画提示词有关的操作。

2. 实训内容

1) 文本生成并配图

问:请创作一段以中世纪魔法世界为背景的短篇故事,文字要流淌着诗意与神秘,让读者仿佛置身于一个被古老咒语和奇幻生物环绕的王国。

答:

在那个被遗忘的纪元,当星辰低语与古老咒文共舞于夜空,中世纪的尘埃掩盖着一个名为艾瑟瑞亚的王国。这里,时间仿佛被施了永恒的魔法,每一缕晨曦都携带着未解之谜,每一片落叶都轻吟着往昔的故事。王国的中心,矗立着一座古老的城堡,石壁上缠绕着岁月的藤蔓,它们似乎在低语,讲述着过往英雄与魔法师的辉煌。城堡的大厅内,悬挂着一幅巨大的织锦,上面绣着繁星点点,据说它能映照出观看者内心最深处的秘密愿望。

……

问:生成图像。

答:

生成图像如图6-36所示。

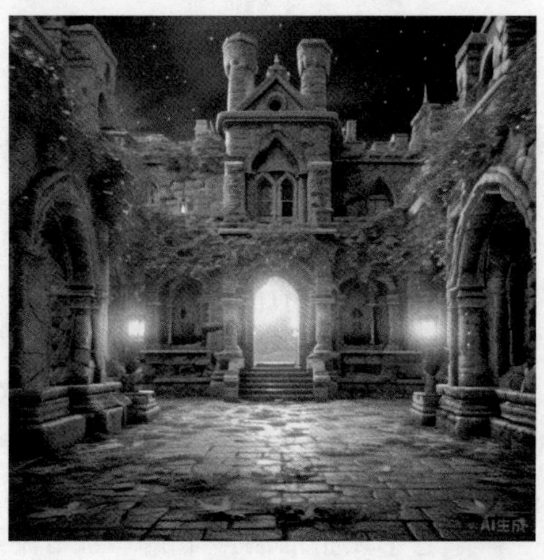

图6-36 一个被古老咒语和奇幻生物环绕的王国

2）图像生成

问：请根据我的指令绘画。

AI 绘画任务指示如下。

主题与风格：

主题："星际穿越中的废弃星球图书馆"。

风格："融合了新古典主义的精细与赛博朋克的未来感"。

元素与细节：

在画面中心，展现一座宏伟但破损的图书馆建筑，其外观结合了古希腊柱式结构与未来科技的全息显示屏。

图书馆内部透出幽蓝的光线，暗示着仍然有某种形式的能量在维持着这里。

建筑周围是贫瘠的荒地，散布着锈迹斑斑的太空飞船残骸和未知植物的初步生长迹象。

天空中，一颗巨大的异星悬于半空，几道流星划破天际，增添一抹动态美。

色彩与光影：

使用冷色调为主，以蓝色和紫色强调废弃星球的孤寂感，同时在图书馆内部使用温暖的橙黄色光芒形成对比，象征知识的温暖与希望。

光影效果上，利用长影和局部高光表现夕阳或是异星光芒的效果，增加画面的深度和层次。

情感与氛围：

营造一种时间静止、文明没落却又不失探索希望的氛围，让观者感受到历史的重量与未来的无限可能并存。

构图与视角：

采用斜角透视，从一个微微仰视的角度观察这座图书馆，使其显得更加庄严而引人入胜。

确保画面中有足够的视觉引导线，如图书馆的阶梯、废墟的轮廓，引导观众的视线深入画面中心。

答：

生成图像如图 6-37 所示。

如用户对该图像不满意，可让 AI 重新生成，直到满意为止。图 6-38 为重新生成的图像。

3）Logo 生成

(1)了解使用 AIGC 技术生成 Logo 时，有效的提示词。

品牌特色融合：设计一个现代且简约的 Logo，融入山峰元素，象征挑战与超越，颜色以蓝色和绿色为主，体现环保与科技的完美结合，适合一家专注于可持续发展技术的初创公司。

复古风范：创造一个具有复古风情的咖啡馆 Logo，包含一台老式手动咖啡机图案，使用暖色调如暗棕色和金色，增添一份经典与温馨的感觉。

抽象艺术感：生成一个抽象艺术风格的图形 Logo，利用流线型设计和对比鲜明的颜色，如黑与白，传达创新与前卫的品牌形象，适合艺术画廊或创意工作室。

图 6-37 废弃星球图书馆

图 6-38 重新生成的图像

动物形象象征：设计一个以智慧猫为主体的 Logo，猫的眼神睿智，线条流畅简洁，采用金色和深蓝作为主色调，象征着高贵与智慧，适用于高端宠物用品品牌。

极简字母标识：创造一个极简主义风格的字母 Logo，仅用品牌首字母“Z”，结合圆形元素，黑色和淡灰色搭配，展现专业与稳重，适合咨询公司或金融企业。

自然元素融合：生成一个融合自然风光的户外运动品牌 Logo，如山川与日出的轮廓，使用鲜艳的橙色和渐变的蓝色，体现探险精神与活力。

科技未来感：设计一个充满未来科技感的 Logo，采用几何图形与电路板元素，冷色调如银灰和蓝色光晕，适合高科技产品或 AI 技术服务公司。

手工艺质感：创造一个传递手工艺价值的 Logo，结合手工编织纹理和木质色调，加上温暖的灯光效果，适合传统手工艺品店或工匠工作室。

音乐与和谐：生成一个富有音乐韵律感的 Logo，中央设计为抽象的音符或乐器形态，如吉他的轮廓，使用活力四溢的彩色渐变，如紫色过渡到粉色，代表创意与激情，适合音乐学校或音乐节活动。

生态环保理念：设计一个强调生态环保理念的 Logo，以地球、树叶或者循环箭头符号为核心，颜色选择绿色系搭配温暖的黄色或白色，传达出清新、可持续的信息，适合环保组织或绿色能源公司。

美食诱惑：创造一个让人垂涎欲滴的美食 Logo，可以是抽象的食物图标或是具体的甜品、咖啡杯形状，使用温暖的色调如橙色、红色和棕色，配以手绘风格，适合餐厅、烘焙坊或美食博客。

运动活力：生成一个动感十足的体育运动 Logo，融合跑步人形、篮球或足球图案，采用动感线条和鲜明色彩，如红色、黄色，体现速度、力量与团队精神，适合体育用品店或健身俱乐部。

奢华高贵：设计一个彰显奢华与高贵气质的 Logo，可以包含皇冠、钻石或优雅的字体设计，使用金色、黑色或深紫色，营造高端品牌的氛围，适合珠宝、奢侈品或高级定制服务。

教育启迪智慧：创造一个寓意知识与成长的教育机构 Logo，可以是打开的书本、灯塔或成长的小树，颜色以蓝色和绿色为主，象征智慧与希望，适合学校、在线教育平台或图书馆。

旅行探索：生成一个激发旅行欲望的探险 Logo，融入指南针、地球或飞机元素，色彩使用大胆的对比色，如橙色与蓝色，鼓励人们走出舒适区，探索未知，适合旅行社或旅行装备品牌。

动漫角色：设计一个充满活力和色彩的 Logo，将多个经典动漫角色头像以拼贴艺术形式组合在一起，体现多元文化和流行元素。色彩丰富，可以包括彩虹色或霓虹效果，适合动漫展、Cosplay 活动或 ACG 文化社区。

(2) 生成实例。

问：设计一个充满未来科技感的 Logo，采用几何图形与电路板元素，冷色调如银灰和蓝色光晕，适合高科技产品或 AI 技术服务公司。

答：

生成图像如图 6-39 所示。

图 6-39　充满未来科技感的 Logo

习题 6

(1) 请使用提示词来生成多幅科技感十足的画面（人物自行设定）。

(2) 请使用提示词来生成充满未来感的画面（人物自行设定）。

(3) 请使用提示词来生成一家年轻的旅行探索公司的 Logo。

第7章

AIGC挑战与未来

本章学习目标

- 了解 AIGC 发展。
- 了解 AIGC 创作的三个阶段。
- 了解 AIGC 面临的风险及问题。
- 了解 AIGC 的未来。

本章先向读者介绍 AIGC 发展概述，再介绍 AIGC 创作的三个阶段，接着介绍 AIGC 面临的风险及问题，最后介绍 AIGC 的未来。

7.1 AIGC 面临的挑战

7.1.1 AIGC 发展概述

1. AIGC 发展简介

AIGC 已经在机器学习、自然语言处理、图像识别等领域广泛应用，而随着技术的不断发展，AIGC 技术的应用也将变得更加普及。

在 2021 年之前，AIGC 生成的主要是文字，只能作为一个创作的辅助。AIGC 开发新一代模型后，可以处理更多，包括文字、语音、图像、视频、代码等内容，可以在创意、表现力、迭代、传播、个性化等方面协助创作者。到了 2022 年，随着 ChatGPT 的横空出世，AIGC 开始了高速发展，其中深度学习模型不断完善、开源模式的推动让 AIGC 直接在内容创作方面达到了自行原创的水平。

总体来看，AI 生成图像发展滞后于生成文本。分析新一波 AIGC 得到发展的原因，最直接的结论是因为大语言模型（如 GPT-3、Dalle2、Stable Diffusion 等）带来了非常好的效果和泛化能力。大语言模型的一个显著特点是其出色的泛化能力。即便是在未见过的场景或任务中，这些模型也能够基于其学习到的广泛知识进行合理推断和生成，这意味着它们能够在多种应用场景中快速适应并产出高质量内容，极大拓宽了 AIGC 的应用范围。这些模型通过海量数据训练，学习到了丰富的上下文理解和模式生成能力，为 AIGC 提供了强大的基础技术支持。此外，部分大语言模型的开源策略促进了技术的普及和迭代速度。开发者和研究者可以在此基础上进行二次开发，创造出更多定制化的解决方案，进一步推动了 AIGC 生态的繁荣。

2. AIGC 创作的三个阶段

AIGC 的发展大致可以分为以下三个阶段，每个阶段代表了技术成熟度、人机交互方式以及内容创作自主性上的不同层次的进步。

1）助手阶段

在助手阶段，AIGC 是作为辅助去帮助人类进行内容生产的。早期的 AIGC 技术可以根据指定的模板或规则，进行简单的内容制作与输出，通过巧妙的规则设计来完成简单线条、文本和旋律的生成，但生产过程没那么灵活，大多都是依赖于预先定义的统计模型或专家系统执行特定的任务，所生成的内容很容易空洞、刻板、文不对题等。

早期的 AIGC 系统依赖于明确的规则和模板，这些规则指导着 AI 如何组合元素、遵循某种格式或风格来生成内容。例如，文本生成可能会依据特定句式构造文章，音乐创作则可能通过组合预设的旋律模块来实现。这种方法虽然保证了一定的结构化和可控性，但生成内容往往缺乏多样性与创造性。

由于高度依赖预定义模型和规则，AIGC 在这一阶段很难实现真正的创新或深度个性化。生成的内容可能符合语法或形式上的要求，但却难以捕捉到人类情感的细腻变化或文化的复杂性，导致内容显得机械化、缺乏灵魂。

2）协作阶段

互联网内容生产方式经历了 PGC—UGC—AIGC 的过程，表 7-1 为内容生产方式演变过程。PGC（Professionally Generated Content）是专业生产内容，如 Web 1.0 和广电行业中专业人员生产的文字和视频，其特点是专业、内容质量有保证。UGC（User Generated Content）是用户生产内容，伴随 Web 2.0 概念而产生，特点是用户可以自由上传内容，内容丰富。AIGC 是由 AI 生成的内容，其特点是自动化生产、高效。UGC 的核心价值在于它的多样性和草根性，每个人都可以成为内容的创作者，这不仅极大地丰富了互联网内容生态，也促进了文化的多元化和信息的民主化。然而，它也带来了内容质量参差不齐、版权争议、虚假信息传播等问题，因此平台通常会设立相应的监管机制来维护内容质量和社区秩序。AIGC 标志着内容生产进入了一个全新的自动化和智能化时代。借助于先进的自然语言处理、计算机视觉等技术，AI 能够自主或辅助创造各种类型的内容，提高了生产效率，降低了成本，并且能够在一定程度上个性化内容以适应不同用户的需求。

表 7-1　内容生产方式演变过程

互联网时代	Web 1.0	Web 2.0	Web 3.0/元宇宙
内容生产方式	专业生产	用户生产	AI 生产
特点	专业	内容丰富	高效率

目前，AIGC 正逐步从纯粹的自动化生产向与人类更紧密合作的方向发展，即所谓的“人机协作”。这种模式下，AI 可以辅助人类创作者进行创意构思、内容编辑、数据分析等工作，提高创作效率，同时保持人类的创意控制和内容的深度。例如，AI 可以帮助作家快速生成初稿，艺术家快速原型设计，音乐家探索新的旋律组合等。这样的协作不仅优化了工作流程，还开辟了全新的艺术表现形式和内容创作可能性。

在协作阶段，AIGC 可以与人类进行更加紧密的互动，共同完成内容的创作。通过人类的输入和 AIGC 的深度学习，AIGC 可以更加准确地理解人类的意图和需求，从而生成更加多样化、有趣、丰富和个性化的内容，甚至 AIGC 以虚实并存的虚拟人形态出现，形成人机共生的局面。在这一阶段，AIGC 通过深度学习算法，特别是自然语言理解和生成技术的提升，能够更精准地解析人类的指令、反馈和创意意图。这种能力使得 AIGC 不再是被动响应预设规则，而是能主动适应和学习人类的创作习惯、风格偏好，甚至是情绪表达，从而提供更为贴合需求的创意输出。协作阶段的 AIGC 通过深度互动和学习，不仅极大地丰富了内容创作的形式与内涵，还开启了人机协同创新的新篇章，预示着一个更加智能化、个性化和高效的内容创作时代的到来。

行业普遍认为，在终极元宇宙（元宇宙是人类运用数字技术构建的，由现实世界映射或超越现实世界，可与现实世界交互的虚拟世界，具备新型社会体系的数字生活空间）形态中，更多工作和生活将被数字化，在线时间显著增长、三维数字世界、高度智能的 AI 技术等将带来人类数字经济高度繁盛。终极元宇宙将是科技与人文的结合，是科技对人的体验和效率赋能，是技术对经济和社会的重塑。例如，在元宇宙中的虚拟人。虚拟人是围绕一个虚拟的人设，为其设计声音、形象、动作、性格以及活动场景，一个虚拟人就能够独立完成从创作、生产内容到运营、商业化等各个环节，这是因为元宇宙中包含了很多用户创造的内容，这些内容将成为未来数字世界中非常重要的生产要素。

AIGC 将极大地推动元宇宙的发展，元宇宙中大量的数字原生内容，需要由 AI 来帮助完成创作。

3）原创阶段

原创阶段是 AIGC 发展的高级阶段，标志着 AI 系统具备了高度的自主创作能力。原创阶段则是 AIGC 未来的畅想，AIGC 迈向原创阶段预示着技术与艺术、创意产业的一次深度融合与革新。这一愿景不仅仅是技术上的突破，更是对内容创造模式和文化产业的一次重塑。当然，在目前技术水平的基础上，这只是一个美好的愿景。为了能够实现这个愿景，AIGC 需要持续地发展和升级其核心技术，并丰富其产品类型。只有这样，AIGC 模态才能不再局限于文本、音频、视觉三种基本形态，并可以开发出更多方面、更多样化的创作，如嗅觉、触觉、味觉、情感等。只有这样，AIGC 的原创时代才有可能真正到来。

随着 AIGC 走向"原创阶段"，现实只会是愈加低廉的成本带来愈发独特和独立的原创内容，真正实现高效低价的"有人格的 AI"——正如今天人们仅用轻轻几笔连接画中山河，就能得到一幅独属于自己的水墨世界那样。

AIGC 的原创时代将不仅仅是技术的胜利，更是人类创造力与智能技术共生共荣的新篇章。在这个时代，人工智能将成为创意的放大器，帮助人类触及前所未有的创意边界。表 7-2 展示了这三个阶段的特点以及局限性。

表 7-2　AIGC 发展三个阶段的特点以及局限性

发展阶段	技术特点	局限性
助手阶段	技术集中于简化和自动化基础内容创作任务，扮演一个高效"助手"的角色	生成内容相对单一，缺乏多样性与创新性，对于复杂、创造性的任务无能为力
协作阶段	采用更先进的深度学习技术，如生成对抗网络、大语言模型等，使系统能理解更复杂的指令，生成更贴近人类期望的内容	内容的多样性和创造性显著提升，但仍需人类创作者的引导和最终决策

续表

发展阶段	技术特点	局限性
原创阶段	拥有深度自我学习与创造力模仿能力，能够理解高级概念、情感和社会文化背景，实现从零到一的原创内容生成	引发对知识产权、伦理道德、艺术真实性等的深刻讨论。同时，也意味着内容产业的生产模式和价值分配可能面临重塑

这三个阶段的演进，体现了AIGC技术从辅助工具向创造性伙伴、最终成为独立创作者的角色转变，也展示了人工智能技术在内容创作领域日益增长的能力和影响力。

7.1.2 AIGC面临的风险

1. 知识产权风险

AIGC在带来便利和创新的同时，也伴随着知识产权侵权的风险，这主要是因为AI系统是通过学习现有大量数据来生成内容的，这其中就可能包括受版权保护的作品，这将会给企业和个人带来法律风险和商业损失。

AI创作带来知识产权问题，具体表现为两个方面：一是用于训练算法模型的数据可能侵犯他人版权；二是AI生成内容能否受版权保护存在争议。以AI作画为例，供深度学习模型训练的数据集中可能包含受版权保护的作品，若未经授权对相关作品利用可能构成版权侵权。

1）训练数据的版权问题

AI系统，尤其是那些依赖深度学习的系统，在训练过程中往往需要大量数据作为“学习材料”。如果这些数据中包含了受版权保护的作品（如图片、音乐、文章等），而未获得版权所有者的授权，那么这种使用行为可能构成版权侵权。例如，使用受版权保护的图像集来训练计算机视觉模型，如果没有获得适当的授权，就可能构成侵权。这不仅涉及直接的复制和分发，还包括了潜在的衍生作品问题，因为AI模型可能会基于这些数据创造出新的内容，而这些内容与原始版权作品之间可能存在复杂的相似性关系。

又例如，一家科技企业正在开发一个能够识别和生成艺术作品图像的AI。在训练阶段，他们收集了成千上万张来自全球著名博物馆和画廊的画作照片。如果这些画作仍处于版权保护期内，而企业没有获得相应的授权或许可，那么使用这些图像进行训练就可能违法。

2）AI生成的内容的版权问题

大多数国家的现行版权法系基于人类创造性劳动的原则构建，即只有自然人才能被视为作品的创作者并享有相应的著作权。因此，AI生成的内容通常不被直接视为有资格获得版权保护的作品，除非某些司法管辖区开始调整法律，或者通过解释现有法律框架以适应这一新技术。这种不确定性导致AI生成内容的所有权、使用权和收益分配变得复杂，尤其是在商业应用中，企业可能无法确信其对AI创造内容的独占权利，从而影响其投资回报和市场策略。

根据现有著作权法，人工智能并非著作权人主体，因而其产出不具备著作权。这意味着其他主体可以自由使用和传播由AIGC系统生成的广告创意与内容。如果企业投入大量资源开发AIGC系统获得商业化广告创意，这无疑面临较大风险。AIGC系统在广告创意生成的过程中，需要受训于海量数据与素材，这些训练数据的著作权归属也较难确定。

若其中使用了其他公司或平台的素材与数据，有可能引发争议和法律纠纷。而且不同国家和地区对AI生成内容的著作权认定存在差异。这给跨国广告主和平台带来较大不确定性，增加了企业的合规与风险成本。

在某些司法管辖区，如美国，存在“合理使用”原则，允许在特定条件下（如评论、新闻报道、教学、研究等）有限度地使用受版权保护的作品，不视为侵权。然而，是否构成合理使用需要根据具体情况评估，包括使用的性质、目的、所用内容的数量与实质，以及对原作市场的影响等因素。此外，随着技术的发展，寻找技术进步与版权保护之间的平衡变得尤为重要。一方面，AI的训练需要广泛的数据来提升性能；另一方面，版权法旨在保护创作者的权利和激励创新。因此，业界、学界和立法机构正积极探索解决方案，如建立数据使用许可框架、创建专为AI训练设计的数据交换平台等。

例如，一家音乐制作公司使用AI算法创作了一首全新的歌曲。这首歌在旋律、和声和歌词上都展现出了独特的艺术风格。然而，在这个过程中，没有人类作曲家直接参与创作，而是由AI分析了大量已有的音乐数据后生成的。

那么该作品的版权归属可能会面临以下问题。

（1）AI的开发公司可能主张他们拥有版权，因为他们提供了创造这首歌曲的技术。

（2）使用AI的音乐制作公司也可能声称自己是版权所有者，因为他们启动了创作过程，并为AI的运行提供了必要的资源和数据。

（3）如果AI在学习过程中使用了受版权保护的音乐作为训练数据，原版权持有者也可能提出侵权索赔。

又例如，一家新闻机构使用AI写作机器人自动编写了新闻文章。这些文章基于实时数据和历史资料自动生成，不需要人类编辑的介入就能发布。

那么该作品的版权可能会面临以下问题。

（1）如果文章包含错误信息，谁应该承担法律责任？是AI的制造商，新闻机构，还是两者都有责任？

（2）文章的版权归属可能同样模糊不清，因为虽然AI生成了内容，但它是基于新闻机构的数据和指令。

这些例子展示了AI生成内容在版权问题上的复杂性，以及在没有明确法律指导的情况下，各方可能面临的不确定性和潜在纠纷。

2. 道德与伦理风险

AI创作在提高生产效率的同时，也面临法律与伦理治理的挑战。首先，AI创作可能影响人类伦理取向与价值判断。如今机器学习生成的内容在形式和逻辑上都很完美，甚至能“以假乱真”。以最近很火的ChatGPT为例，它可以生成形式完美的文本内容，对各种提问提供看似逻辑严密的答复。但这些文本或答复可能存在重大的事实错误，或与人类的基本伦理认知相违背的有害内容。当前，人工智能运用的语言模型是在大量文本数据上训练的，其中包括虚构作品、新闻报道和其他类型的文本。语言模型可能无法准确地区分数据集中的事实和虚构类文本，在向用户生成回应时，就可能导致不准确或不恰当的反应。如果这些有害内容无法受到有效识别和控制，可能影响人类的伦理取向与价值判断。例如，人工智能模型缺乏背景知识和对文化差异的理解力，尤其是对不同文化和社会背景的细微差别和复杂性难以理解，由此也可能导致不恰当或令人反感的反应。OpenAI在2021年发布的一个 GPT-3 的新语言模型，被发现它有时会产生虚假或误导性信息，例如声称地球是平的、疫苗导致孤独症。

其次，AI 创作技术可能被滥用、误用，例如被用于抄袭、恶搞等，甚至被用于危害个人生命财产安全、国家安全和社会公共利益。AI 生成模型应用的门槛较低，有害内容的生产者同时具有分散性、流动性和隐蔽性的特征，将导致虚假的、违反社会公序良俗与伦理价值标准的信息泛滥，影响整个网络生态。以 AI 写新闻稿为例，AI 生成的假新闻可能扰乱社会秩序、引发公众恐慌，乃至影响国家安全和社会稳定。因此，有必要对 AI 创作进行法律和伦理治理，特别是对 AI 技术使用者的行为形成有效约束，防范安全风险与伦理风险。

此外，就目前的 AI 技术发展水平看，AI 创作主要基于模仿，AI 还缺乏人类的情感和思想，AI 的创作过程脱离了人与人之间的交流和沟通，尚无法替代人类高水平的艺术创作。但是 AI 创作可能带来结构性失业的挑战。2022 年 8 月，美国科罗拉多州举办的新兴数字艺术家竞赛中，一位没有绘画基础的参赛者提交了一份由 AI 生成的画作《太空歌剧院》，并获大奖，这引起业内关于“AI 是否取代艺术家”的一场争论。相比于人类的创作过程，AI 创作具备快速、量大、多元等特点，在艺术创作、绘画、影视编辑等领域正在产生变革效应。按这种发展态势，未来可能到处充斥着由 AI 创作的画，而真正人类的作品却被淹没。这不得不让人重新审视“作者之死”的问题，不少人担忧 AI 创作会不会冲击传统艺术创作者的工作与生存。AI 导致画家“失业”的担忧可能来源于对高质量创作贫瘠的一种焦虑，实际上 AI 是一种赋能工具，人类艺术家可以发挥 AI 技术在收集素材、整合信息等方面的效率，并将更多时间用在创意上。因此，AI 与人类的创作活动并非不可调和，两者其实可以共存，可以相互促进，人机结合或许才是未来之路。

3. 算法偏见风险

AIGC 中的算法偏见问题是一个复杂而深远的挑战，涉及技术、社会、伦理等多个层面。AIGC 系统的学习基础是大量数据，如果训练数据集本身存在偏见，如不均衡的样本分布、代表性不足的特定群体或刻板印象，算法将学习并放大这些偏见。例如，如果训练文本数据中对某一性别或种族的描述存在刻板印象，生成的文本可能也会体现出类似的偏见。此外，在迭代学习和优化过程中，算法根据用户反馈调整输出。如果用户反馈也带有偏见，算法可能会进一步学习并强化这些偏见，形成恶性循环。例如，个性化推荐系统可能因用户偏好而不断推送类似内容，加深信息茧房效应。值得注意的是：AIGC 在跨文化交流时，可能因为缺乏对特定文化背景的理解而产生偏见或误解。例如，语言生成模型在翻译或创造内容时，可能未能准确传达特定文化的细微差别或情感色彩，导致文化不敏感或失真。

4. 数据处理、隐私与安全风险

合规的数据收集、存储和处理措施是保护用户隐私权的重要环节。以 ChatGPT 为例，作为人工智能生成内容的热门应用，ChatGPT 在模型训练阶段、应用运行阶段涉及海量数据的处理。一般认为，模型的成熟度以及生成内容的质量，都与训练数据高度相关。与此同时，训练数据集所包含的隐私风险也将映射到生成内容上。目前而言训练数据的风险集中在数据采集阶段，即数据处理者在处理训练数据中的个人信息前，是否尽到告知同意的基本责任，确保个人信息处理的合法性、正当性、必要性。数据清洗阶段和数据标注阶段，是将收集到的数据进一步处理成机器可读、便于训练的训练数据，这一阶段对于数据的审核和梳理，也是进一步缓释训练数据风险的补充措施，即审核数据集中是否包含大量可识别的个人信息或敏感个人信息。

值得注意的是：当前，由于训练数据需求庞大，以 GPT-3 模型为例，其在训练阶段使用了多达 45TB 的数据。近几年，随着 AI 生成技术的发展，可以预测有效网络数据的增长将跟不上训练模型所需数据量的增速，与此同时数据获取的成本也不断上涨，因此合成类数据(Synthetic Data)开始进入市场。以人脸数据为例，如果将一个自然人所能提供的人脸数据设为 1，那么通过合成、编辑等功能，将基础的人脸数据进行调整(五官或表情)，可以实现 10 或者 100 个人脸数据，大大降低训练数据的成本和获取难度。合成数据也需进行个人信息保护，根据《互联网信息服务深度合成管理规定》，在使用生物识别信息编辑功能前，依法告知被编辑的个人，并取得其单独同意。

此外，在数据安全方面，数据准确性、数据保密性和数据合规性是构成数据安全的三大要素。AIGC 系统所依赖的海量数据可能面临数据泄露、误用与欺诈的风险。而其生成内容的真实性也难以完全保证，可能被利用进行虚假广告宣传等。这需要企业采用技术手段严密防护数据安全，并对内容真实性进行权威验证。

目前，我国对于 AIGC 涉及的隐私问题，主要可以参考《个人信息保护法》《数据安全法》以及《数据出境安全评估办法》等法律法规。因此，在使用生成式人工智能服务时，要注意数据的使用要符合《数据安全法》《民法典》等相关法律的规定，避免数据违规。特别要确保用户提供的个人信息符合《个人信息保护法》的规定，并获得用户的明确授权。

纵观人类进步的历史，每一次技术创新都会产生新的法律和伦理问题。这些新问题并不可怕，可怕的是我们或回避问题，让技术野蛮生长，抑或因噎废食，停下推进技术前进的脚步。我们真正需要做的是努力实现工具理性与价值理性的平衡，无论是 AI 创作还是更进一步的“人机结合”，在追求技术创新发展的过程中，应当始终秉持应有的社会责任和技术伦理，致力于将技术更好地服务于人类，服务于人民群众对美好生活的向往与追求。

7.1.3 AIGC 面临的问题

1. 数据问题

AIGC 在快速发展的同时，面临着一系列与数据相关的关键问题，这些问题直接影响着生成内容的质量、多样性以及整个系统的可靠性和安全性。

1) 数据质量

大量的数据为 AI 模型提供了丰富的学习素材，使得模型能够捕捉到更多的特征和模式。在深度学习领域，一个普遍接受的观点是“更多的数据往往能带来更好的性能”。数据量的增加有助于模型学习到更复杂的语言结构、视觉特征或任何其他类型的数据模式，从而提高生成内容的真实性和创新性。AIGC 的性能很大程度上依赖于训练数据的质量。高质量、大量且标注良好的数据集能够促进模型学习到更丰富的知识和模式，从而生成更为精准和多样化的内容。然而，收集这样的数据集成本高昂，且在某些专业领域内难以获取。在实际应用中，数据科学家和工程师需要在数据量与质量之间找到一个平衡点。一方面，追求尽可能多的数据以覆盖更广泛的场景；另一方面，通过数据清洗、预处理和质量评估确保输入到模型中的数据是高质量的。此外，探索数据增强、合成数据生成等技术也是提升小数据集或特定领域数据性能的有效途径。假设一个 AI 图像生成系统旨在创建逼真的历史人物画像，如果训练数据集中关于某个时期服饰的颜色描述频繁出错(例如将维多利亚时代普遍的深色服装错误标注为鲜艳色彩),那么生成的画像就可能展现出不符合历史真实的服装颜色,从而降低了内容的准确性和教育价值。

因此,构建一个高质量的AI图像生成系统,不仅需要大量的数据,还需要关注数据的准确性、多样性和相关性。在实践中,这意味着要进行详尽的数据预处理和质量控制,以及可能的数据增强策略,以确保生成的图像既逼真又符合预期的语境。例如,为了生成精确的历史人物画像,可以考虑使用包含丰富细节和历史准确性的专业数据集,并结合领域专家的知识进行数据标注和验证。

2）数据多样性

数据多样性对于AIGC的发展至关重要,它直接影响到生成内容的广度、包容性、创新性和适应性。数据多样性有助于模型在遇到未见过的数据或罕见情境时,也能做出合理的生成。例如,在图像生成中,涵盖不同光照条件、角度和背景的数据能让模型在各种环境下生成更真实的图像。如果训练数据过于单一,模型可能会吸收并放大数据中的偏见,如性别、种族或地域偏见。而通过纳入多样性的数据,包括不同的观点和代表性不足群体的信息,可以减少模型生成内容时的偏见,使其更具包容性。此外,数据多样性还意味着将来自不同领域的信息融合,这能激发模型创造出前所未有的内容形式和创意组合。例如,一个新闻摘要生成模型如果只基于某一种语言的新闻来源进行训练,可能会导致它无法很好地理解和概括其他语言或文化背景下的新闻内容。又例如,模型仅基于英语新闻训练,当尝试总结一篇西班牙语文章时,可能无法准确捕捉文化特有表达或微妙含义,生成的摘要可能遗漏关键信息或误解原文意图。

因此,一个仅基于英语新闻训练的摘要生成模型可能难以准确处理非英语新闻,因为它缺乏对其他语言语法、文化和表达方式的理解。这可能导致摘要中遗漏重要信息,或者由于文化差异而产生误解,如特定成语或比喻的不当翻译。

为了克服这些问题,AIGC系统的设计者和数据科学家应该积极寻求建立多元化的数据集,包括但不限于:

(1) 跨语言和文化的数据。确保模型可以处理全球各地的多种语言和文化背景。

(2) 跨领域的数据。整合不同行业和学科的数据,以促进跨领域的创新。

(3) 跨时间的数据。包含历史和现代的数据,以便模型能够理解时间和趋势的变化。

(4) 跨人口统计学的数据。确保模型考虑到不同年龄、性别、种族和社会经济背景的人群。

通过这些措施,可以显著提高AIGC系统的性能,使它们更加智能、公平和适应性强。

3）数据时效性

数据时效性在AIGC领域扮演着至关重要的角色,它直接关系到生成内容的相关性、准确性和价值。首先,AIGC依赖于数据来生成内容,数据的时效性确保了生成的内容能够反映出当前的实际情况或最新的趋势。此外,时效性强的数据对于基于AIGC的决策支持系统尤为重要。例如,在金融投资、灾害预警或流行病追踪中,实时数据的快速处理和内容生成可以帮助决策者迅速做出反应,把握机会或规避风险。同时,AIGC算法的持续优化依赖于不断学习最新的数据。数据的时效性有助于模型更快地适应环境变化,及时调整生成策略,减少过时信息对模型性能的影响,保持算法的有效性和竞争力。例如,在新闻报道、市场分析或天气预报中,使用最新的数据可以保证信息的准确性和实用性。在金融市场预测的 AIGC 应用中，某机构使用了大量 2010 年的经济数据来训练模型，但未及时纳入 2020 年新冠疫情后的全球经济变化数据。这样的模型在预测未来市场趋势时，可能会忽视疫情带来的新消费模式、供应链重组等重要因素，导致预测结果严重偏离实际情况。

2. 生成内容问题

1）误导性内容

AIGC 误导性内容是指由人工智能系统基于算法和模型自动生成的、在不同程度上导致受众产生误解或错误认知的信息、文本、图像、视频或其他媒体形式。由于 AIGC 系统依赖于大量数据进行训练，其生成的内容可能无意中继承或放大了数据中的偏见、错误或不准确信息，或者在没有充分上下文理解的情况下生成看似合理但实则误导的输出。例如，一个旅游推荐系统的 AI，设计初衷是根据用户的兴趣生成旅行目的地的介绍文案。但由于训练数据中包含了不少夸大其词或不实信息的游记和评论（例如过分美化偏远小镇的设施条件），该系统可能产出极具吸引力但并不符合实际的旅游描述。这不仅会误导用户做出不符合期望的旅行决策，还可能损害当地旅游声誉，造成经济损失。

2）不当内容生成

AIGC 不当内容生成指的是利用 AIGC 技术创造出来的，违反法律法规、道德规范、社会公序良俗或侵犯个人权益的各种类型的内容。这类内容的生成往往缺乏适当的监管和过滤，可能导致多种负面后果。例如，开发一款儿童故事书自动创作软件时，如果训练素材中不慎包含了少量不适合儿童阅读的内容（暴力、恐怖元素等），AI 在生成故事时就有可能不经意地嵌入这些不当元素，这就违背了原本创造安全、积极内容的初衷。防止 AIGC 不当内容生成的关键在于实施有效的技术和政策管控措施，例如开发更为智能的内容过滤算法、建立严格的审核机制、加强用户教育和自我监管能力、以及推动行业标准和法律法规的完善，确保 AIGC 技术的积极应用同时避免潜在风险。

3）模型预测偏差

AIGC 模型预测偏差，是指在利用人工智能模型生成内容时，由于模型的设计、训练数据、算法选择或实施过程中的某些局限性，导致生成内容系统性地偏离了真实情况、公平原则或预期目标的现象。假设一个 AI 系统被设计来预测股市走势，以帮助投资者做决策。如果该模型主要基于历史数据进行训练，且这些数据集中在经济稳定增长的时期，它就可能无法准确预测经济衰退或市场异常波动的情况。当市场环境发生根本变化时，AI 生成的乐观预测可能会误导投资者，导致错误的投资决策和重大经济损失，这体现了模型对新情境适应性的局限。例如，一个旨在辅助医生进行疾病诊断的 AI 系统，如果训练数据集中某种疾病的案例较少或不平衡，可能导致该系统在遇到这类病例时准确性大幅下降。又例如，在识别罕见病征时，AI 可能因经验不足而给出错误的初步诊断建议，进而影响医生的判断，延误患者的最佳治疗时机。这说明 AI 医疗应用的成功高度依赖于全面、均衡的训练数据和持续的算法优化。再例如，电商平台利用 AI 算法分析用户行为，以提供个性化商品推荐。但这种推荐系统可能过于依赖用户的历史浏览和购买记录，导致“信息茧房”效应——用户只看到与其过去偏好相似的商品，而忽略了可能感兴趣的全新领域或创新产品。长此以往，这不仅限制了用户的探索范围，也可能影响电商平台的销售多样性和创新能力。此外，在自动驾驶领域，在复杂的交通环境中，自动驾驶车辆的 AI 系统需要迅速做出判断以应对各种突发情况。如果 AI 仅基于标准交通规则和常见情境训练，在面对不常见的道德困境(如避让突然冲出马路的动物会导致撞向行人)或极端天气条件时,可能无法做出最合适的决策,导致安全事故。这类情况凸显了在高风险应用场景中,AI决策能力的局限性和对更加智能化、灵活应变算法的需求。

7.2 AIGC的未来

7.2.1 个性化内容生成

AIGC的未来在个性化内容生成方面展现出极为广阔的前景。随着技术的不断成熟和创新,个性化内容生成将成为推动数字内容产业发展的关键力量。

1. 深度个性体验

深度个性化体验是AIGC技术致力于实现的核心目标之一,旨在为每位用户提供独一无二、高度定制的内容体验。例如,AIGC系统将利用先进的数据分析技术,包括机器学习和深度学习,从用户的行为、社交互动、消费习惯、地理位置等多维度数据中提取模式和偏好,以生成更为精确的用户画像。此外,通过持续收集用户对生成内容的反馈(如点击率、停留时间、评分等),AIGC系统能动态调整内容生成策略,实时优化内容以更好地匹配用户当前的兴趣和需求。最后,结合自然语言处理和情感分析技术,AIGC能够理解并响应用户的情绪状态,生成能够引起共鸣或调节情绪的内容,例如在用户需要放松时提供舒缓的音乐或画面。不仅如此,AIGC还能够识别用户所处的情境(如时间、地点、活动),生成与之相适应的内容。例如,在早晨提供激励人心的新闻摘要,在晚上则推荐轻松的阅读材料或夜间冥想指导。

在娱乐、新闻报道等领域,AIGC能根据用户的背景和兴趣定制故事情节、角色设定或新闻角度,让每个人都能获得仿佛为其量身定做的叙事体验。在教育领域,AIGC可以根据学习者的认知水平、学习速度和兴趣点,动态生成个性化的教程、测试和实践任务,实现真正的个性化学习路径。

深度个性化体验的实现标志着AIGC技术正逐步迈向更加人性化、高效和富有创造性的新阶段,重新定义了人与信息、娱乐及教育内容之间的互动方式。

2. 交互式内容创作

交互式内容创作结合了AIGC技术与用户直接参与的动态过程,为创作者和消费者开辟了一个全新的、更加灵活和参与度更高的内容生产范式。通过与AI系统的互动,用户可以参与到内容的生成过程中,提出创意,修改参数,实现即时且高度个性化的创作体验。

例如,用户可以通过直接与AI系统交互,即时看到内容创作的变化。无论是调整故事线、改变角色外观还是音乐风格的选择,AI都能根据用户输入迅速生成相应的反馈,使得内容创作成为一个动态迭代的过程。此外,在游戏、小说或电影剧本创作中,AIGC可以根据用户的选择和偏好,动态生成不同的剧情分支和发展方向,为每个用户提供独一无二的故事体验。不仅如此,在教育场景中,学生可以与AI系统互动,生成个性化的学习材料、模拟实验或案例研究,这种互动性极大地增强了学习的主动性和有效性。

交互式内容创作借助AIGC的力量,不仅提升了内容创作的效率和个性化程度,也极大地丰富了创作者和消费者之间的互动体验,预示着内容创作领域的未来趋势。

3. 跨平台内容部署

跨平台内容部署在结合 AIGC 的背景下，指的是利用人工智能技术生成的内容能够在多个操作系统、设备或网络平台上无缝发布和展示，确保一致性和最优用户体验的过程。这包括但不限于网页、移动应用、社交媒体、游戏平台、虚拟现实（Virtual Reality，VR）/增强现实（Augmented Reality，AR）环境等。

例如，利用自适应布局和响应式设计原则，使得由 AI 生成的网页内容能根据用户所使用的设备（手机、平板、PC 等）自动调整其显示方式，确保视觉效果和功能的一致性。此外，随着 AIGC 技术的集成度提高，它将在社交媒体、电子商务、在线教育、娱乐等多个平台上提供个性化内容，使得用户体验在不同场景下保持一致性和连贯性。

4. 智能推荐系统的进化

智能推荐系统的进化，尤其是在融入了 AIGC 技术之后，经历了从基本的个性化推荐到高度动态化、创造性和交互性推荐的转变。

早期的智能推荐系统主要依赖于用户的浏览历史、购买记录、评分等显式反馈，采用协同过滤、内容过滤等技术，向用户推荐相似或相关的内容。这些系统相对简单，但对冷启动问题和稀疏数据处理不够理想。随着算法的进步，推荐系统开始综合考虑更多的用户特征，如地理位置、时间、社交关系等，以及更加复杂的用户行为模式，提供更加个性化的推荐。这提高了推荐的相关性和用户满意度。深度学习技术的引入极大地增强了推荐系统的预测能力和理解复杂数据模式的能力。通过深度神经网络，系统能更准确地捕捉用户兴趣的细微变化和潜在需求。AIGC 技术的应用标志着推荐系统的一大飞跃。不再是仅从现有内容池中挑选，系统能够根据用户偏好动态生成个性化内容，如定制化新闻摘要、个性化商品描述、专属音乐创作等。这不仅丰富了内容的多样性，也极大提升了用户体验的创新性和独特性。

智能推荐系统已经融入了自然语言处理和对话系统技术，使用户能够通过对话形式与系统互动，表达更具体的需求或反馈，系统则根据对话内容即时生成或调整推荐，从而增加了推荐的动态性和精准度。而最新一代的智能推荐系统能够处理图像、音频、视频等多种类型的数据，结合跨模态学习技术，提供更加全面和丰富的推荐体验，例如基于用户观看的视频生成相似主题的音乐推荐。

值得注意的是：AI 个性化内容生成的同时也伴随着挑战，如保护用户隐私、确保内容质量和避免偏差等。因此，未来的发展不仅需要技术上的突破，还需要在伦理、法律和社会接受度方面找到合适的平衡点，确保技术的健康发展和广泛应用。

7.2.2 多模态内容生成

多模态内容生成是 AIGC 的一个前沿分支，它指的是 AI 系统能够综合处理和生成包含多种类型媒介（如文本、图像、音频、视频）的内容，创造出既协调又富有信息量的复合型作品。

以目前热门的 Sora 工具为例。Sora 是 OpenAI 推出的一款文本生成视频工具，该工具能够根据复杂的文本提示词生成视频，并具有出色的细节丰富度和画面精细度。用户在 Sora 中输入文本描述“一位时尚的女人走在东京的街道上”时，Sora 不仅能生成与之相符的东京街道和人物装扮，还能体现出“自信而随意”的行走动作。并且 Sora 模型在生成视频时，能够处理长达一分钟的高清视频，且画面的每一个细节都非常精致。

图 7-1 为 Sora 生成的关于大象的视频，该提示词如下：数头巨大的长毛猛犸象缓缓走过雪白的草地，它们那长长的毛发随风轻轻飘扬。远处是白雪覆盖的树木和壮观的雪山顶峰，午后的阳光透过缕缕薄云，高悬天际的太阳洒下温暖的光辉。低角度的镜头视角震撼人心，以绝美的摄影手法捕捉着这些庞大而毛茸茸的巨兽，画面中的景深效果更添一份动人魅力。

图 7-2 为 Sora 生成的关于海底世界的视频，该提示词如下：一个绚丽多彩的纸艺珊瑚礁世界，充满了各式各样的彩色鱼群和海洋生物。

图 7-1　Sora 生成的关于大象的视频

图 7-2　Sora 生成的关于海底世界的视频

值得注意的是：虽然 Sora 是一个视频模型，但其训练方式与诸如 ChatGPT 这类语言模型相似。不同之处在于，Sora 使用的训练数据是视频和图片，而 ChatGPT 则使用文本数据。

1. 多模态 AIGC 的特点

1）跨模态融合

多模态 AIGC 能够整合来自不同感官通道的数据（如视觉、听觉、语言），并理解这些模态间复杂的关联和语境，生成更加贴近人类感知的内容。例如，通过结合文本描述、视觉图像、背景音乐甚至互动元素，多模态内容生成能够创建出引人入胜的故事叙述环境。

2）情景理解与适应

通过捕捉和解析环境中的多维度信息，多模态 AIGC 生成的内容能更好地适应特定情境，提升用户体验和交互的真实感。例如，在广告宣传、新闻报道等领域，多模态 AIGC 能够基于同一主题或消息源自动生成匹配的图文、视频、播客等多种格式内容，确保品牌信息或新闻报道的一致性和多渠道覆盖，同时减少人工创作的负担。

3）个性化与创新

多模态 AIGC 能够根据用户偏好、历史数据或即时反馈，定制化生成独一无二的内容，为艺术、娱乐、教育等行业带来新的创新空间。例如，在艺术领域，多模态 AIGC 可以根据艺术家的风格偏好、以往作品的元素，甚至是观众的情感反馈，生成具有个人特色且新颖的艺术作品。无论是数字画作、音乐还是雕塑设计，AIGC 都能打破传统创作的界限，激发新的艺术流派和表现形式，使每个人都能成为自己艺术世界的导演。此外，影视娱乐行业利用多模态技术，可以根据观众的历史观看记录、偏好评分以及社交媒体上的实时反馈，自动生成个性化剧情分支、角色造型乃至整部短片，为用户提供独一无二的观影体验。

2. 多模态 AIGC 的常见应用

1）个性化教育

教育领域可以利用多模态内容生成来定制符合学生学习习惯和偏好的教材。例如，基于学生的学习进度和兴趣点，AI 可以生成包含文字解析、示例图表、互动问答和相关实验视频的个性化学习包，使学习过程更加高效和有趣。又例如，随着学生掌握新知识，人工智能可以自动更新学习材料，确保内容始终与学生的进度保持一致。学生不会因为内容过时而感到困惑，也不会因为内容难度不当而失去兴趣。

2）智能辅助设计

对于产品设计、室内装饰等行业，多模态 AIGC 可以根据用户需求快速生成包含设计图、3D 模型预览、材质模拟及环境音效的全方位展示，帮助用户在设计阶段就能获得接近真实的体验，并根据反馈即时调整设计。例如，基于文本描述或草图，系统可以自动生成 3D 模型，让客户在设计早期就能看到产品的立体形态。这有助于识别潜在的设计问题，并在实际生产前做出必要的修改。

3）娱乐与游戏

在游戏开发和电影制作中，多模态 AIGC 能够根据剧本自动生成角色模型、场景布局、配乐以及动态特效，加速创意实现过程，同时提供更广阔的设计空间和个性化体验。例如，在游戏设计初期，策划人员只需撰写详尽的世界观和角色背景故事，AIGC 系统就能够自动根据文本描述生成对应的角色外观模型，从英勇的骑士到神秘的巫师，每个角色都栩栩如生，细节丰富。不仅如此，它还能依据故事情节自动生成游戏场景，从繁华的中世纪城镇到浩瀚无垠的外太空，每一个角落都充满了探索的诱惑，从而提升玩家沉浸感。

4）虚拟现实与增强体验

现实多模态内容生成在虚拟现实和增强现实领域发挥着关键作用，它能够创造出身临其境的三维环境和交互对象。无论是用于游戏中的奇幻世界构建，还是为教育提供可互动的历史遗址复原，AI 都能基于描述性输入生成高度逼真的视觉与听觉元素，使得用户能在虚拟环境中探索、学习或娱乐，极大地扩展了现实与数字世界的融合边界。例如人们想要创建一个基于历史背景的教育体验，如重现古罗马斗兽场的景象，AI 能够生成一张基于这个场景的图像。

5）医疗健康

在医疗健康领域，多模态内容生成被用来创建高度精确的解剖模型、疾病进程模拟以及康复训练视频，为医学生提供直观的学习材料，帮助患者更好地理解病情，甚至通过虚拟现实疗法进行心理干预和物理康复训练，提高了医疗教育和治疗的效率与效果。例如在疾病进程模拟中，多模态内容生成可以用来创建疾病发展的动态模型，例如肿瘤生长或器官退化的可视化模拟。医生可以通过这些模拟来预测疾病的发展趋势，并制定个性化的治疗方案。

6）人机交互

多模态技术使得机器能够更好地理解和响应人类的复杂指令，通过语音、手势、面部表情等多种输入方式，实现更加自然流畅的人机交流，提升了用户体验。例如，在自动驾驶汽车中，乘客可以通过语音、手势甚至眼神与车辆进行互动，如设定目的地、调整车内环境等，而车辆也能通过分析乘客的情绪状态和身体语言，自动调整行驶模式或车内氛围，提供更加个性化的出行体验。又例如，在办公场景中，多模态虚拟助理不仅能够听懂并执行复杂的口头任务指令，还能通过识别用户的肢体语言和面部表情来判断情绪状态和需求。在会议中，用户可以通过手势指示虚拟助理展示特定的数据图表，或是在感到困惑时通过微妙的表情变化获得助理主动提供的相关信息支持，从而让工作沟通更加高效和谐。

多模态内容生成技术以其强大的跨媒介创造力，正在深刻地影响和改变着人们接收信息、学习知识、享受娱乐乃至日常生活的方式，预示着一个更加丰富多彩、互动性强且高度个性化的数字未来。

AIGC的未来在于如何更加智能、高效地融合个性化与多模态内容生成能力，同时克服伴随而来的技术与社会挑战，以促进社会的全面发展和人类生活的美好体验。

7.3 本章小结

（1）AIGC已经在机器学习、自然语言处理、图像识别等领域广泛应用，而随着技术的不断发展，AIGC技术的应用也将变得更加普及。

（2）AIGC是一种新兴的人工智能技术，它涵盖了人工智能、机器学习、自然语言处理、计算机视觉等多个领域。随着人工智能技术的不断发展，AIGC行业也正在迅速崛起，成为当今科技界和商业界最热门的话题之一。

（3）AI技术生成的内容可能侵犯他人的知识产权，例如抄袭他人的文章、图片等。这将会给企业和个人带来法律风险和商业损失。

（4）AI创作在提高生产效率的同时，也面临法律与伦理治理的挑战。

（5）目前，我国对于AIGC涉及的隐私问题，主要可以参考《个人信息保护法》、《数据安全法》以及《数据出境安全评估办法》等法律法规。

（6）AIGC的未来在个性化内容生成方面展现出极为广阔的前景。随着技术的不断成熟和创新，个性化内容生成将成为推动数字内容产业发展的关键力量。

（7）多模态内容生成是AIGC的一个前沿分支，它指的是AI系统能够综合处理和生成包含多种类型媒介（如文本、图像、音频、视频）的内容，创造出既协调又富有信息量的复合型作品。

习题 7

（1）请阐述什么是 AIGC 原创阶段。

（2）请阐述 AIGC 面临的数据问题有哪些。

（3）请阐述 AIGC 面临的生成内容问题有哪些。

（4）请阐述什么是多模态内容生成。

参考文献

[1] 黄源. AIGC 基础与应用[M]. 北京：人民邮电出版社，2024.

[2] 刁盛鑫，房兆玲，焦奂闻. AIGC 革命：从 ChatGPT 到产业升级赋能[M]. 北京：中国铁道出版社，2024.

[3] 谷建阳. AIGC 智能绘画指令与范例大全[M]. 北京：清华大学出版社，2024.

[4] a15a. 一本书读懂 AIGC：ChatGPT、AI 绘画、智能文明与生产力变革[M]. 北京：电子工业出版社，2023.

[5] 宋天龙. AIGC 辅助数据分析与挖掘：基于 ChatGPT 的方法与实践[M]. 北京：机械工业出版社，2024.